```
  本書の利用法 ………………… 2

  第1章  直線図形(1) …………   5
  第2章  直線図形(2) …………  27
  第3章  円(1) ………………  55
  第4章  円(2) ………………  79
  第5章  立体(1) …………… 107
  第6章  立体(2) …………… 135
  第7章  動く図形 …………… 161
```

本書の利用法

◆ **本書の特色** ◆

　本書は，高校受験を目指す人のために，中学数学の図形部門の全範囲をカバーした演習書です．

　中学数学を，大きく数式部門と図形部門に二分し，その後者を扱っているということです．

　そして，右記のように，図形全体を大きく，「直線図形」，「円」，「立体」に分け，それぞれについて2つの章立てで構成してあります．さらに，最終章には，総まとめとしての「動く図形」を配置しました．

　本書の最大の特色は，1つのテーマについて，'例題'と'演習題'の2題が，1対1のセットになって組み込まれているということです．すなわち，まず基本～標準レベルの'例題'とその詳しい解説が提示され，それを熟読・理解した上で，やや発展的な'演習題'を自力で解いてみる——という流れになっています．それにより，そのテーマについての理解がより深まり，自分の中にしっかり定着させることができるはずです．

　本書は，月刊誌『高校への数学』で使用されている難易度

　　A…基本，B…標準，C…発展，D…難問

の**B**と**C**ランクの問題で構成されています．すなわち，**教科書レベルの基本は一通りマスターしている人が，中堅～難関の高校受験レベルにまで実力をアップさせるのに最適な演習書**といえます．このような受験生はもとより，中高一貫校で中学範囲の数学の完成を目指す人などにもおすすめの一書です．

◆ **本書の構成** ◆

　本書は，中学の図形部門を，以下の7つの章に構成しました．

　第1章　直線図形(1)—合同・相似＆比
　第2章　直線図形(2)—三平方の定理
　第3章　円(1)—接線を含まない図形
　第4章　円(2)—接線を含む図形
　第5章　立体(1)—角柱・角錐
　第6章　立体(2)—円柱・円錐・球
　第7章　動く図形—軌跡・最大最小・作図

　そして各章は，「要点のまとめ」，「例題の問題と解答＆演習題の問題…⑦」，「演習題の解答」の3つのパーツからなっています．

　メインのパーツである⑦では，'例題'と'演習題'のペアを(原則として)1ページに収めてあります．'例題'については，問題の下に解説を載せ，すぐにその問題の攻略法が学べるようになっています．解答への指針としての**前書き**と詳しい**解答**に加えて，**別解**，**注**，**研究**，さらには**類題**まで，盛り沢山の内容です．そして，それらの右側には，行間を埋める**補足事項**が懇切丁寧に記されています．

　'例題'の解説が一通り理解できた後は，その下の'演習題'にチャレンジしてみましょう．その解説は，章末にまとめられています．ここもしっかりと読みこなして，ゆるぎない実力を身に付けましょう．

◆ 本書で使われている記号 ◆

★ ………問題番号の右肩に付いている場合は，**難易度がCランクの発展問題**であることを表します．また，「要点のまとめ」などの解説部分に付いている場合は，その内容が**やや高度な発展事項**であることを表します．

㊐ ……その問題の本解を表します．

㊵ ……本解に対する別解を表します．

➡注……解答の補足や問題の背景等々の注意事項です．

■研究…その問題についての一般論や，高校（以上）で学ぶ内容などの発展事項が述べられています．

【類題】…その問題の類題を紹介してあります．これにもぜひチャレンジしてみましょう．

⇦，⬅…'例題'の解説部についての補足事項です．特に「⬅」は，ぜひ確認してほしい重要事項を表します．

　　　　　＊　　　　＊

その他，重要部分は**太字**になっていたり，**網目**がかけられていたり，**傍線**（――や━━など）が引かれていたりと，読者の皆さんに注目してもらえるような工夫が満載です！

◆ 他の増刊号との連携 ◆

書名の示す通り，本書は，中学数学の図形部門についての演習書です．同じ図形部門についての解説書である『図形のエッセンス』を併せて読めば，図形についての理解がより深まるでしょう．

また，数式部門についても同様に強化したいときには，本書の姉妹編である『1対1の数式演習』さらには解説書の『数式のエッセンス』をぜひお読み下さい．

数式＆図形をすべて含んだ演習書としては，以下の3冊シリーズがあります．

㋐　『レベルアップ演習』　………Aが中心
㋑　『Highスタンダード演習』…A～B
㋒　『日日のハイレベル演習』　…C～D

本書の難易度は，前述のように「B～C」なので，㋑と㋒の中間の難易度といえます．本書を一通り学習し終えて，難易度Dランクの超難問を体験したい人は，『日日のハイレベル演習』に進んでみて下さい．

第1章 直線図形（1）

- 要点のまとめ …………………………… p.6 ～ 7
- 例題・問題と解答／演習題・問題 …… p.8 ～ 20
- 演習題・解答 …………………………… p.21 ～ 26

　平面での直線図形（三角形，四角形など）のうち，"三平方の定理"を使うものは第2章で扱い，ここでは，それ以外の，'合同・相似'などを使う問題を取り上げる．そこでは，'線分比や面積比'を求める問題が中心になる．また，証明問題も何題か含まれているので，証明問題の答案の書き方にも慣れておきたい．

第1章　直線図形(1)

要点のまとめ

1. 合同

1・1　三角形の合同条件
次のいずれかが成り立つとき，2つの三角形は合同である．
- 三辺の長さが等しい（三辺相等）
- 二辺の長さとその間の角の大きさが等しい（二辺夾角相等）
- 二角の大きさとその間の辺の長さが等しい（二角夾辺相等）

1・2　直角三角形の合同条件
特に，直角三角形においては，
- 斜辺と他の一辺の長さが等しい（斜辺と他の一辺相等）
- 斜辺の長さと1つの鋭角の大きさが等しい（斜辺一鋭角相等）

場合も合同になる．

2. 相似

2・1　三角形の相似条件
次のいずれかが成り立つとき，2つの三角形は相似である．
- 二角の大きさが等しい（二角相等）
- 二辺の長さの比とその間の角の大きさが等しい（二辺比夾角相等）
- 三辺の長さの比が等しい（三辺比相等）

2・2　相似比と面積比
相似比が $a:b$ である2つの平面図形について，面積比は，
$$a^2 : b^2$$
になる（立体図形においては，体積比は，$a^3 : b^3$ になる）．

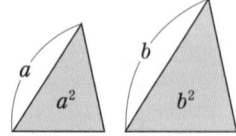

2・3　直角三角形に現れる相似形
一般に，右図で，
$$\triangle ABC \backsim \triangle DBA \backsim \triangle DAC$$
が成り立つ（このことから，例えば，$a^2 = bc$ などが言える）．

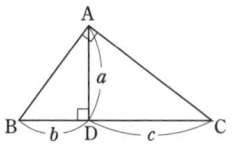

2・4　中点連結定理
右図で，M，N が各辺の中点のとき，
$$MN \mathbin{/\mkern-5mu/} BC$$
$$MN = \frac{1}{2} BC$$
が成り立つ．

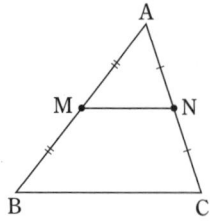

3. 線分比・面積比

3・1 三角形の面積比（1）

以下の各図で，$S_1:S_2=a:b$ が成り立つ．

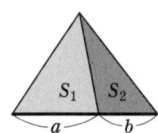 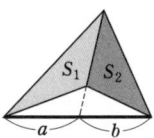 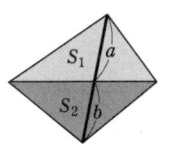

3・2 三角形の面積比（2）

右図のように，1つの角が等しい（または補角を成す）三角形の面積比は，

$$\frac{\triangle\text{ADE}}{\triangle\text{ABC}}=\frac{b}{a}\times\frac{d}{c}=\frac{bd}{ac}$$

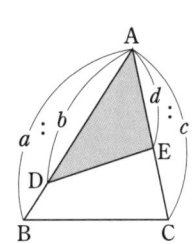

3・3 角の2等分線の定理

右図で，AD が ∠A の2等分線のとき，

$x:y=a:b$

が成り立つ．［証明は，

$x:y$
$=\triangle\text{ABD}:\triangle\text{ACD}$
$=a:b$

（△ADH≡△ADI に注意）］

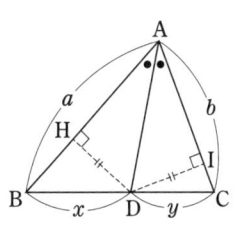

3・4 メネラウスの定理

図のように，△ABC と，その各辺（またはその延長）に交わる直線 l がある図形において，

$$\frac{a}{b}\times\frac{c}{d}\times\frac{e}{f}=1 \quad\cdots\text{Ⓐ}$$

が成り立つ．［証明は，l に平行な補助線を引いて，辺 AB 上にすべての比を集める．］

　➡**注** Ⓐは，「△ABC の頂点を●，l と各辺との交点を○として，●と○を交互にたどる（スタートはどこでもよい）」と覚えておきましょう．

3・5 チェバの定理

右図において，

$$\frac{a}{b}\times\frac{c}{d}\times\frac{e}{f}=1 \quad\cdots\text{Ⓑ}$$

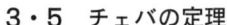

が成り立つ．［証明は，三角形を3つに分け，面積を s, t, u とすると，

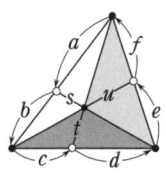

（Ⓑの左辺）$=\dfrac{u}{t}\times\dfrac{s}{u}\times\dfrac{t}{s}=1$　となる．］

　➡**注** Ⓑは，**3・4** のⒶと**全く同じ式**です．

1 合同による証明

右の図で，四角形 ABCD は平行四辺形である．点 P は線分 BD 上の点で，また，線分 BD を D の方向に延ばした直線上に点 Q をとる．
∠ABP＝∠APB，∠CBQ＝∠CQB のとき，点 D は線分 PQ の中点であることを証明しなさい．

（07　都立西）

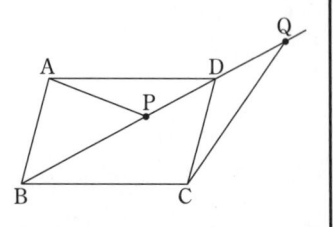

「中点」を証明するのに，何を目標にするか，がポイントです．等角や等辺に印を付けていくと，'合同'が見えてくるはず（？）です．

解　与えられた条件より，右図の●同士，○同士の角はそれぞれ等しく，このとき，
AP＝AB …①，CQ＝CB …②
△APD と△CDQ において，
①と AB＝CD より，AP＝CD
②と CB＝AD より，CQ＝AD
次に，AD∥BC より，∠ADB＝∠CBD＝○
　　　AB∥DC より，∠CDB＝∠ABD＝●
よって，∠PAD＝∠APB－∠ADP＝●－○
　　　　∠DCQ＝∠CDB－∠CQD＝●－○
　∴　∠PAD＝∠DCQ
以上の　　により，△APD≡△CDQ（二辺夾角相等）
よって，PD＝DQ であるから，D は線分 PQ の中点である．

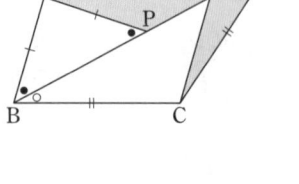

⇦ △APB，△CQB は，ともに二等辺三角形．

⇦ ここまでで'二辺相等'が言えたので，最後の目標は'夾角相等'すなわち，∠PAD＝∠DCQ

⇦ 三角形の内角と外角の関係
（下図のようになる．）

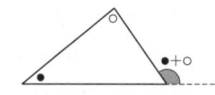

別解　右図のように L，M，N を定め，BL＝a，BN＝b とすると，M は LN の中点であるから，BM＝$\frac{a+b}{2}$ ……③
このとき，BP＝2a，BQ＝2b，
BD＝③×2＝$a+b$．よって，BD＝$\frac{BP+BQ}{2}$ が成り立つから，D は PQ の中点である．

⇦ L は BP の，M は BD の，N は BQ の，それぞれ中点．
⇦ ─── は対称性より明らかだが，厳密には，△ALM≡△CNM によって示される．

1★ 演習題（解答は，☞p.21）

図のように，正方形 ABCD がある．辺 BC 上に，2 点 B，C と異なる点 E をとり，点 D と点 E を結ぶ．点 A から線分 DE に垂線をひき，その交点を F とする．また，点 C から線分 DE に垂線をひき，その交点を G とする．
(1)　△AFD≡△DGC であることを証明しなさい．
(2)　点 B と点 G を結ぶ．点 G を通り，線分 BG に垂直な直線をひき，線分 AF との交点を H とするとき，BG＝GH であることを証明しなさい．

（05　香川県）

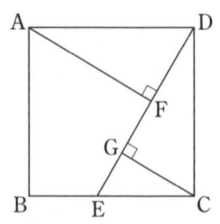

2 平行線による証明

右の図は，△ABC において，辺 AB 上に点 P があり，AP：PB＝5：2，辺 AC 上に点 R があり，AR：RC＝2：5 となる場合を表している．辺 BC の中点を L，頂点 A と点 L を結び，線分 AL の中点を M とする．点 P と点 R を結び，線分 PR の中点を N とし，点 N と M を結ぶ．

(1) NM∥BC であることを証明しなさい．
(2) 図において，BC＝7 となるとき，線分 NM の長さを求めなさい．

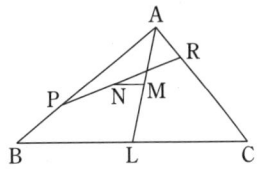

(07 都立武蔵)

(1) 比の条件をすべて辺 AB 上に集めます．
(2) (1)の補助線が，ここでも役に立ってくれます．

解 (1) 右図のように，R を通って BC に平行な直線と AB との交点を R′ とし，PR′ の中点を S とする．

△PRR′ において，中点連結定理より，
　SN∥R′R ………㋐

一方，AR′：R′B＝AR：RC＝2：5 より，S は AB の中点であるから，△ABL において，中点連結定理より，SM∥BL ………㋑

R′R∥BL と㋐，㋑より，N，M はともに 'S を通って BC に平行な直線' 上にあるから，NM∥BC である．

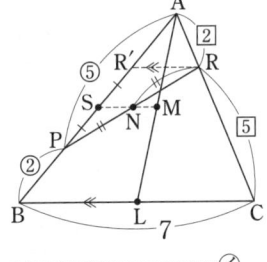

⇦ p.6．

AR′：R′P：PB＝2：3：2
∴ AS：SB
＝(2＋1.5)：(1.5＋2)＝1：1

(2) (1)より，SM＝BL×$\frac{1}{2}$＝(BC×$\frac{1}{2}$)×$\frac{1}{2}$＝$\frac{7}{4}$ ………㋒

また，SN＝R′R×$\frac{1}{2}$＝(BC×$\frac{2}{2＋5}$)×$\frac{1}{2}$＝1 ………㋓

∴ NM＝㋒－㋓＝$\frac{3}{4}$

【類題①】★ 図のように，△OAB の辺 OA 上に異なる 3 点 P，Q，R があり，辺 OB 上に異なる 3 点 S，T，U がある．PS∥RU および PT∥QU であるとき，QS∥RT となることを証明しなさい．

(07 慶應志木)

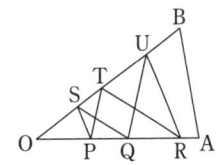

⇦解答は，☞ p.137．

2★ 演習題 (p.21)

右の図の四角形 ABCD において，点 P，Q，R，S はそれぞれ辺 AB，BC，CD，DA 上にあり，AP：PB＝DR：RC＝5：4，AS：SD＝BQ：QC＝3：2 である．また，点 M，N はそれぞれ線分 PC，PD 上にあり，SN∥AB，MQ∥AB である．

このとき，次の(1)，(2)を証明しなさい．

(1) MN∥CD
(2) PR と QS との交点を T とするとき，PT：TR＝3：2 である．

(06 灘)

9

3 線分比 ⇄ 面積比

図の△ABCにおいて，BD:DC=1:1，CE:EA=2:1，AF:FB=2:5です．ADとBEの交点をGとし，FGの延長線と辺BCとの交点をHとするとき，
(1) △AFG:△AEGの比を答えなさい．
(2) AG:GDの比を答えなさい．
(3) △ABCの面積は，四角形CEGHの面積の何倍ですか．

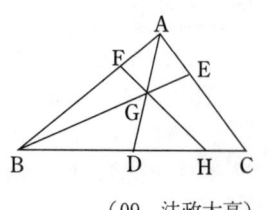

(09 法政大高)

(1)では面積比の公式が，(2)(3)では"メネラウスの定理"が活躍します．

解 (1) △ABC=S とおくと，

$$\triangle AFG = \frac{S}{2} \times \frac{2}{7} \times \frac{AG}{AD} \quad \cdots\cdots ㋐$$

$$\triangle AEG = \frac{S}{2} \times \frac{1}{3} \times \frac{AG}{AD} \quad \cdots\cdots ㋑$$

∴ ㋐:㋑ $= \frac{2}{7} : \frac{1}{3} = $ **6:7**

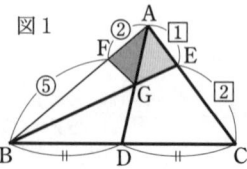

図1

⇦ △ABD=△ACD=$\frac{S}{2}$

(2) 図1の太線部において，メネラウスの定理により，

⇦ ☞ p.7.

$$\frac{AE}{EC} \times \frac{CB}{BD} \times \frac{DG}{GA} = 1 \quad \therefore \quad \frac{1}{2} \times \frac{2}{1} \times \frac{DG}{GA} = 1 \quad \therefore \quad \frac{DG}{GA} = 1$$

よって，AG:GD=**1:1** …………㋒

(3) 図2の太線部において，メネラウスの定理により，$\dfrac{AF}{FB} \times \dfrac{BH}{HD} \times \dfrac{DG}{GA} = 1$

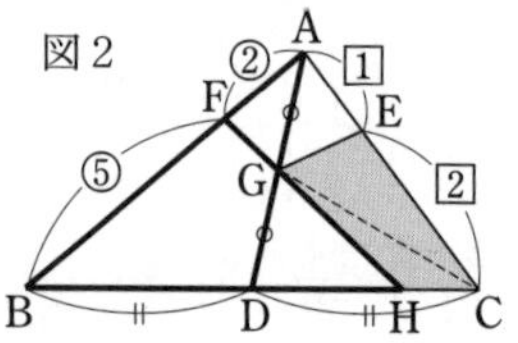

∴ $\dfrac{2}{5} \times \dfrac{BH}{HD} \times \dfrac{1}{1} = 1$ ∴ $\dfrac{BH}{HD} = \dfrac{5}{2}$

∴ BD:DH(=DC:DH)=(5−2):2=3:2

⇦ DH:HC=2:(3−2)=2:1

よって，□CEGH=△CEG+△CGH=$\dfrac{S}{4} \times \dfrac{2}{3} + \dfrac{S}{4} \times \dfrac{1}{3} = \dfrac{S}{4}$

⇦ ㋒より，△CAG=△CGD=$\dfrac{S}{4}$

したがって，S は □CEGH の **4倍**である．

3 演習題 (p.21)

図のように，AB=6，AC=8，∠A=90°の△ABCがある．点D，Eはそれぞれ辺AB，AC上の点であり，AD:DB=1:2，AE:EC=1:1を満たす．線分BEと線分CDの交点をF，線分AFと線分DEの交点をG，線分AFの延長と辺BCとの交点をHとする．
(1) △ADFの面積と△AEFの面積の比を，最も簡単な整数の比で表しなさい．
(2) △DEFの面積を求めなさい．
(3) △BCFの面積を求めなさい．
(4) AG:GF:FHを最も簡単な整数の比で表しなさい．

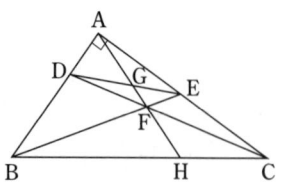

(06 法政大女子)

4 多角形を三角形に分ける

∠A＝90°，AB＝10，AC＝8 の△ABC があり，辺 BC，CA，AB 上に（両端の頂点を除く）それぞれ点 D，E，F がある．BD：DC＝2：3 で，2 つの三角形△BDF と△CED の面積が等しい．AF＝x，AE＝y とおくとき，
（1）△BDF の面積を x で，△CED の面積を y でそれぞれ表し，y を x の式で表しなさい．
（2）さらに，2 つの三角形△BDF と△DEF の面積も等しいとき，x の値を求めなさい．

（09　白陵）

（1）△BDF，△CED の面積は，'頂角を共有する三角形の面積比の公式'でとらえます． ◁公式については，☞ p.7.

（2）△DEF の面積は，**まわりを引く**ことでとらえるのが定石ですが，本問では「等積」の条件なので，△DEF の面積を x，y で表す必要はありません． ◀△DEF は，△ABC とは辺も角も共有していないので，直接'比'をとらえることは難しい．

解（1）$\dfrac{\triangle BDF}{\triangle ABC} = \dfrac{BD}{BC} \times \dfrac{BF}{BA}$

$= \dfrac{2}{2+3} \times \dfrac{10-x}{10} = \dfrac{10-x}{25}$ ……①

△ABC $= \dfrac{10 \times 8}{2} = 40$ …② より，

△BDF $=$ ①×② $= \dfrac{8(10-x)}{5}$ …③

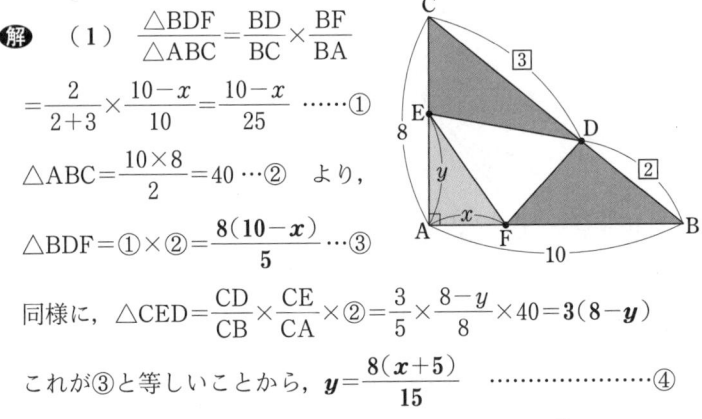

同様に，△CED $= \dfrac{CD}{CB} \times \dfrac{CE}{CA} \times$ ② $= \dfrac{3}{5} \times \dfrac{8-y}{8} \times 40 = 3(8-y)$

これが③と等しいことから，$y = \dfrac{8(x+5)}{15}$ ……④

（2）与えられた等積の条件から，③×3＋△AFE＝②

∴ $\dfrac{24(10-x)}{5} + \dfrac{x \times y}{2} = 40$

これに④を代入して整理すると，$x^2 - 13x + 30 = 0$ ◁④を代入した後，まず両辺を 8 で割ってから，30 倍する．

∴ $(x-3)(x-10) = 0$　$x < 10$ より，$x = 3$

➡注　これと④より，$y = \dfrac{64}{15}$ $(= 4.26\cdots)$．

4★ 演習題（p.22）

AD と BC が平行である台形 ABCD があり，AD＝3，BC＝4 とする．2 辺 BC，CD 上にそれぞれ点 P，Q をとり，3 つの三角形 ABP，PCQ，QDA の面積がすべて等しくなるようにした． 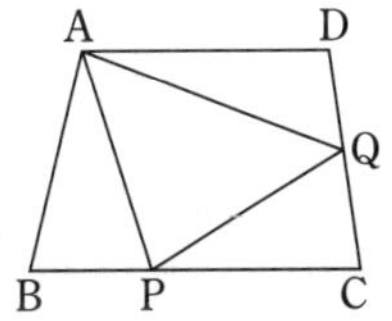
（1）線分 BP の長さを求めなさい．
（2）三角形 APQ の面積は台形 ABCD の面積の何倍か．

（06　甲陽学院）

5 四角形と相似

次の各問いに答えなさい．

(ア) 右図で，四角形 ABCD は，AB＝6，AD＝4 の平行四辺形である．点 P と点 Q は辺 CD 上にある点で，CP＝PQ＝QD＝2 である．このとき，∠AEB＝90°であることを証明しなさい．

(04 都立墨田川)

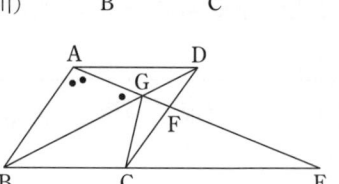

(イ) ひし形 ABCD で，BC の延長上に点 E をとり，AE と CD，AE と BD との交点をそれぞれ F，G とする．
∠BGA：∠BAG＝1：2，AG＝10，GF＝4，EF＝21 のとき，ひし形 ABCD の 1 辺の長さを求めなさい．

(09 相愛)

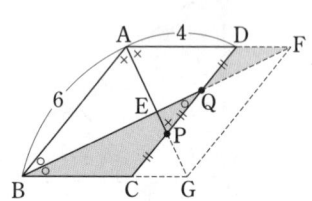

平行四辺形には，平行な辺が 2 組あるので，相似な三角形があちこちに現れます．

解 (ア) DA＝DP(＝4)と AB∥DC より，右図の×印の角はすべて等しい．

AD と BQ の交点を F とすると，△QDF∽△QCB で，相似比は，QD：QC＝1：2 であるから，

$$DF = \frac{BC}{2} = 2 \cdots ①$$ ∴ AF＝AD＋①＝6＝AB

∴ △ABE≡△AFE ∴ ∠AEB＝90° ……②

➡注 図のように G をとると，△BAE≡△BGE から，全く同様に②が示せます(ABGF は'ひし形'です)．

⇦△DAP は二等辺三角形．

⇦△ABF も二等辺三角形．

⇦二辺夾角相等により，合同．

⇦△CQB，△BGA が二等辺三角形．

(イ) ひし形 ABCD は，対角線 BD に関して対称であるから，角度について，右図のようになる．

よって，∠EGC＝∠ECG より，
CE＝GE＝4＋21＝25 ……③

△FDA∽△FCE で，相似比は，FA：FE＝14：21＝2：3 であるから，AD＝③×$\frac{2}{3}$＝$\frac{50}{3}$

⇦角度の条件をどう使うか？

⇦この'対称性'がポイント！
(厳密には，△ABG≡△CBG
(二辺夾角相等)から示せる．)

⇦△EGC は二等辺三角形．

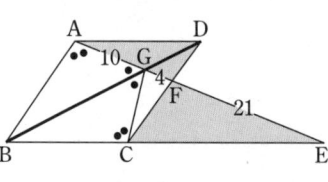

5★ 演習題 (p.22)

AB＝3，AD＝4 の長方形 ABCD がある．この長方形を点 A のまわりに回転したものを長方形 AB′C′D′ とする．ただし，点 C′ は図のように直線 BC 上にあるものとする．
(1) 線分 DD′ の長さを求めなさい．
(2) 点 B は直線 DD′ 上にあることを示しなさい．
(3) 三角形 AD′B の面積を求めなさい．

(06 甲陽学院)

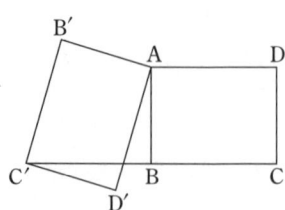

6　平行線と相似

図の△ABCについて，AB=6，BC=7，AC=4，辺BC上の点Mをとり，CM=2である．また，AMに平行な直線が，ACの延長とABとBCと各々D，E，Fで交わっている．

(1)　AD：MF を求めなさい．
(2)　AD：AE を求めなさい．
(3)　AE=EBのとき，△AEDの面積は，△BEFの面積の何倍か．

（06　那須高原海城）

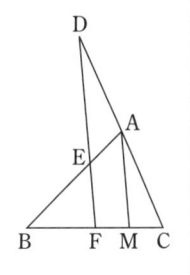

(1)　MFと同じ長さを作り出すために，平行四辺形を作ります．
(3)　目標は，ED：EFです．

解　(1) AからBCに平行な線を引いて，DFとの交点をGとすると，AG=MFであるから，AD：MF=AD：AG ………①
ここで，△ADG∽△CAMであるから，
①=CA：CM=4：2=**2：1** ………②

⇐この補助線が，(2)でも役に立ってくれる！

⇐AG∥MF，AM∥GFより，AGFMは平行四辺形．

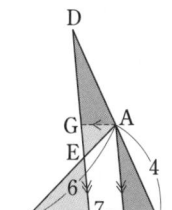

(2)　△EAG∽△EBF∽△ABMより，
AG：AE=BM：BA=(7−2)：6=5：6
これと②より，
AD：AE=2×AG：AE=2×5：6=**5：3**

⇐＝＝＝を使っている．

(3)　$\dfrac{\triangle AED}{\triangle BEF}=\dfrac{EA}{EB}\times\dfrac{ED}{EF}=\dfrac{ED}{EF}$ ………③

△BEF∽△BAMで，相似比は，
BE：BA=1：2であるから，
$EF=AM\times\dfrac{1}{2}$ ………④

△CAM∽△CDFで，相似比は，
$CM：CF=2：\left(2+\dfrac{5}{2}\right)=4：9$であるから，
$DF=AM\times\dfrac{9}{4}$ ………⑤

∴ ③=$\dfrac{⑤-④}{④}=\dfrac{9/4-1/2}{1/2}=\dfrac{7}{2}$（倍）

⇐△AEDと△BEFにおいて，∠AED=∠BEFだから，p.7の面積比の公式が使える．

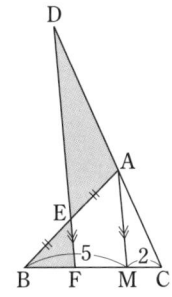

⇐③の比を求めるのに，AMを仲介にする．

6　演習題（p.23）

右の図のような△ABCについて，辺AB，AC上にBC∥DEとなるような点をそれぞれD，Eとする．次に，△ADEについて点Aを中心に頂点EがBC上にくるように回転させ，回転後の点をそれぞれF，Gとする．AC=BC=25，AB=AE=10のとき，
(1)　BGの長さを求めなさい．
(2)　BFの長さを求めなさい．
(3)　△ABFの面積は，△ABCの面積の何倍か．

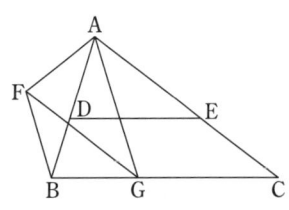

（08　香川県藤井）

13

7 裏返しの相似

△ABC において，BC=4，∠ACB=2∠BAC とする．∠ACB の二等分線と辺 AB との交点を D，∠ACD の二等分線と辺 AB との交点を E とすると，AE=1 となった．
（1） 線分 BE の長さを求めなさい．
（2） 線分 AD の長さを求めなさい．

（06 智辯和歌山）

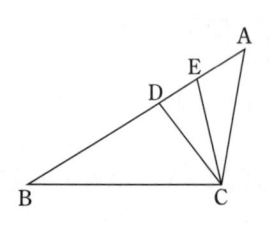

角度の条件がやや煩雑なので，混乱しないようにしましょう．小問ごとに，「使うべきなのは，角の 2 等分線の定理 or 相似 or …」を慎重に判断したい．

◁ 角の 2 等分線が 2 本あるが，線分の長さの条件が少ないので，"角の 2 等分線の定理" は使いにくい．一方，二等辺三角形が（複数）見つかり，さらには相似な三角形にも着目したい．

解（1） 与えられた条件より，右図のようになる（●=a とおく）． 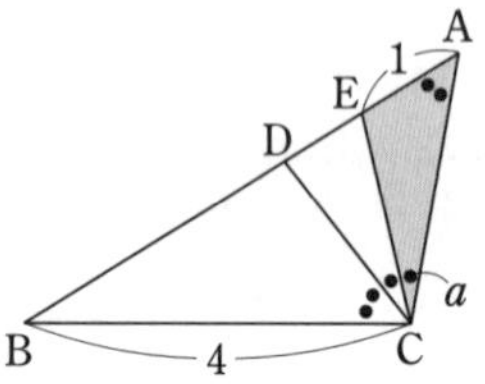
ここで，△AEC の∠E の外角について，
∠BEC=∠EAC+∠ECA
　　　=2a+a=3a=∠BCE
∴ BE=BC=**4**

◁ △BCE は二等辺三角形．

（2） 二角相等で，△CBD∽△ABC ……………①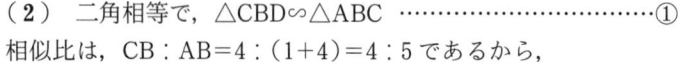
相似比は，CB:AB=4:(1+4)=4:5 であるから，
BD=BC×$\frac{4}{5}$=$\frac{16}{5}$ ∴ AD=AB−BD=5−$\frac{16}{5}$=$\frac{9}{5}$

◁ ∠BCD=∠BAC(=2a)，∠B は共通．

➡ **注** AC の長さを求めてみましょう．
右図のようになって，
CD=AD=$\frac{9}{5}$
これと①より，AC=$\frac{9}{5}$×$\frac{5}{4}$=$\frac{9}{4}$

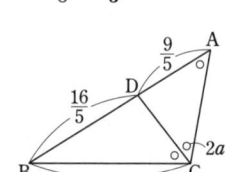

◁ ∠DCA=∠DAC(=2a)より，△DCA は二等辺三角形．
◁ 角の 2 等分線の定理を使っても求められる．

【類題③】 図において，AB=6，BC=9，AC=12，BD=4，∠BDA=∠EDC であるとき，線分 AE の長さを求めなさい．
（09 新潟明訓）

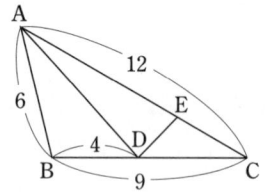

◁ 解答は，☞p.137.

7 演習題（p.23）

右の図のように，△ABC の辺 BC の延長上に，∠CBA=∠CAD となる点 D をとる．∠ADC の二等分線が辺 AC，AB と交わる点をそれぞれ E，F とする．
（1） △ADF∽△CDE であることを証明しなさい．
（2） AE=3，EC=2，CD=6 のとき，線分 BC の長さを求めなさい．
（05 山口県）

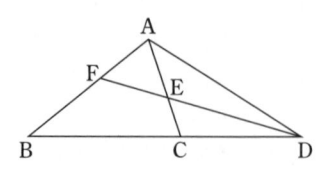

8 角の2等分線と相似

図において AB=3，AC=2，直線 AE は∠BAC の二等分線であり，AE⊥BE である．点 D は直線 AE と BC の交点である．
(1) 線分の長さの比 AD:DE を求めなさい．
(2) 面積の比 △ADC:△BED を求めなさい．

(10 ラ・サール)

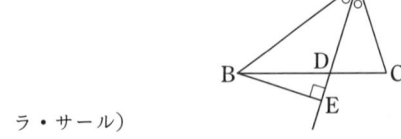

垂線を引いて，相似な三角形を作ってみます(なお，☞別解)．

解 (1) 図のようにFをとると，
△AFC∽△AEB で，相似比は，
AC:AB=2:3 であるから，
AF:AE=CF:BE=2:3 …①
一方，△CFD∽△BED ………②
で，この相似比も①であるから，
FD:DE=2:3 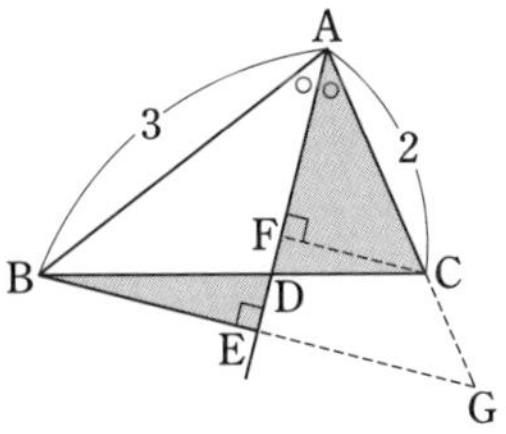
以上の2つの══部より，DE=3k とおくと，
FD=2k，AD=2k+(3k+2k)×2=12k
∴ AD:DE=12k:3k=**4:1**

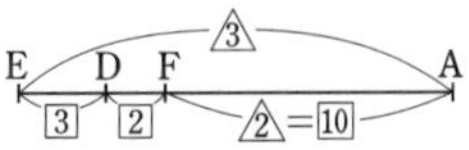

⇐二角相等．

⇐二角相等．
⇐相似比は，CF:BE=①．

別解 上図のようにGをとると，△ABE≡△AGE より，
AB=AG=3，BE=GE であるから，メネラウスの定理より，
$\frac{AD}{DE} \times \frac{EB}{BG} \times \frac{GC}{CA} = 1$ ∴ $\frac{AD}{DE} \times \frac{1}{2} \times \frac{1}{2} = 1$
∴ AD:DE=**4:1**

⇐二角夾辺相等．
⇐☞p.7．

(2) $\frac{△ADC}{△BED} = \frac{AD}{DE} \times \frac{DC}{DB} = \frac{4}{1} \times \frac{2}{3} = \frac{8}{3}$

よって答えは，**8:3**

➡注 DC:DB=2:3 は，上の②からも得られるし，"角の2等分線の定理"からも分かります．

⇐△ADC と△BED において，
∠ADC=∠BDE なので，p.7 の面積比の公式(左の網目部)が使える．
⇐☞p.7．

【類題④】 AB=AC の二等辺三角形 ABC がある．角 B の二等分線が辺 AC と交わる点を D として，D を通り BC に平行な直線 l と辺 AB との交点を E，l と∠C の外角の二等分線との交点を F とする．ED=DF となることを証明しなさい．　　(04 洛星，解答は☞p.137)

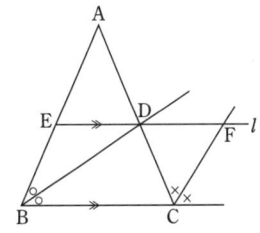

8★ 演習題 (p.24)

図のような△ABC について，辺 AB が辺 AC より短いとする．∠ABC，∠ACB の二等分線と辺 AC，辺 AB の交点をそれぞれ D，E とし，点 D を通り辺 BC に平行な直線と辺 AB の交点を F とする．
(1) 線分の長さが等しくなる組合せを示しなさい．
(2) AF=4，BC=35 のとき，線分 FD の長さを求めなさい．
(3) AF=9，FE:EB=1:8 であり，線分 DC が FB より 5 長いとき，線分 AD の長さを求めなさい．　　(09 香川県藤井)

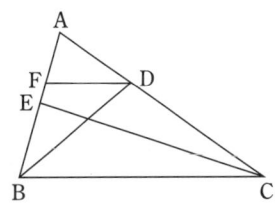

9　折り紙と相似

BC＝3，CA＝5 の△ABC において，辺 CA 上に∠BAC＝∠DBC となる点 D をとる．図のように，辺 BA と BD が重なるように三角形を折ったときの折り目を BE，点 A が移った点を F とする．
(1)　CD の長さを求めなさい．
(2)　DE の長さを求めなさい．
(3)　△DEF と△ABE の面積比を求めなさい．

(10　土浦日大)

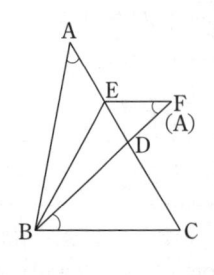

(1)～(3) とも，△ABC と相似な三角形に着目して解いてみます (なお，☞別解)．

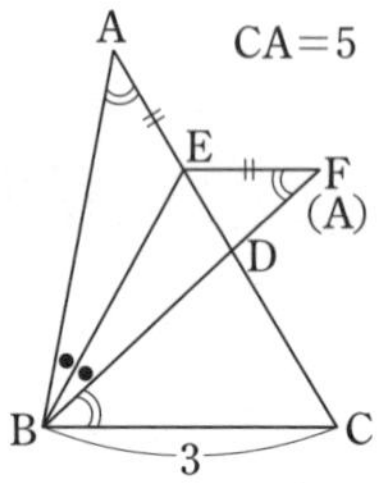

解　(1)　△BCD∽△ACB (二角相等)
より，BC：CD＝AC：CB
∴　3：CD＝5：3　∴　CD＝$\dfrac{9}{5}$　………①

⇦ '裏返しの相似'．
　(∠CBD＝∠CAB，∠C は共通)

(2)　△FED∽△BCD (二角相等)　……②
より，FE：ED＝BC：CD＝5：3
∴　AE：ED＝5：3
∴　DE＝AD×$\dfrac{3}{5+3}$＝(5－①)×$\dfrac{3}{8}$＝$\dfrac{16}{5}$×$\dfrac{3}{8}$＝$\dfrac{6}{5}$　………③

⇦ これから，**EF∥BC** が分かる．
⇦ (1) より．
⇦ AE＝FE．

(3)　②の相似比は，③：①＝2：3
∴　△DEF：△ABE＝△DEF：△FBE
　　　　　　　　＝DF：BF＝2：(2＋3)＝**2：5**

⇦ △ABE≡△FBE．

別解　折り返しの条件より，上図の●同士の角は等しい．よって，
　　∠CEB＝∠EAB＋∠ABE＝∠CBD＋∠DBE＝∠CBE
∴　CE＝CB＝3　このとき，②の相似比は，
　　FE：BC＝AE：BC＝(5－3)：3＝2：3
∴　CD＝CE×$\dfrac{3}{2+3}$＝3×$\dfrac{3}{5}$＝$\dfrac{9}{5}$，DE＝CE×$\dfrac{2}{5}$＝$\dfrac{6}{5}$

⇦ CE＝①＋③＝3＝CB より，
　△BCE は二等辺三角形 (p.43 の例題 **14** 番と同じ構図)．これを最初に確認して解くこともできる．
⇦ (1) と (2) の答え．

9　演習題 (p.24)

図のように，AB＝3，BC＝4 の長方形 ABCD があり，対角線の長さは 5 である．辺 CD 上に点 E をとり，△BCE を線分 BE を折り目として折り返すと，点 C は対角線 BD 上の点 F に移った．次に，△BDE を線分 BD を折り目として折り返し，点 E が移った点を H とする．辺 AD と線分 BH の交点を G とする．また，点 G から対角線 BD に垂線を引き，その交点を I とする．
(1)　線分 DE，DF の長さを求めなさい．
(2)　線分 GI と線分 ID の長さの比を求めなさい．また，線分 GI と線分 IB の長さの比を求めなさい．
(3)　△DGH の面積を求めなさい．
(10　熊本学園大付，改題)

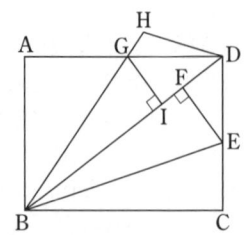

10　等角から生まれる相似形

AB＝ACである△ABCにおいて，点Mは辺BCの中点，点Pは辺AB上の点，点Qは辺AC上の点，∠PMQ＝∠Bである．
（1）　△BPM∽△CMQであることを証明しなさい．
（2）　△MPQ∽△BPMであることを証明しなさい．
（3）　線分PMは∠BPQを2等分することを証明しなさい．

（10　如水館）

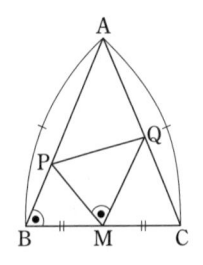

本問は'折り紙'ではありませんが，「∠PMQ＝∠B」という等角の条件から，'折り紙'と同様の相似形が現れます．　⇦一般形は，☞研究．

解　（1）　AB＝ACより，∠B＝∠C　……①
次に右図で，●＋○＋△＝180°，
●＋○＋×＝180°より，△＝×　………②
①，②より，二角相等で，
　　　　　△BPM∽△CMQ　……………③

（2）　③より，PM：MQ＝BP：CM
　　　　　　　　　　　　＝PB：BM
と，∠PMQ＝∠Bより，二辺比夾角相等で，△MPQ∽△BPM　………④

（3）　④より，図で，▲＝△
よって，PMは∠BPQを2等分する．

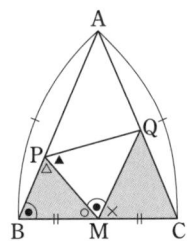

⇦③を利用して，'辺の比'に着目する．
⇦CM＝BM．

■**研究**　一般に，右図で，●印の角がすべて等しいとき，△ACD∽△BEC　………Ⓐ
が成り立ちます．
　よく現れる例は，次の2つの場合です．
　{ ●＝90°の場合…長方形の折り紙など
　　●＝60°の場合…正三角形の折り紙など
［なお，Ⓐから導かれる　AC×BC＝AD×BE　も時折入試などに登場します．できたら，チェックしておきましょう．］

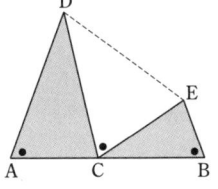

⇦図で，A-C-Bは一直線上にある．

⇦☞p.42の例題**13**番．
⇦☞p.44の例題**15**番．

10　演習題（p.25）

図のように，1辺の長さが8の正三角形ABCの辺BC上に点Dがあり，ADの長さが7であるとする．BD＜DCのとき，ADを1辺とする正三角形ADEの辺DEとACとの交点をFとする．CとEを結ぶ．
（1）　△AEFと相似な三角形を3つ答えなさい．
（2）　AFの長さを求めなさい．
（3）　BDの長さを求めなさい．

（09　成蹊）

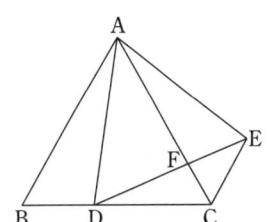

11 四角形の面積比

図のような△ABCがある．面積比が
$$\triangle ABC : \triangle BCG : \triangle BGD = 28 : 7 : 2$$
で与えられているとき，次のものを求めなさい．
(1) AD : GD
(2) BD : DC
(3) △AGC : △CGD
(4) BG : GE

(10 東京農大第一)

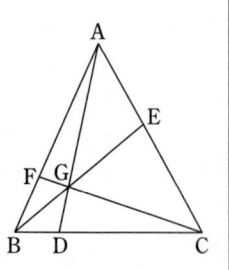

四角形の面積比は，「三角形－三角形」or「三角形＋三角形」としてとらえることもできますが，できたら四角形のままでとらえられるようにしておきましょう．

⇦三角形の面積比に帰着させる．

解 (1) 与えられた面積比より，右図のようにおくことができる．このとき，
$$AD : GD = \triangle ABC : \triangle GBC$$
$$= 28s : 7s = \mathbf{4 : 1} \cdots\cdots ①$$

(2) $BD : DC = \triangle GBD : \triangle GDC$
$$= 2s : (7s - 2s) = \mathbf{2 : 5}$$

(3) $\triangle AGC : \triangle CGD = AG : GD$
$$= (4-1) : 1 = \mathbf{3 : 1}$$

(4) (3)より，△AGC＝△CGD×3＝5s×3＝15s
∴ BG : GE ＝□ABCG : △GCA
$$= (28s - 15s) : 15s = \mathbf{13 : 15}$$

➡注 CE : EA ＝△GBC : △GAB ＝ 7s : 6s ＝ 7 : 6
AF : FB ＝△GCA : △GBC ＝ 15s : 7s ＝ 15 : 7
また，CG : GF ＝□CAGB : △GAB
＝ (7s + 15s) : 6s ＝ 22s : 6s ＝ 11 : 3

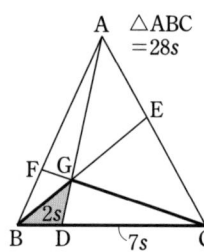

⇦例えば，「AG : GD ＝？」と問われたら，①を経由してもよいが，
　AG : GD
＝□ABGC : △GBC
＝ (28s - 7s) : 7s ＝ 3 : 1

⇦本問では，先に①があるので，当然，①を利用する．

⇦「BE : GE」を経由しないで解いてみる．

⇦△GAB ＝ 28s - (7s + 15s)
　　　　＝ 6s

11 演習題 (p.25)

図のように，AD∥BC の台形 ABCD において，対角線 BD，AC の交点を E とし，BD，AC の中点をそれぞれ F，G とする．また，台形 ABCD の面積が 120，三角形 AFC の面積が 24 であるとき，
(1) 四角形 AFCD の面積を求めなさい．
(2) BE : ED を最も簡単な整数の比で表しなさい．
(3) FG : BC を最も簡単な整数の比で表しなさい．
(4) FC，BG の交点を H とするとき，四角形 EFHG の面積を求めなさい．

(06 中央大付)

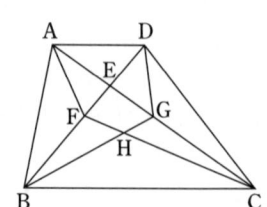

12★ 等辺・等角の条件

右図のような △ABC がある．辺 CA 上の点 D から辺 AB に垂線 DE を，また辺 BC に垂線 DF を下ろす．このとき，DB=23, DC=19 であり，△DBF ≡ △DBE ≡ △DAE となった．次の各比をできるだけ簡単にして求めなさい．

(1) 線分の比 AD : DC
(2) 線分の比 BF : FC
(3) BF 上に DG=19 となる点 G をとり，半直線 DG 上に DH=23 となる点 H をとるとき，面積の比 △BHG : △DBC

(04 巣鴨)

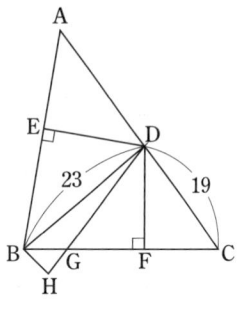

(3) 等辺・等角がいっぱいあって，混乱させられそうです．(2)を利用する流れでしょうが，実は…(☞別解)．

解 (1) △DBF ≡ △DBE ≡ △DAE …………①
より，AD=BD=23 ∴ AD : DC = **23 : 19** …………②

(2) ①より，右図の●同士の角は等しいから，角の 2 等分線の定理により，BA : BC = ②
よって，AE=EB=BF=x, FC=y とおくと，
$2x : (x+y) = 23 : 19$ ∴ $15x = 23y$ ∴ $x : y = $ **23 : 15**

(3) DG=DC より，
∠DCG = ∠DGC = ∠BGH …③
また，GF=CF …………④
③より，$\dfrac{△BHG}{△DBC} = \dfrac{GH}{CD} \times \dfrac{GB}{CB}$
$= \dfrac{4}{19} \times \dfrac{GB}{CB}$ …………⑤

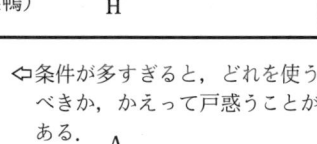

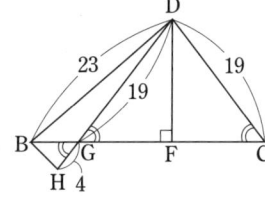

⇦条件が多すぎると，どれを使うべきか，かえって戸惑うことがある．

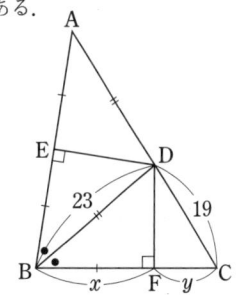

⇦△DGF ≡ △DCF による．
⇦∠BGH = ∠DCB より，p.7 の面積比の公式が使える．

ここで(2)と④より，$\dfrac{GB}{CB} = \dfrac{23-15}{15+23} = \dfrac{4}{19}$ ∴ ⑤ $= \left(\dfrac{4}{19}\right)^2 = \dfrac{16}{361}$

よって，答えは，**16 : 361**

別解 ①，③，および DB=DH より，角度について右図のようになる．すると，△ABC と △BHG の内角の和を比べることによって，○=●
∴ △BHG ∽ △BDC．相似比は，HG : DC = 4 : 19 であるから，面積比は，$4^2 : 19^2 = $ **16 : 361**

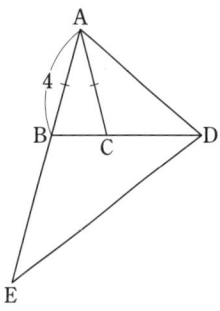

12★ 演習題 (p.26)

AB=AC=4 である二等辺三角形 ABC がある．図のように，点 D は CA=CD を満たして辺 BC の延長上に，また，点 E は BD=BE を満たして辺 AB の延長上にある．辺 AC が ∠BAD を二等分するとき，

(1) ∠BAD の大きさを求めなさい．
(2) 辺 BD の長さ，辺 DE の長さをそれぞれ求めなさい．
(3) 辺 AC の C の方の延長上に，CF=BD を満たすように点 F をとるとき，∠ADF の大きさを求めなさい．
(4) (3)の点 F に対して，四角形 AEFD の周の長さを求めなさい．

(09 桐蔭学園)

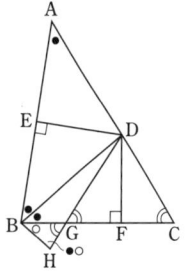

13　合同と角度

図のように，AB＝5，AD＝10 である長方形 ABCD において，2 辺 AD，BC の中点をそれぞれ E，F とする．点 G を AE 上の点とし，C から BG に垂線 CH を引く．CH と EF の交点を I とするとき，

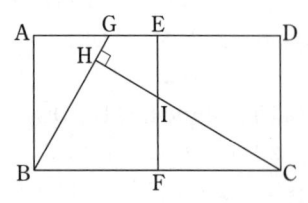

（1）△ABG∽△HCB を証明しなさい．
（2）AG＝IF および GE＝IE を証明しなさい．
（3）IH＝IF であるとき，次の角の大きさを求めなさい．
　　（i）∠BCH　　（ii）∠HIG　　　　（07　学習院）

（2）で直角二等辺三角形が，（3）では合同な 4 つの三角形が現れ，これらが '角度' へとつながって行きます．

解　（1）AD∥BC より，
　　　∠AGB＝∠HBC
よって，二角相等で，
　　　△ABG∽△HCB ………①

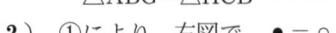

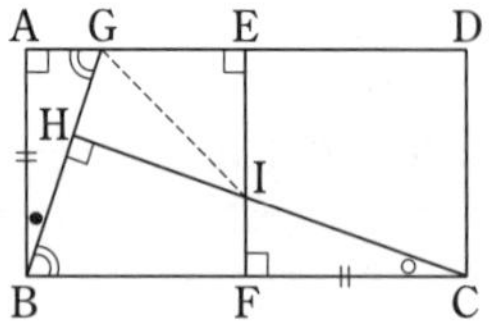

（2）①により，右図で，●＝○．
これと，AB＝FC より，△ABG≡△FCI（二角夾辺相等）…②
　　∴ AG＝FI　∴ GE＝IE ……………③

⇐ □ABFE と □EFCD は，ともに一辺の長さが 5 の正方形．
⇐ GE＝5－AG
　　　＝5－FI＝IE

（3）（i）IH＝IF のとき，斜辺と他の一辺相等で，△HBI≡△FBI
これと，△FBI≡△FCI（二角夾角相等）より，右図の×印の角はすべて等しいから，∠BCH＝$\frac{90°}{3}$＝**30°**

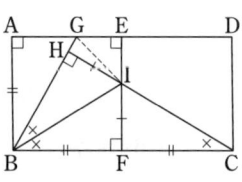

⇐ ②より，△ABG もこれらと合同（すべて，'30°定規形'（☞p.28））．
⇐ △BCH の内角の和より，
　　×＝(180°－90°)÷3

（ii）（i）より，∠HIE＝180°－60°×2＝60° ………………④
また，③より，△EGI は直角二等辺三角形であるから，
　　∠HIG＝④－45°＝**15°**

13　演習題（p.26）

右の図のように，∠ABC＝32° の △ABC の辺 BC 上に点 D を AB＝DC となるようにとると，∠BAD＝42° となりました．AD の延長と線分 BD の垂直二等分線との交点を E とするとき，
（1）∠BCE の大きさを求めなさい．
（2）∠ACB の大きさを求めなさい．

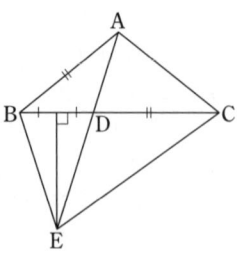

（10　奈良育英）

●直線図形（1）●
演習題の解答

1 （2）（1）の合同より，もう1組の合同な三角形が生まれ，そこから，平行四辺形が（さらに，2個の直角二等辺三角形まで！）現れます．

解 （1） △AFDと△DGCにおいて，
　　AD=DC ……① 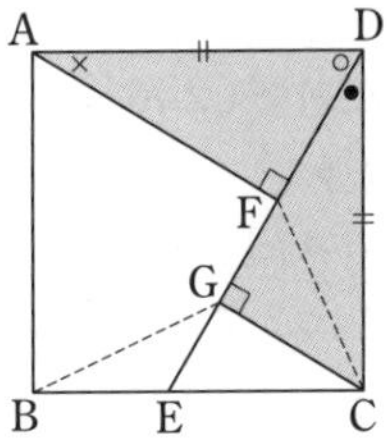
また，右図で，
　　×＋○＝90°
　　●＋○＝90°
より，×＝● ………②
①，②より，
　　△AFD≡△DGC（斜辺と一鋭角相等）

（2） 右上図で，（1）より，CG=DF ……③
　　∠BCG=90°－∠GCD
　　　　　＝90°－∠FDA=∠CDF ……④
③，④と，BC=CD より，
　　△BCG≡△CDF（二辺夾角相等） …㋐
∴　BG=CF ……⑤ 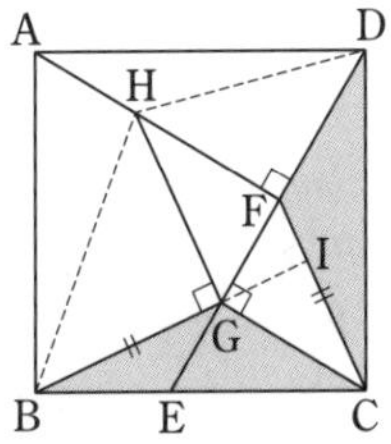
　　∠BGC
　　＝∠CFD ………⑥
ところで，
　　∠CFG
　　＝180°－∠CFD …⑦
　　∠HGF=360°－（90°×2＋∠BGC）
　　　　　＝180°－∠BGC …………⑧
⑥より，⑦＝⑧　∴　CF∥GH …㋑
これと，CG∥FH より，□CFHG は平行四辺形であるから，GH=CF
これと⑤より，BG=GH …………㋒

➡注 ㋑の対応する辺 BC と CD は直交していますから，BG と CF も直交し，（2）の図で，BI⊥CF です．このことからも，㋑が分かります．

なお，㋒により，△BGH は直角二等辺三角形ですが，FH（=CG）=FD より，△FDH も直角二等辺三角形です．

2 （2） 図に線分 QS を書くと，PR との交点 T は MN 上にもありそうです．これを糸口にしましょう．

解 （1） SN∥AB∥MQ より，
　　PN：ND=AS：SD=3：2
　　PM：MC=BQ：QC=3：2
∴　PN：ND
　　＝PM：MC
∴　MN∥CD

（2） QS と MN の交点を T′とすると，
SN∥MQ より，
　　NT′：T′M
　　=SN：QM
　　=AP×$\dfrac{2}{5}$：PB×$\dfrac{2}{5}$
　　=AP：PB=5：4 ……㋐
一方，PR と MN の交点を T″とすると，(1)より， 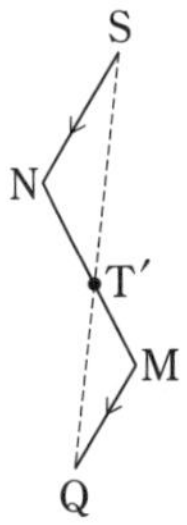
　　NT″：T″M
　　=DR：RC=5：4 …………㋑
㋐=㋑より，T′=T″，すなわち，QS, MN, PR は1点で交わり，この点が T である．
これと(1)より，
　　PT：TR=PM：MC=3：2

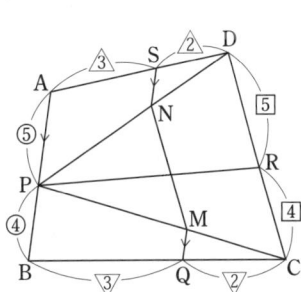

3 まず，与えられた**線分比を面積比に変換**します（∠A=90°などの条件から，△ABC, △ADE の面積が求められることにも注意！）．
（3）では逆に，**面積比を線分比に変換**します．

解 （1） AE=EC ……㋐ より，
△AEF=△CEF=s とおくと，
　　△CAF(2s)：△CBF=AD：DB=1：2
より，△CBF=4s …………㋑
これと㋐より，△ABF=㋑=4s

21

∴ △ADF : △AEF
$= 4s \times \dfrac{1}{3} : s$
$= 4 : 3$

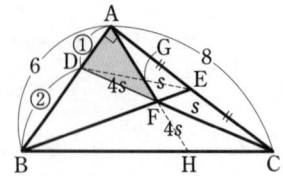

（2） △ABC の面積について，
$\dfrac{6 \times 8}{2} = (s + 4s) \times 2$　∴　$s = \dfrac{12}{5}$　…ウ

このとき，△DEF $= \dfrac{4}{3}s + s - $△ADE
$= \dfrac{7}{3} \times$ウ$- \dfrac{2 \times 4}{2} = \dfrac{28}{5} - 4 = \dfrac{8}{5}$　…エ

（3） △BCF $= 4 \times$ウ$= \dfrac{48}{5}$

（4） AG : GF = △ADE : △DEF
$= 4 :$エ$= 5 : 2 = 15 : 6$　…オ
また，AH : FH = △ABC : △FBC
$= 10s : 4s = 5 : 2 = 35 : 14$　…カ
オ，カより，AG : GF : FH $=$ **15 : 6 : 14**

➡注　オ，カでは，右図のように，AH=㉟として考えています．

4　（1）　P，Q の位置をとらえるために，2 文字設定する必要があります．

解　（1）　BP $= x$ とし，また，
DQ : QC = 1 : y
とすると，△ABP，△PCQ，△QDA の底辺の比は，
BP : PC : AD $= x : (4-x) : 3$
また，それらに対する高さの比は，
$(1+y) : y : 1$
よって，これらの面積がすべて等しいとき，
$x(1+y) = (4-x)y = 3$
∴　$x + xy = 3$ ……①，$4y - xy = 3$ ……②
①+②より，$x + 4y = 6$　∴　$4y = 6 - x$
これを①×4 に代入して整理すると，
$x^2 - 10x + 12 = 0$　$x < 4$ より，$x =$ **$5 - \sqrt{13}$**

（2）　△ABP と▱ABCD の高さは等しいから，面積比は，$x : (3+4) = x : 7$

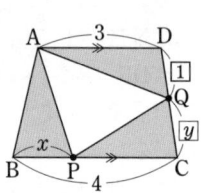

∴ $\dfrac{\triangle APQ}{\square ABCD} = \dfrac{7 - 3x}{7} = \dfrac{7 - 3(5 - \sqrt{13})}{7}$
$= \dfrac{3\sqrt{13} - 8}{7}$（倍）………キ

➡注　キの値は，約 0.4（倍）です．

【類題2】　一辺の長さが 1 の正方形 ABCD の辺 AB 上に点 E，辺 AD 上に点 F をとると，三角形 AEF，三角形 BCE，三角形 CDF の面積比が 3 : 4 : 1 になった．
（1）　AF の長さを求めなさい．
（2）　三角形 CEF の面積を求めなさい．
(05　ラ・サール，解答は☞p.137)

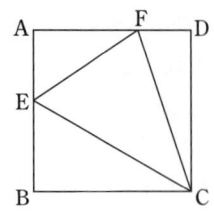

5　（1）　相似な三角形に着目しましょう．それが（2）でも役に立ってくれます．

解　（1）　図1 の●同士の角は等しく，このとき，
∠C'AC
$= ● + $∠D'AC
$= $∠D'AD 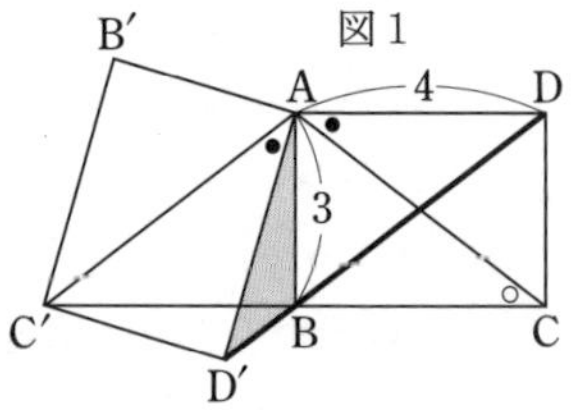
よって，△AC'C と△AD'D …① は頂角の等しい二等辺三角形であるから相似であり，相似比は，　AC : AD = 5 : 4 …………☆
∴　DD' = CC' $\times \dfrac{4}{5} = 8 \times \dfrac{4}{5} = \dfrac{32}{5}$ ……②

➡注　△AB'B も，①と相似形です．
なお，上の☆では，直角三角形 ABC などの 3 辺比が 3 : 4 : 5（三平方の定理から導かれる）であることをコッソリ使っています….

（2）　（1）より，図1 で，∠ADD' = ○
よって，∠ADD' = ∠ADB …③　であるから，点 B は直線 DD' 上にある．

➡注　図1 において，太線は直線 DD' であり，これが点 B を通るかどうかは分かっていないことに注意（③については，☞p.162 の **1・2**）．

（3）　（2）より，
△AD'B = △ABD $\times \dfrac{BD'}{BD}$
$= \dfrac{4 \times 3}{2} \times \dfrac{② - 5}{5} = 6 \times \dfrac{7}{25} = \dfrac{42}{25}$

6 （2） BF を一辺とする相似な三角形の組を探します．
（3）（2）で見つけた相似を利用します．

解 （1） AG＝AE＝10（＝AB） ………①
であるから，
△ABG は二等辺三角形であり，底角 B が共通であるから，
△ABG ∽ △CBA …②

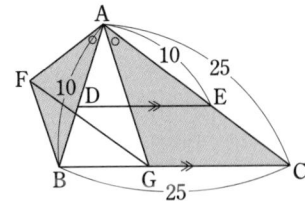

∴ AB：BG＝CB：BA＝25：10＝5：2
∴ BG＝AB×$\frac{2}{5}$＝10×$\frac{2}{5}$＝**4** ………③

（2） △ADE∽△ABC より，
AD：AE＝AB：AC＝10：25＝2：5
∴ AD＝AE×$\frac{2}{5}$＝10×$\frac{2}{5}$＝4
∴ AF＝AD＝4 ………④

△ABF と △ACG において，
∠FAB＝∠FAG－∠BAG
　　　＝∠DAE－∠BAG＝∠GAC
AF：AG＝④：①＝4：10＝2：5 ……⑤
AB：AC＝10：25＝2：5

よって，△ABF∽△ACG（二辺比夾角相等）
相似比は⑤であるから，
BF＝CG×$\frac{2}{5}$＝(25－③)×$\frac{2}{5}$＝$\frac{\mathbf{42}}{\mathbf{5}}$

（3）（2）より，$\frac{\triangle ABF}{\triangle ACG}=\left(\frac{2}{5}\right)^2=\frac{4}{25}$ …⑥
一方，$\frac{\triangle ACG}{\triangle ABC}=\frac{CG}{BC}=\frac{21}{25}$ …………⑦
∴ $\frac{\triangle ABF}{\triangle ABC}$＝⑥×⑦＝$\frac{\mathbf{84}}{\mathbf{625}}$（倍）

別解 （2） ②より，
∠AGB(＝∠DAE)
＝∠FAG
これと③，④より，右図のようになって，
△AGH は △ABC と合同な二等辺三角形である（□AFBG は等脚台形）．

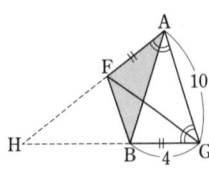

ここで，△HBF∽△HGA であるから，
HB：BF＝HG：AG＝25：10＝5：2
∴ BF＝HB×$\frac{2}{5}$＝(25－4)×$\frac{2}{5}$＝$\frac{\mathbf{42}}{\mathbf{5}}$

（3） $\frac{\triangle ABF}{\triangle ABC}=\frac{\triangle ABF}{\triangle AGH}=\frac{\triangle ABH}{\triangle AGH}\times\frac{\triangle ABF}{\triangle ABH}$
＝$\frac{BH}{GH}\times\frac{AF}{AH}=\frac{21}{25}\times\frac{4}{25}=\frac{\mathbf{84}}{\mathbf{625}}$（倍）

7 （2）（1）の他に，相似な三角形のペアが 2 組あります．1 組はすぐに見つかるでしょうが，最後のペアは…？

解 （1） 与えられた条件より，図の●同士，○同士の角は等しい．………①

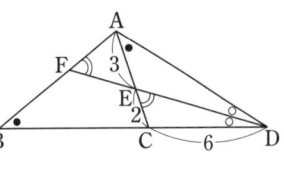

このとき，
△BDF の ∠F の外角について，
∠AFD＝●＋○ …………②
△ADE の ∠E の外角について，
∠CED＝●＋○ …………③
②＝③より，△ADF∽△CDE（二角相等）
➡注 ①より，△ADE∽△BDF です．

（2） 角の 2 等分線の定理により，
DA：DC＝AE：EC
∴ DA：6＝3：2 ∴ DA＝9
ところで，△ABD∽△CAD（二角相等）
であるから，BD：DA＝AD：DC
∴ BD：9＝9：6 ∴ BD＝$\frac{27}{2}$
∴ BC＝BD－CD＝$\frac{27}{2}$－6＝$\frac{\mathbf{15}}{\mathbf{2}}$

➡注 ②＝③（＝∠AEF）より，AF＝AE＝3.
これと，角の 2 等分線の定理により，
AF：FB＝DA：DB
∴ 3：FB＝9：$\frac{27}{2}$＝2：3 ∴ FB＝$\frac{\mathbf{9}}{\mathbf{2}}$

8 （1）では，［類題④］と同様の二等辺三角形が現れます．（3）でも，線分を伸ばして，同様の形を作り出しましょう．

解　（1）　FD∥BC …① より，
　∠FDB
　＝∠DBC
これと，BD が∠B の 2 等分線であることから，右図の○の角はすべて等しい．

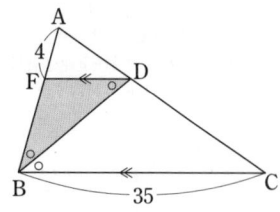

よって，△FBD は，**FB＝FD** ……②
の二等辺三角形である．

（2）　△AFD∽△ABC より，
　　　AF：FD＝AB：BC ……③
ここで，②＝x とおくと，4：x＝(4＋x)：35
　∴　x(4＋x)＝140　∴　x²＋4x－140＝0
　∴　(x－10)(x＋14)＝0　x＞0 より，**x＝10**

（3）　CE と DF の交点を G とすると，(1)と同様に，△DGC は，DG＝DC ……④
の二等辺三角形になる．
FE＝k
とおくと，
EB＝8k,
FD＝FB
　＝9k,
DC
＝FB＋5＝9k＋5　と表せる．

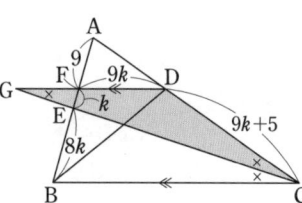

このとき，④より，
　　GF＝DG－FD＝DC－FD
　　　＝(9k＋5)－9k＝5 ……⑤
ところで，△EFG∽△EBC で，相似比は，
EF：EB＝1：8 であるから，
　　BC＝⑤×8＝40
これと③より，9：9k＝(9＋9k)：40
9k＝y とおくと，9：y＝(9＋y)：40
　∴　y(9＋y)＝360　∴　y²＋9y－360＝0
　∴　(y－15)(y＋24)＝0　y＞0 より，y＝15
①より，AF：FB＝AD：DC であるから，
　　9：15＝AD：20　∴　**AD＝12**

9　2種類の直角三角形が活躍します．なお(3)では，(2)のヒントを活かして，GI の長さを求めましょう．

解　（1）　折り返しの条件より，右図の●同士の角は等しい．よって，角の 2 等分線の定理により，
　　DE：EC
　＝BD：BC＝5：4

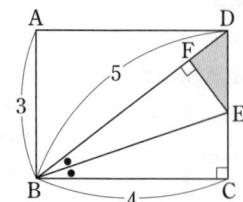

　∴　DE＝3×$\frac{5}{5+4}$＝3×$\frac{5}{9}$＝$\frac{5}{3}$ ……①

これと，△DEF∽△DBC（二角相等）
より，DF＝①×$\frac{3}{5}$＝1

（2）　△GID∽△BAD（二角相等）より，
　GI：ID＝**3：4**
また，
△GBI∽△EBC
（二角相等）より，
　GI：IB
＝EC：CB
＝(3－①)：4
＝**1：3**

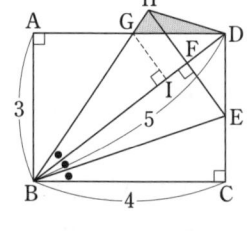

（3）　△BDH＝△BDE＝$\frac{①×4}{2}$＝$\frac{10}{3}$ ……②

次に，GI＝x とおくと，(2)より，
　　ID＝$\frac{4}{3}x$ ……③，IB＝3x ……④

　∴　BD＝③＋④＝5　∴　x＝$\frac{15}{13}$ ……⑤

　∴　△BDG＝$\frac{5×⑤}{2}$＝$\frac{75}{26}$ ……⑥

　∴　△DGH＝②－⑥＝$\frac{35}{78}$

10 （1）'3つ目'がやや問題です．
（2），（3） 当然，（1）で見つけた相似を利用します．

解 （1）右図で，
●印の角はすべて60°
である．よってまず，
二角相等で，
△AEF∽△DCF

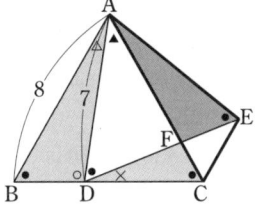

次に，図で，
○＋△＝120°，○＋×＝120°より，△＝×
よって，二角相等で，
△**ABD**∽△**DCF**（∽△AEF）……①

最後に，△ACE と△ABD で，
AC＝AB，AE＝AD
∠CAE＝60°－▲＝∠BAD
よって，二辺夾角相等で，
△**ACE**≡△**ABD**（∽△AEF）

➡注 ①が，例題の研究にあるタイプの相似です．

（2）（1）の△AEF∽△ABD より，
AE：AF＝AB：AD
∴ 7：AF＝8：7 ∴ AF＝$\frac{49}{8}$ ……②

（3）（1）の△ABD∽△DCF より，
AB：BD＝DC：CF
ここで，BD＝x とおくと，
8：x＝(8－x)：(8－②)
整理して，$x^2－8x＋15＝0$
∴ $(x－3)(x－5)＝0$
BD＜DC より，$x＜4$ であるから，$x＝3$

➡注 本問より，3辺の比が
8：7：3（or 8：7：5）の三角
形の内角の1つは**60°**という
ことが分かります．
3辺が整数比の三角形の内
角（の1つ）が分かるケースは
稀なので，この三角形は入試
でよく登場します．

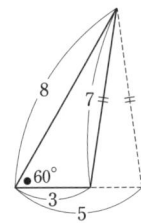

11 （4）面積の分かっている△AFC との比を考えます．

解 （1）F は BD の中点であるから，

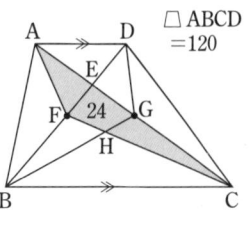

□AFCD
＝$\frac{□ABCD}{2}$ …①
＝$\frac{120}{2}$＝**60**

➡注 △AFD＝$\frac{△ABD}{2}$，△CFD＝$\frac{△CBD}{2}$
これらの辺々を加えると，
△AFD＋△CFD＝$\frac{△ABD＋△CBD}{2}$
よって，①が成り立ちます．

（2）（1）より，△ACD＝60－24＝36 …②
∴ BE：ED＝△ABC：△ACD
＝(120－②)：②＝84：36＝**7：3** ……③

（3）BC∥AD より，△BCE∽△DAE
相似比は③であるから，右図のようにおける．
ここで，AB の中点を M とおくと，中点連結定理により，

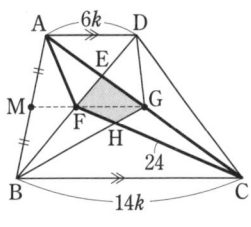

MF＝$\frac{AD}{2}＝3k$，MG＝$\frac{BC}{2}＝7k$
∴ FG＝7k－3k＝4k
∴ FG：BC＝4k：14k＝**2：7**

➡注 MF∥AD，MG∥BC より，MF∥MG ですから，M-F-G は一直線上にあります．

（4）AE：EG＝AD：FG＝3：2
FH：HC＝FG：BC＝2：7
∴ □EFHG＝△EFG＋△HFG
＝△AFG×$\frac{2}{3＋2}$＋△CFG×$\frac{2}{2＋7}$
＝$12×\frac{2}{5}＋12×\frac{2}{9}＝\frac{\mathbf{112}}{\mathbf{15}}$

➡注 G は AC の中点ですから，
△AFG＝△CFG＝$\frac{△AFC}{2}$＝12

12 例題と同様に，等辺や等角があちこちに出てきます．注の事実に気付くと，見通しが良くなるのですが….

解 （1）与えられた条件より，右図の○同士，●同士，×同士の角はそれぞれ等しく，さらに，
●＋●＝○，×＋×＝○
より，●＝×である．

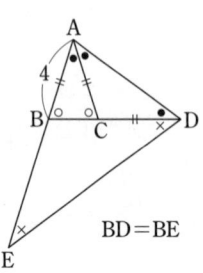

BD＝BE

よって，△AEDの内角の和より，●×5＝180°
∴ ●＝36° ∴ ∠BAD＝36°×2＝**72°**

（2）（1）より，○＝72°であるから，△ABC，△DAB，△EDA はすべて相似な二等辺三角形である．よって，BC＝a とおくと，
4：a＝（4＋a）：4 ∴ $a^2+4a-16=0$
$a>0$ より，$a=-2+2\sqrt{5}$
∴ BD＝$a+4=$**$2+2\sqrt{5}$** ……………①
また，DE＝AE＝4＋BE＝4＋BD
　　　　＝**$6+2\sqrt{5}$** ……………②

（3）CF＝BD，
　　　CD＝BA，
∠FCD＝∠DBA（＝○）
より，二辺夾角相等で，
△CFD≡△BDA …③
∴ ∠FDC＝○＝72°
∴ ∠ADF
　＝36°＋72°＝**108°**

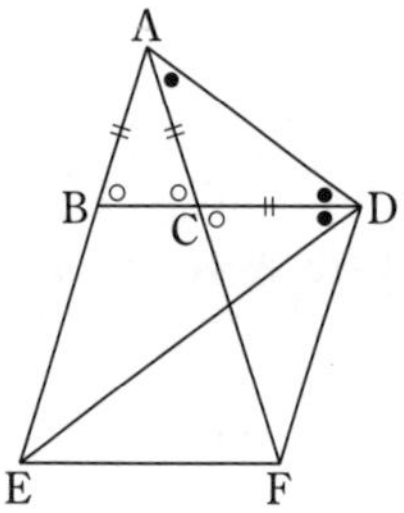

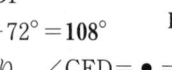

（4）③より，∠CFD＝●＝36°
また，∠FDE＝36°
CF＝BE より，BD∥EF であるから，
　　　∠FED＝∠EDB＝●＝36°
以上により，AD＝DF＝FE
よって，□AEFD の周の長さは，
　　AE＋AD×3
　＝②＋①×3
　＝（$6+2\sqrt{5}$）
　　　＋3（$2+2\sqrt{5}$）
　＝**$12+8\sqrt{5}$**

➡**注** 本問の図形は，右図の実線部のような，正五角形の一部です．

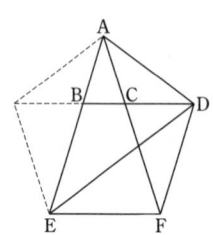

13 「AB＝DC」の条件を合同に結び付けましょう．そこから，'角度'への展望が開けてきます．

解 （1）右図で，
△BIE≡△DIE
（二辺夾角相等）より，
　　BE＝DE …①

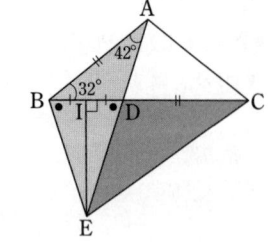

また，●同士の角は等しく，
●＝∠BDE＝∠DAB＋∠DBA
　　＝42°＋32°＝74° ……………②
∴ ∠ABE＝32°＋②＝106° ……………③
　　∠CDE＝180°－②＝106° ………④

①，AB＝CD，③＝④ より，二辺夾角相等で，△ABE≡△CDE ……………⑤
∴ ∠BCE＝∠BAE＝**42°** ……………⑥

（2）⑤より，AE＝CE，∠AEC＝∠BED
よって，△AEC は，△BED と相似な二等辺三角形である．
∴ ∠ACB＝∠ACE－∠BCE
　　　　＝②－⑥＝**32°**

➡**注** ⑥より，□ABEC は円に内接することがわかり（☞p.56，1・3），これから，∠ACB＝∠AEB が導かれます．
なお，△BED，△AEC の他にも，△CAD，△ABC が二等辺三角形になっています．

第2章 直線図形（2）

○ 要点のまとめ ……………………………… p.28 〜 29
○ 例題・問題と解答／演習題・問題 …… p.30 〜 46
○ 演習題・解答 ……………………………… p.47 〜 54

"三平方の定理"を扱う．"三平方の定理"は，中学で習う様々の定理の中で最も重要なものであり，その適用範囲は非常に広い．ここでは，平面での直線図形における定理の使い方を演習する．次章以降の円や立体などでも，もちろん頻繁に用いることになるこの定理に，本章での演習を通じて十分に慣れ親しんでおきたい．

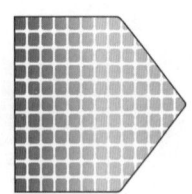 

第2章　直線図形（2）
要点のまとめ

1. 三平方の定理

1・1　三平方の定理（ピタゴラスの定理）
右図の直角三角形 ABC において，
$$a^2+b^2=c^2 \quad \cdots\cdots ①$$
が成り立つ．

［三平方の定理は，**逆も成り立つ**．すなわち，①が成り立つとき，△ABC は（∠C＝90°の）直角三角形である．］

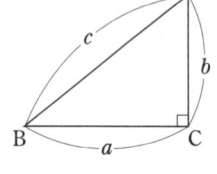

2. 三角定規形

2・1　三角定規形
右の 2 つの網目の図形は，三角定規の形として頻出である．

上の図形（正方形の半分）を '45°定規形'（直角二等辺三角形），下の図形（正三角形の半分）を '30°定規形'（または '60°定規形'）と呼ぶことがある．

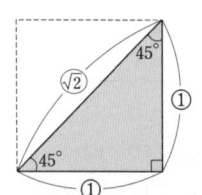
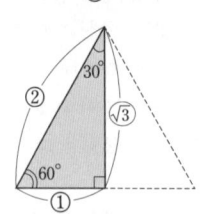

2・2　正三角形の面積
1 辺の長さが a の正三角形の面積は，
$$\frac{1}{2}\times a \times h$$
$$=\frac{1}{2}\times a \times \frac{\sqrt{3}}{2}a$$
$$=\frac{\sqrt{3}}{4}a^2 \quad \cdots\cdots ☆$$

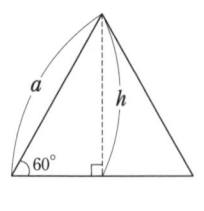

➡注　この☆は，'公式' として使いこなせるようにしておきましょう．

2・3　頂角が 120°の二等辺三角形
右図のような頂角が 120°（底角が 30°）の二等辺三角形において，等辺（AB＝AC）の長さを a とすると，

$$BC=BM\times 2=\frac{\sqrt{3}}{2}a\times 2=\sqrt{3}\,a$$

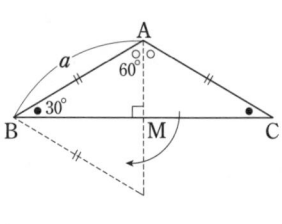

すなわち，**AB：BC＝1：$\sqrt{3}$** である．

さらに，面積については，一辺の長さが a の正三角形と等しく（図参照），上の☆となる．

3. その他の定理など

3・1 中線定理★

△ABC の辺 BC の中点を M とすると，
$AB^2 + AC^2$
$= 2(AM^2 + BM^2)$
が成り立つ（証明は，右図の AH を利用して，三平方の定理による）．

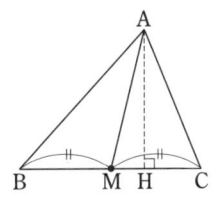

3・2 直角三角形の斜辺の中点

直角三角形 ABC の斜辺の中点を M とすると，
$MA = MB = MC$ …②
が成り立つ（証明は，右図のように長方形 ABCD を作ってみると，明らか！）．

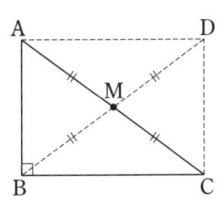

②は，逆も成り立つ．すなわち，ある辺の中点から3頂点までの距離がすべて等しい三角形は，（その辺を斜辺とする）直角三角形である．

➡注 ②より，直角三角形 ABC においては，斜辺の中点 M が外接円の中心（外心）になることが分かります．

1 三角定規形と相似

∠A＝60°の△ABCがある．図のように，頂点A，Bから対辺にそれぞれ垂線AD，BEをひき，これらの交点をHとする．BD＝$\sqrt{3}$，DC＝$3\sqrt{3}$のとき，

(1) △AHEと相似な三角形を3つ答えなさい．
(2) AHの長さを求めなさい．
(3) ADの長さを求めなさい． （07　青山学院）

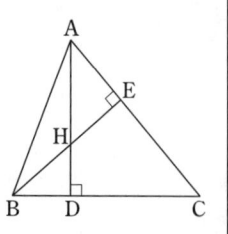

(2)，(3)では，(1)で現れる三角形のうちのどれとどれを組み合わせるのかを的確に判断しましょう．

解 (1) 右図の○同士，●同士の角はそれぞれ等しいから，

△AHE∽△ACD∽△BCE∽△BHD

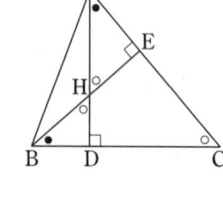

⇦ ○＋●＝90°

⇦ すべて，二角相等．

(2) (1)より，△AHE∽△BCEで，相似比は，AE：BE＝1：$\sqrt{3}$ であるから，

$$AH=\frac{BC}{\sqrt{3}}=\frac{\sqrt{3}+3\sqrt{3}}{\sqrt{3}}=4 \cdots\cdots ①$$

⇦ (1)の4つの三角形のうち，AHを辺にもつのは△AHE．そして，△AHEとの相似比が求められるのは(30°定規形ABEがからむ)△BCE．

(3) (1)より，△ACD∽△BHDであるから，AD：DC＝BD：DH
ここで，AD＝xとおくと，

$x:3\sqrt{3}=\sqrt{3}:(x-①)$
∴ $x(x-4)=3\sqrt{3}\times\sqrt{3}$
∴ $x^2-4x-9=0$

$x>0$ より，$x=2+\sqrt{13}$

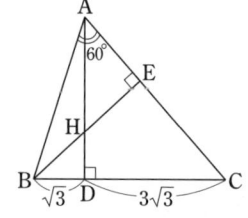

⇦ (3)の目標はAD or HDで，これを辺にもつのは△ACDと△BHD．

⇦ 2次方程式の"解の公式"を使った．

1★ 演習題 （解答は，☞p.47）

右の図のように，∠BAC＝90°，AB＝3，CA＝4である直角三角形ABCがあり，AB，BC，CAを斜辺とする直角二等辺三角形PAB，QBC，RACをそれぞれ作る．

(1) BP，BQの長さをそれぞれ求めなさい．
(2) 点Qから直線CRに垂線QDをひくとき，△ABCと△DCQは相似になることを証明しなさい．
(3) PQの長さを求めなさい．　　　（10　大阪星光学院）

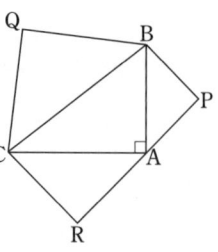

⬡ 2 2種類の三角定規形

右図で，△ABC と △ADE はともに正三角形で，F，G はそれぞれ辺 BC，ED の中点である．AB＝2，AG＝1，∠DAC＝45°のとき，△AFG の面積を求めなさい．

（06 愛知県）

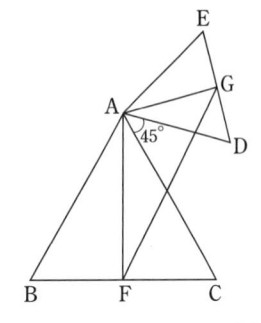

△AFG において，∠A＝105°なので，これを 45°＋60°に分け，2種類の '定規形' を作り出します．

解　図1で，●＝30°であるから，∠FAG＝105°，これと，AF＝$\sqrt{3}$ より，△AFG は図2のようになる．このとき，

$$\triangle \text{AFG} = \triangle \text{APQ} \times \frac{\text{AF}}{\text{AP}} \times \frac{\text{AG}}{\text{AQ}}$$

$$= \frac{(\sqrt{3}+1) \times 1}{2} \times \frac{\sqrt{3}}{2} \times \frac{1}{\sqrt{2}}$$

$$= \frac{\sqrt{6}(\sqrt{3}+1)}{8}$$

⇐ △AFG 自体が 2 種類の '定規形' に分割できるわけではないが…．

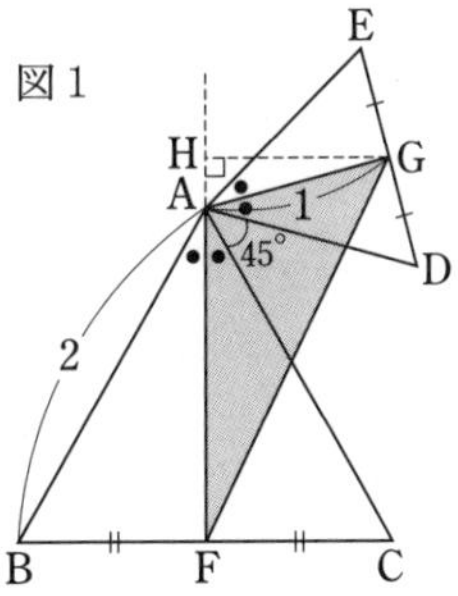

図2

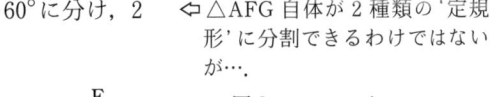

⇑ 等辺 1 の 45°定規形と 30°定規形をくっつけた三角形に，△AFG を図2のようにはめこむ．

➡**注**　図1の△AGH のような，15°・75°の直角三角形の3辺比は，
　　$a:b:c=4:(\sqrt{6}+\sqrt{2}):(\sqrt{6}-\sqrt{2})$
になります．これを前提にすると，

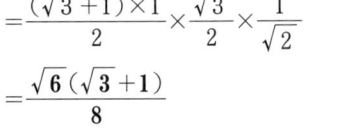

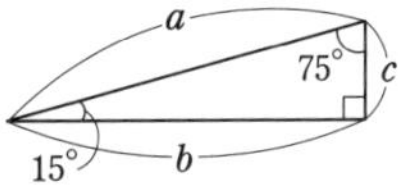

$$\triangle \text{AFG} = \frac{1}{2} \times \text{AF} \times \text{GH} = \frac{1}{2} \times \sqrt{3} \times \frac{\sqrt{6}+\sqrt{2}}{4} = \frac{3\sqrt{2}+\sqrt{6}}{8}$$

⇐ この比は，覚えておくと便利！

別解　右図において，△AFF' は 30°定規形，△AGG' は 45°定規形であるから，FF'＝$\frac{\text{AF}}{2}=\frac{\sqrt{3}}{2}$ ……⑦，AF'＝$\sqrt{3}$ FF'＝$\frac{3}{2}$ ……⑦

　　　GG'＝AG'＝$\frac{\text{AG}}{\sqrt{2}}=\frac{\sqrt{2}}{2}$ ……⑨

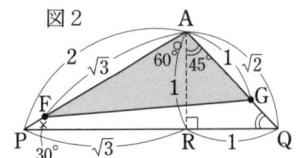

∴ △AFG＝□FF'G'G－(△AFF'＋△AGG')

$$= \frac{(\text{⑨}+\text{⑦}) \times (\text{⑨}+\text{⑦})}{2} - \left(\frac{\text{⑦}\times\text{⑦}}{2} + \frac{\text{⑦}\times\text{⑨}}{2}\right) = \frac{3\sqrt{2}+\sqrt{6}}{8}$$

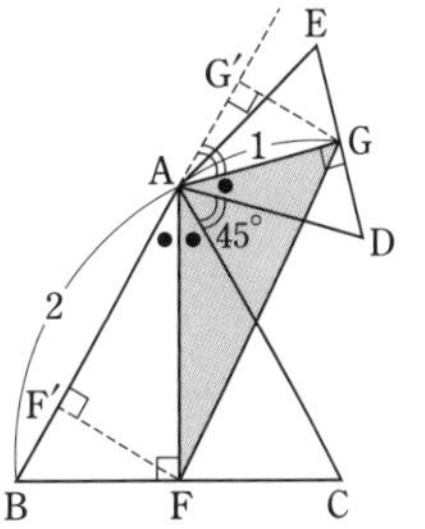

⬡ 2 演習題 (p.47)

図のように，∠ABD＝15°，∠ACE＝30°，∠BCE＝45°，CF＝CD＝$\sqrt{2}$ となる △ABC があります．点 F から辺 BC に垂線を引き，交点を G とします．

(1) ∠CEB の大きさを求めなさい．
(2) BC の長さを求めなさい．
(3) △EBF の面積を求めなさい．

（07 佼成学園女子）

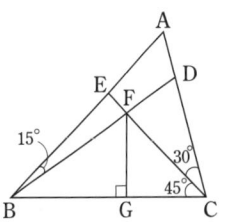

3★ 複数の正三角形

右図のように，AB=1, AD=2 の長方形 ABCD の内側に正三角形 ABE, 外側に正三角形 BCF をつくり，直線 BE と辺 AD との交点を G とする．点 G から直線 AF に垂線を引き，AF との交点を H, 辺 BC の延長との交点を I とする．
(1) GF の長さを求めなさい．
(2) △ABF≡△IBG を証明しなさい．
(3) 四角形 AIFG の面積を求めなさい．

(07 ラ・サール)

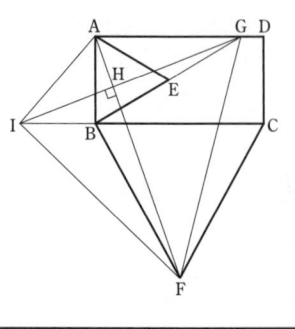

(1) '直角二等辺三角形' を見つけたい．
(2) 3番目の条件が問題です．
(3) 「AF⊥IG」に着目しましょう．

解 (1) △ABE, △BCF が正三角形であることから，右図のようになり， EG=EA=1
∴ BG=2=BF …………①
これと∠GBF=90°より，△BFG は直角二等辺三角形であるから，
GF=√2 BF=2√2

(2) ∠ABF=∠IBG(=150°) …②
また，図の網目の三角形の内角の和を考えることにより，
∠AFB=∠IGB ……………………③
②，③と①より，二角夾辺相等で，△ABF≡△IBG ………④

(3) AF⊥IG より，□AIFG=$\dfrac{AF \times IG}{2}=\dfrac{IG^2}{2}$ ……⑤

ここで，図のように J をとると，
IG²=GJ²+IJ²=1²+(1+√3)²=5+2√3 ∴ ⑤=$\dfrac{5+2\sqrt{3}}{2}$

◁△EGA は二等辺三角形．

◁網目の三同形同士は，二角相等より，相似．

◁∠GHF=∠GBF(=90°)により，G, H, B, F は共円点(☞p.56). これからも，③が分かる．

◁④より，AF=IG

◁④より，IB=AB=1；また，BJ=AG=√3 AB=√3

➡注 (1)～(3)を通して，BC を x 軸，BA を y 軸とする座標を設定して解く手もあります．

3★ 演習題 (p.47)

図において，2つの三角形 OAB, OCD は一辺6の正三角形で，辺 AB と CD との交点を E, 辺 AB と OC との交点を F, 辺 OB と CD との交点を G とする．
(1) AF の長さが2のとき，OF, EF の長さをそれぞれ求めなさい．
(2) △EFC=$\dfrac{1}{9}$△OFA のとき，
 (i) AF の長さを求めなさい．
 (ii) 点 F を通り四角形 OGEF の面積を二等分する直線と，辺 OB との交点を P とするとき，GP の長さを求めなさい．

(10 早稲田実業)

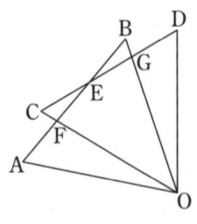

4 反射／折れ線の長さの最小

1辺の長さが2の正三角形ABCの中を直進する点がある．この点は，辺にあたると反射し，正三角形の頂点に達すると止まる．点は頂点Aから動き始めるものとする．
(1)　1回だけ反射して止まるとき，この点が動いた距離を求めなさい．
(2)　動き始めて頂点Bで止まるとき，何回反射すればよいか．最小回数を答えなさい．
(3)　辺BCを8等分し，Bに最も近い点をPとする．
　(ⅰ)　点が最初にPで反射するとき，何回反射してから止まるか．
　(ⅱ)　(ⅰ)のとき点が動いた距離を求めなさい．
(4)　n を2以上の整数とする．辺BCを n 等分し，Bに最も近い点をQとする．最初にQで反射するとき，止まるまで何回反射するか n の式で表しなさい．　　　　　　　　　　　　　　　　　　　　　　　　　　（08　城北埼玉）

'反射の法則' に従って進む点の進路は，反射する辺に関して図形を折り返すと，**一直線**になります．正三角形を，反射する辺について次々に折り返して行きましょう．　　　　　⇦ p.162.

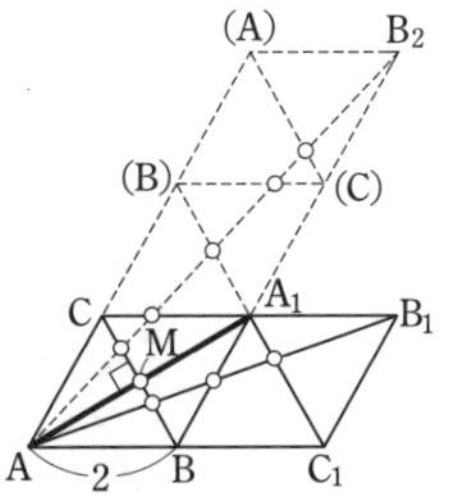

解　(1)　1回だけ反射して止まるのは，右図の太線の場合であるから，点が動いた距離は，$AA_1 = \mathbf{2\sqrt{3}}$

⇦ 図で，○が反射する点．
⇦ 実際に点が動いたのは，
　A→M→A（MはBCの中点）．

(2)　Bで止まるとき，反射の回数が最小なのは，右図の $A \to B_1$ の場合であり，そのときの回数は，**3回**．

⇦ 線分CM上で反射する場合，最小なのは $A \to B_2$ で，そのときの回数は，5回．

(3)(ⅰ)　右図で，
　　CP : PB
　　　　= 7 : 1 ……①

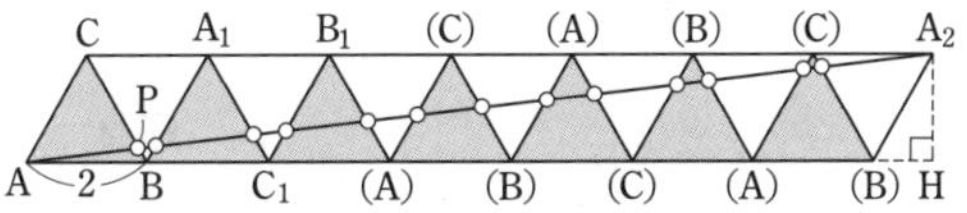

⇦ △PCA₂∽△PBAより，
　CA₂ : AB =①

より，点が止まる頂点は A_2 である．
このとき，反射する回数は，**13回**．

(ⅱ)　点が動いた距離は，$AA_2 = \sqrt{15^2 + (\sqrt{3})^2} = \mathbf{2\sqrt{57}}$

⇦ AH = 2×7+1 = 15
　$A_2H = \sqrt{3}$

(4)　点が止まる頂点をDとすると，(3)(ⅰ)と同様に，
　　　CD : AB = CQ : QB = $(n-1) : 1$
このとき，図の網目部のような正三角形の個数は，$(n-1)$ 個であるから，反射する回数（○の個数）は，
　　　$(n-1) \times 2 - 1 = \mathbf{2n - 3}$（回）

⇦ 最初の正三角形（△ABC）だけ1回で，他はすべて2回ずつ反射する．

4★ 演習題 (p.48)

右図のように，AB = 5, BC = 7, CA = 8 の△ABCがある．CからABに垂線CHを下ろすとき，
(1)　AHの長さを求めなさい．
(2)　点PをBC上のかってな点とし，AP = a とする．点Pと辺AB, ACについて対称な点をそれぞれS, Tとするとき，STの長さを a を用いて表しなさい．
(3)　辺AC, AB上にそれぞれQ, Rをとる．PQ+QR+RPの長さが最小となるとき，QRの長さを求めなさい．　（06　巣鴨）

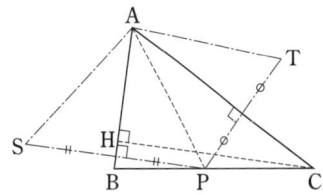

5 正方形の対称性

右の図1で，△AOB は∠AOB=90°，AB=5 の直角三角形，四角形 ABCD は正方形である．2点 C, D は，点 A と点 B を通る直線に対して点 O と反対側にある．

（1） OB=3 のとき，線分 OD の長さを求めなさい．

（2） 図2は，図1において，直線 CD と直線 OB の交点を P, AP と BC, BD の交点をそれぞれ Q, R としたものである．△BCR∽△DPR であることを証明しなさい．　　　　　（08 都立立川）

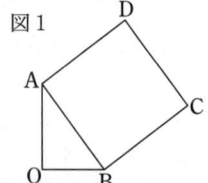
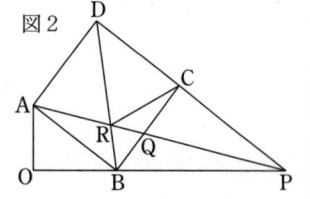

（1） 斜めに置かれた正方形は，そのまわりを合同な直角三角形で囲むことができます．

（2） 正方形は対角線に関して対称であることがポイント．　　⇦一般に，'ひし形' について言える（☞p.12）．

解　（1） 図1′において，

● + ○ = 90°，× + ○ = 90°

∴　● = ×

∴　△ADE ≡ △BAO　　　　⇦斜辺・一鋭角相等．

∴　OD = $\sqrt{OE^2+ED^2}$
　　　= $\sqrt{(4+3)^2+4^2}$ = $\sqrt{65}$

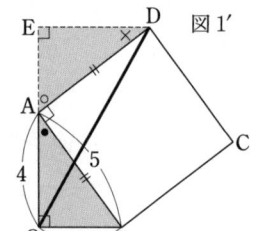

（2） 図2′で，●同士の角はともに 45°で等しい．……………①

次に，正方形 ABCD は対角線 BD に関して対称であるから，× = ○

これと，× = △ より，○ = △

∴　∠DRP = ○ + ∠CRP
　　　　 = △ + ∠CRP
　　　　 = ∠BRC　…………②

①，②より，二角相等で，△BCR∽△DPR

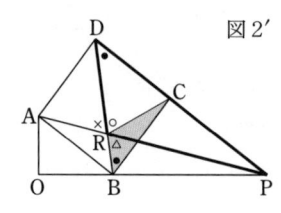

別解　――― により，
　　　　∠BAR = ∠BCR
AB∥DP により，
　　　　∠BAR = ∠DPR
　∴　∠BCR = ∠DPR　……③
①，③より，二角相等で，
　　△BCR∽△DPR

● 5 演習題（p.49）

図1において，四角形 ABCD は正方形である．E は，辺 AB 上にあって A, B と異なる点である．F は，直線 BC 上にあって C について B と反対側にある点であり，AE=CF である．E と F とを結ぶ．G は，対角線 AC と線分 EF との交点である．

（1） EG=FG であることを証明しなさい．

（2） 図2は，図1に3点 D, B, G を結んでできる△DBG をかき加えたものである．AB=a, AE=b とする．△AEG の面積と△CFG の面積の和を S とし，△DBG の面積を T とするとき，S=T であることを証明しなさい．　　　　（06 大阪府）

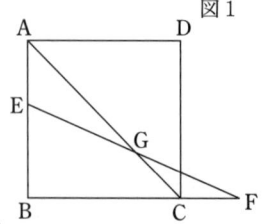
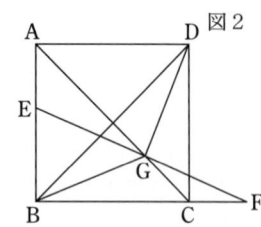

6 2個の正方形の回転

1辺が6の2つの正方形 ABCD と EFGH がある．頂点 A，B，C，D にそれぞれ頂点 E，F，G，H が一致するように重ね，対角線 AC，BD の交点 O を中心にして正方形 EFGH を回転させると，図1のように，辺 AB と辺 EF，EH が交わった．辺 AB と辺 EF の交点を P，辺 AB と辺 EH の交点を Q とする．

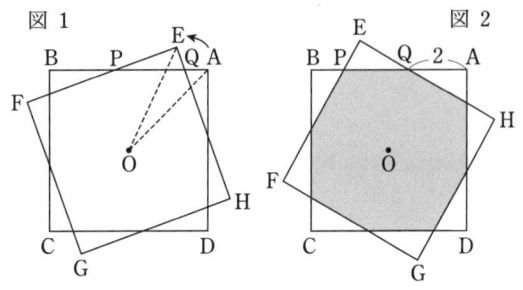

（1） 図1の△EPQについて，EP＋PQ＋QE の値を求めなさい．
（2） 図2のように，AQ＝2 となるとき，2つの正方形が重なり合っている部分（八角形）の面積を求めなさい．

（09　茨城県）

図1で，△EPQのように，2つの正方形の共通部分の外にある8つの直角三角形がすべて合同であることがポイントになります．

解　（1）　△EPQ≡△BPR≡△ASQ
より，EP＝BP，QE＝QA であるから，
　　EP＋PQ＋QE
　　＝BP＋PQ＋QA＝BA＝**6**

（2）　(1)より，EP＝x とおくと，
　　PQ＝6－2－x＝4－x
よって，△EPQにおいて，
　　$(4-x)^2 = x^2 + 2^2$ ∴ $x = \dfrac{3}{2}$

したがって，求める面積は，
　　$6^2 - \left(\dfrac{1}{2} \times 2 \times \dfrac{3}{2}\right) \times 4 = 36 - 6 = \mathbf{30}$

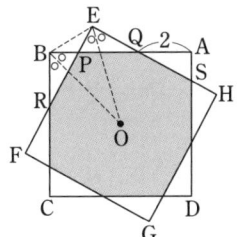

⇦合同は'対称性'により明らかだが，例えば────を厳密に示すと，
『OE＝OB より，
　　∠OEB＝∠OBE
これと，図の○＝45°より，
　　∠PEB＝∠PBE
∴　PE＝PB
2つの三角形の内角はすべて等しいから，────が成り立つ．』

⇦正方形の4隅から，4つの合同な直角三角形を引く．

6★ 演習題（p.49）

対角線の長さが4である正方形の紙を2枚重ねて置き，上の紙だけを回転させる．下のそれぞれの場合において，2枚の紙で作られる▨の図形について，次の問いに答えなさい．

（1） 対角線の交点を中心として45°回転させる．
　（ⅰ） 周の長さを求めなさい．
　（ⅱ） 面積を求めなさい．
（2） 1つの対角線の4等分点のうち，正方形の頂点に近い方の点を中心として45°回転させる．
　（ⅰ） 周の長さを求めなさい．
　（ⅱ） 面積を求めなさい．

（06　洛南）

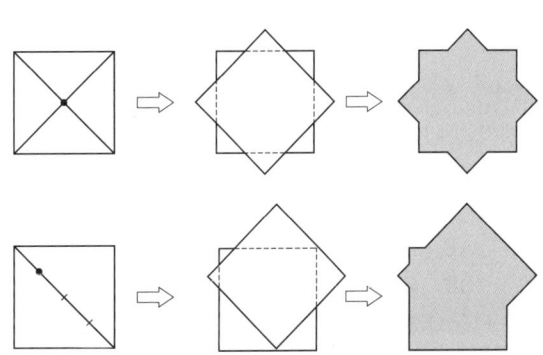

7 正方形と角の2等分線

右の図のように正方形があり，AB=24，BE=7，∠DAF=∠EAFであるとき，AFの長さを求めなさい．

（04 洛星）

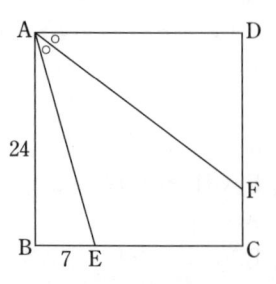

「∠DAF＝∠EAF」の条件をどう使うかがポイント．'相似'や'二等辺'に結び付けるか，それとも'角の2等分線の定理'か…．

解 右図のようにGをとると，
AD∥BGより，●＝○
∴ EG＝EA＝$\sqrt{24^2+7^2}$＝25
∴ CG＝EG－EC
　　＝25－(24－7)＝8

一方，△ADF∽△GCFで，相似比は，AD：GC＝24：8＝3：1であるから，DF＝24×$\frac{3}{3+1}$＝18

よって，△ADFの3辺比は3：4：5であるから，

$$AF=24\times\frac{5}{4}=\mathbf{30}$$

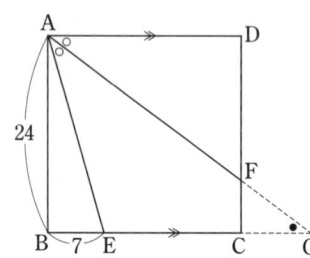

別解 右図のようにH，Iをとると，角の2等分線の定理により，

HI＝24×$\frac{7}{7+25}$＝24×$\frac{7}{32}$＝$\frac{21}{4}$

∴ AH：HI＝7：21/4＝4：3
よって，△AHI，△ADFの3辺比は3：4：5であるから，

$$AF=AD\times\frac{5}{4}=24\times\frac{5}{4}=\mathbf{30}$$

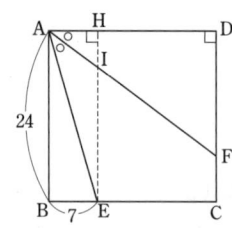

⇐正方形も平行四辺形の一種だから，角の2等分線があるとき，二等辺三角形が現れる（☞p.15）．

⇐△EGAは二等辺三角形．

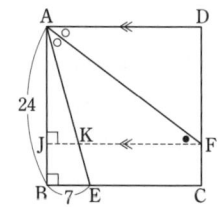

⇑**解** と同様だが，上図のように補助線を引くと——
『△AJK∽△ABEより，
AJ＝24k，JK＝7k，
KA＝25kとおけて，●＝○
より，KF＝KA＝25k
すると，JF＝7k＋25k＝24
より，32k＝24 ∴ k＝$\frac{3}{4}$

∴ DF＝AJ＝24×$\frac{3}{4}$＝18

∴ AF＝$\sqrt{24^2+18^2}$＝**30** 』

7 演習題（p.49）

図のように正方形ABCDの辺BCの中点をMとし，∠BAM＝∠MAEとなるように点EをCD上にとる．このとき，次の比を最も簡単な整数の比で答えなさい．

（1） AB：AE
（2） DE：EC
（3） △ABM，四角形AMCE，△AEDの面積をそれぞれS_1，S_2，S_3とするとき，$S_1:S_2:S_3$

（08 桐蔭学園）

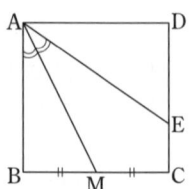

8★ 内角と外角の2等分線

AB＝BC＝6 の二等辺三角形 ABC がある．∠B の内角の二等分線と，∠A の内角の二等分線の交点を I，∠A の外角の二等分線の交点を J とする．このとき，IJ＝5 であった．
（1） BI の長さを求めなさい．
（2） AC の長さを求めなさい．
（09 海城）

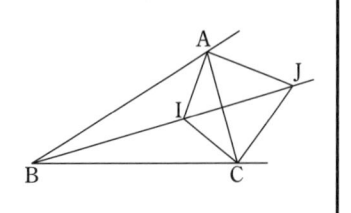

（1）が考えにくい．相似を駆使する解法をとると計算が面倒になりかねないので，補助点をとって三平方に結び付けてみます．

解 （1） 与えられた条件より，右図のようになって，
$(○＋×)×2＝180°$ より，
$○＋×＝90°$

よって，△AIJ は ∠A＝90° の直角三角形であるから，斜辺 IJ の中点を M とすると，$MI＝MJ＝MA＝\dfrac{5}{2}$

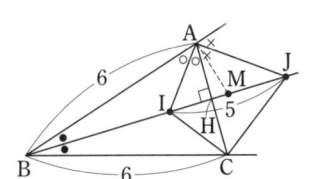

⇐△ABC は二等辺三角形だから，BJ⊥AC．

⇐☞p.29．

また，∠MAB＝∠MAI＋○＝∠MIA＋○＝90°
∴ $BM^2＝MA^2＋AB^2$
よって，BI＝x とすると，
$$\left(x+\dfrac{5}{2}\right)^2＝\left(\dfrac{5}{2}\right)^2＋6^2 \quad ∴ \quad x^2＋5x－36＝0$$
∴ $(x－4)(x＋9)＝0 \quad x＞0$ より，$x＝4$

（2） （1）より，△ABM の3辺比は，
$$AB:BM:MA＝6:\left(4＋\dfrac{5}{2}\right):\dfrac{5}{2}＝12:13:5$$
△ABH もこれと相似であるから，
$$AC＝2AH＝2×\left(6×\dfrac{5}{13}\right)＝\boldsymbol{\dfrac{60}{13}}$$

➡**注** I は △ABC の**内心**，J は**傍心**（の1つ）です．
本問では，内接円の半径は，$IH＝\dfrac{20}{13}$，傍接円 J の半径は，$JH＝\dfrac{45}{13}$ です．

⇐内心，傍心については，☞p.81．

8★ 演習題（p.50）

右図の三角形 ABC は AB＝5，BC＝10，AC＝9 である．∠A の二等分線と ∠B の外角の二等分線の交点を P とする．
（1） 辺 BC 上に点 Q を AQ∥BP となるようにとる．このとき，BQ の長さを求めなさい．
（2） AQ の長さを求めなさい．
（3） 点 P から直線 AB に下ろした垂線の足を H とする．PH の長さを求めなさい．
（05 ラ・サール）

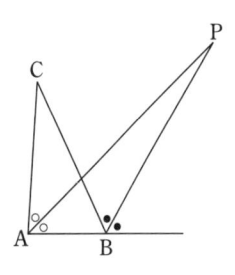

9 台形と三平方の定理

図のように，AD∥BC の台形 ABCD があり，AD=3，AB=12，∠ADC=90°，∠ABC=60° である．辺 CD の中点を E とし，線分 AC と線分 BE の交点を F とする．
(1) ∠DAE の大きさを求めなさい．
(2) 線分 BE の長さを求めなさい．
(3) 三角形 ABF の面積は，三角形 CEF の面積の何倍か，求めなさい．

(08 秋田県)

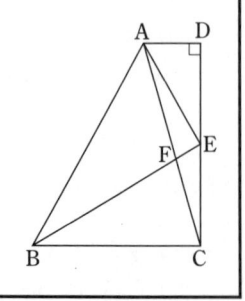

(3) △ABCD の中には '30°定規形' がたくさんあって，それの発見が "角の 2 等分線の定理" に結び付けばしめたものです．

解 (1) 右図のように H をとると，△ABH は 30°定規形であるから，BH=6 …①，AH=$6\sqrt{3}$ …② ∴ DE=$\frac{②}{2}=3\sqrt{3}$

よって，△AED は 30°定規形であるから，∠DAE=**60°**

(2) BC=①+3=9 であるから，
BE=$\sqrt{BC^2+CE^2}=\sqrt{9^2+(3\sqrt{3})^2}=\bm{6\sqrt{3}}$

➡注 BC：CE=9：$3\sqrt{3}$=$\sqrt{3}$：1 なので，△BCE も '30°定規形' です（さらに，△ABE も '30°定規形' になっています！）．

(3) △ABC において，BF は ∠B の 2 等分線であるから，
AF：FC=BA：BC=12：9=4：3
ところで，△ABC：△ACD=BC：AD=9：3=3：1
であるから，△ABC=3S，△ACD=S とおくと，
△ABF=$3S\times\dfrac{AF}{AC}=3S\times\dfrac{4}{4+3}=\dfrac{12}{7}S$ ……③
△CEF=$S\times\dfrac{CF}{CA}\times\dfrac{CE}{CD}=S\times\dfrac{3}{7}\times\dfrac{1}{2}=\dfrac{3}{14}S$ ……④
よって答えは，$\dfrac{③}{④}=\dfrac{12}{7}\times\dfrac{14}{3}=\bm{8}$ (**倍**)

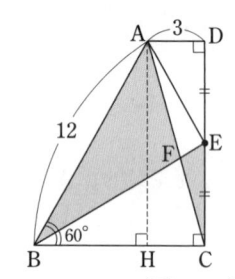

⇦ AD：DE=3：$3\sqrt{3}$=1：$\sqrt{3}$
⇦ HC=AD=3
⇦ CE=DE=$3\sqrt{3}$

⇦ 注の記述により，
∠ABE＝∠EBC=30°

⇦ △ABC と △ACD の '高さ' は等しいから，面積比＝底辺比．

⇦ 直接に比べるとしたら，
$\dfrac{\triangle ABF}{\triangle CEF}=\dfrac{FA}{FC}\times\dfrac{FB}{FE}=\dfrac{4}{3}\times\dfrac{FB}{FE}$
なので，$\dfrac{FB}{FE}$ を求めることが目標になる．

9 演習題 (p.50)

右の図の四角形 ABCD は AD∥BC，AD=3，BC=9 の台形で，点 P は辺 AB の中点，点 Q は辺 CD 上の点である．
(1) PQ∥AD であるとき，台形 APQD と台形 PBCQ の面積の比を求めなさい．
(2) 線分 PQ によって，台形 ABCD の面積が 2 等分されるとき，DQ：QC を求めなさい．
(3) AB=$4\sqrt{7}$，CD=10 のとき，次のものを求めなさい．
　(i) 台形 ABCD の高さ
　(ii) 四角形 APQD と四角形 PBCQ の周の長さが等しいときの四角形 APQD の面積

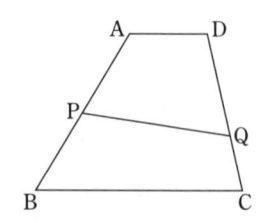

(05 桐朋)

10　四角形の面積

次の各問いに答えなさい．

（ア）図1のような四角形 ABCD において，OA：OC＝1：2，OB：OD＝1：1 であるとき，四角形 ABCD の面積を求めなさい． （05　清風南海）

（イ）図2で，四角形 ABCD は長方形で，E，F はそれぞれ辺 AD，DC 上の点である．EB＝13，BC＝14，FC＝3，EF＝6 のとき，△EFD の面積を求めなさい． （07　愛知県）

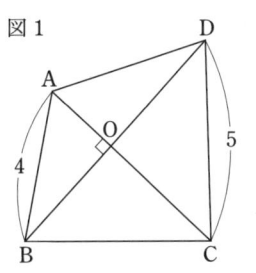

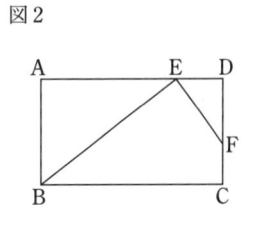

（ア）は，直角の条件が与えられているので三平方に結び付き易いでしょうが，（イ）でも，新たな直角を発見したいところです．

解　（ア）OA：OC＝1：2，OB：OD＝1：1 より，右図のようにおくことができる．すると，網目の直角三角形において，$x^2+y^2=4^2$，$(2x)^2+y^2=5^2$
これを解いて，$x^2=3$，$y^2=13$
$x>0$，$y>0$ より，$x=\sqrt{3}$，$y=\sqrt{13}$

∴ □ABCD $=\dfrac{AC\times BD}{2}$

$=\dfrac{3x\times 2y}{2}=\dfrac{3\sqrt{3}\times 2\sqrt{13}}{2}=\boldsymbol{3\sqrt{39}}$

（イ）直角三角形 BCF において，$BF^2=14^2+3^2=205$
このとき，$BE^2+EF^2=13^2+6^2=205=BF^2$
が成り立つから，△BFE は，∠E＝90°の直角三角形である．
すると図で，●＋○＝90°，○＋×＝90°より，●＝×
∴ △ABE∽△DEF　相似比は，BE：EF＝13：6
よって，AB＝$13x$，DE＝$6x$；AE＝$13y$，DF＝$6y$ とおいて，
$13x=6y+3$，$13y+6x=14$　∴ $x=\dfrac{3}{5}$，$y=\dfrac{4}{5}$

∴ △EFD $=\dfrac{1}{2}\times 6x\times 6y=18\times\dfrac{3}{5}\times\dfrac{4}{5}=\boldsymbol{\dfrac{216}{25}}$

⇐比の条件を，当然三平方につなげる．

⇨（イ）ED＝x，DF＝yとおいて，△EFD，△ABE で三平方を使っても解けるが，計算がかなり面倒．

⇐AC⊥BD より，このようにして面積が求められる．

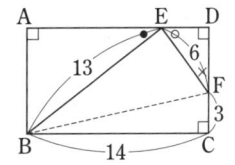

⇐三平方の定理の逆（☞p.28）．

◀（ア）と同様に，**比の条件は文字でおく**．

10　演習題（p.51）

AB＝AD＝4，AC＝$2\sqrt{6}$，∠BAD＝120°，∠ACB＝∠ACD＝30° である四角形 ABCD について，
（1）線分 BD の長さを求めなさい．
（2）線分 CD の長さを求めなさい．
（3）線分 BC の長さを求めなさい．
（4）四角形 ABCD の面積を求めなさい． （09　法政大女子）

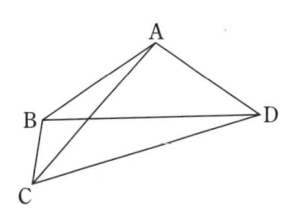

11 複数の垂線を下ろす

AB＝AC＝13 の二等辺三角形 ABC において，辺 BC の中点を M とする．辺 AB 上に点 D，辺 AC 上に点 E をとり，線分 AM と線分 DE の交点を F としたところ，AD＝AF＝8，DF＝4 であった．
（1） 線分 AM の長さを求めなさい．
（2） 線分 DE の長さを求めなさい．
（3） △DME の面積を求めなさい．

（09 筑波大付）

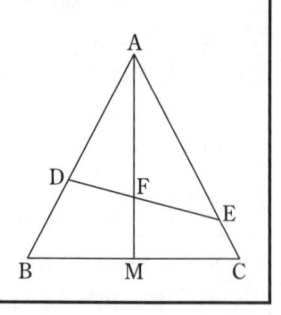

D，E から AM に垂線を下ろします．すると，2 種類の相似な直角三角形があちこちに現れます．

◁さらに（DF＝4 という条件を使うために）A から DF にも垂線を下ろす．

解　（1） 右図のように H，I をとると，
　△DFI∽△AFH …⑦（二角相等）
より，DF：FI＝AF：FH
∴ 4：FI＝8：2　∴　FI＝1
∴ AM＝AI×$\frac{13}{8}$＝（8－1）×$\frac{13}{8}$＝$\frac{91}{8}$

◁△ADF は二等辺三角形だから，H は DF の中点．
◁△ADI∽△ABM …④　で，相似比は，AD：AB＝8：13

（2） 図で，FJ＝x とおくと，
　　FE＝4x，JE＝$\sqrt{15}\,x$
一方，AJ：JE＝AI：ID であるから，
　（8＋x）：$\sqrt{15}\,x$＝7：$\sqrt{15}$　∴　7x＝8＋x　∴　x＝$\frac{4}{3}$
∴　DE＝4＋4×$\frac{4}{3}$＝$\frac{28}{3}$

◁△EFJ も⑦と相似で，これらの 3 辺比は，1：4：$\sqrt{15}$
◁△AFJ も④と相似で，これらの 3 辺比は，8：7：$\sqrt{15}$

（3） △DME＝$\frac{1}{2}$×FM×（DI＋JE）
　＝$\frac{1}{2}$×$\left(\frac{91}{8}-8\right)$×$\left(\sqrt{15}+\frac{4\sqrt{15}}{3}\right)$＝$\frac{63\sqrt{15}}{16}$

◁垂線 DI，EJ が，ここでは三角形の'高さ'になってくれる．

11★ 演習題（p.51）

図において，△ABC は AC＝10，BC＝4，∠ACB＝90°の直角三角形で，△ABD は AD＝BD，∠ADB＝90°の直角二等辺三角形である．線分 BD と線分 AC の交点を E，直線 AB と直線 CD の交点を F とするとき，次の問に答えなさい．
（1） AD の長さを求めなさい．
（2） 線分の長さの比 BE：ED を求めなさい．
（3） 線分の長さの比 DC：CF を求めなさい．
（4） △BCF の面積を求めなさい．

（10 ラ・サール）

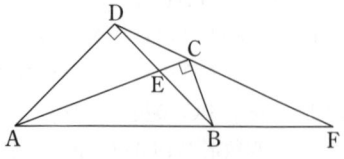

12 正八角形

図のような正八角形 ABCDEFGH がある．線分 AE と線分 CG の交点を O とし，直線 CB と直線 EA の交点を P とする．OA＝4 のとき，

(1) ∠BCD の大きさを求めなさい．
(2) ∠BPA の大きさを求めなさい．
(3) 線分 AP の長さを求めなさい．
(4) 三角形 BCG の面積を求めなさい．

(05 筑紫女学園)

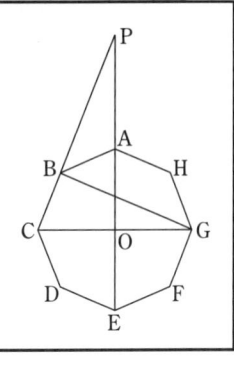

(3) 二等辺三角形を発見したい．
(4) CG を '底辺' と見るのが簡単です(☞注)．

解 (1) 正八角形の1つの外角の大きさは，$360°÷8=45°$
よって，∠BCD（1つの内角の大きさ）は，
$$180°-45°=\mathbf{135°} \cdots ①$$

⇦多角形の外角の和は，すべて 360° だから，正 n 角形の1つの外角は，$360°÷n$．

(2) △OPC において，
$$∠PCO=\frac{①}{2}=67.5° \cdots ②\ \text{であるから，}$$
$$∠BPA=180°-(90°+②)=\mathbf{22.5°} \cdots ③$$

(3) ∠ACB＝②－45°＝22.5°＝③
∴ $AP=AC=\mathbf{4\sqrt{2}}$

⇦△OAC は直角二等辺三角形．
⇦△APC は二等辺三角形．

(4) 図のように I をとると，△OBI は直角二等辺三角形であるから，
$$BI=\frac{OB}{\sqrt{2}}=\frac{4}{\sqrt{2}}=2\sqrt{2}$$
∴ $△BCG=\dfrac{CG×BI}{2}=\dfrac{8×2\sqrt{2}}{2}=\mathbf{8\sqrt{2}}$

⇦∠BOC＝360°÷8＝45°

⇦CG は正八角形の外接円の直径．このことから，△BGC∽△OPC が言える．

➡注 ∠CBG＝90°なので，△BCG＝$\dfrac{CB×BG}{2}$ としても求められますが，この後の処理が少々面倒です．

12★ 演習題 (p.52)

右図のような一辺の長さが a の正八角形 ABCDEFGH において，線分 AF と線分 EH との交点を I，直線 DI と線分 GH との交点を J とする．IJ＝x とおくとき，次の各問に答えなさい．

(1) DI：DE を求めなさい．

(2) $\dfrac{a}{x}$ の値を求めなさい．

(3) HJ＝$\dfrac{\sqrt{6}}{2}$ のとき，a と x の値をそれぞれ求めなさい．

(09 早大学院)

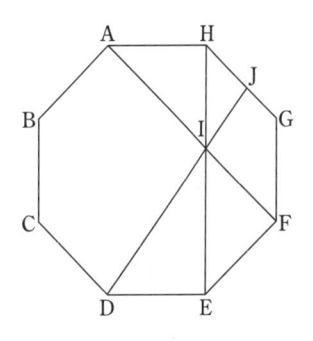

13 長方形の折り紙

正方形の折り紙 ABCD がある．その表面は赤色で裏面が白色である．図のように正方形 ABCD を折ったあとの頂点 A, D の位置をそれぞれ X, Y とする．また折り目の線を PQ とし，XY と CD の交点を R とする．このとき，点 A が辺 BC 上で BX=3, XC=6 をみたす点 X にくるように折る場合，

(1) PX と QY の長さをそれぞれ求めなさい．
(2) 図のように折った状態の赤色部分と白色部分の面積比を求めなさい．

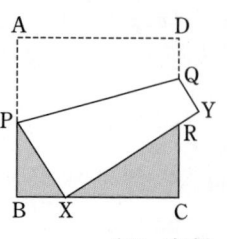

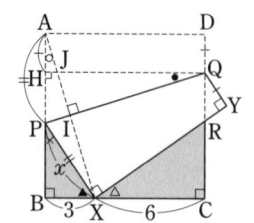

(09 慶應)

頻出タイプなので，解法をしっかり身に付けておきましょう．

解 (1) PX=PA=x とおくと，PB=3+6−x=9−x であるから，△PBX において，$x^2=(9-x)^2+3^2$
∴ $18x=90$ ∴ $x=5$ ……①

次に，図で，▲+△=90°，▲+×=90°
より，△=×．∴ △XCR∽△PBX
さらに，△QYR∽△XCR で，①より，これらの3辺比は 3:4:5 であるから，XR=XC×$\frac{5}{4}$=6×$\frac{5}{4}$=$\frac{15}{2}$

∴ RY=9−$\frac{15}{2}$=$\frac{3}{2}$ ∴ QY=$\frac{3}{2}$×$\frac{4}{3}$=**2**

別解(後半) 図のように H をとると，二角夾辺相等(△AHJ と △QIJ の内角を比べると，○=●．これと QH=AB による)で，
△QHP≡△ABX ∴ HP=BX=3
∴ QY=QD=HA=AP−HP=5−3=**2**

(2) (赤色部分)=△PBX+△XCR=$\frac{3×4}{2}$+$\frac{6×9/2}{2}$=$\frac{39}{2}$ …②

(白色部分)=□PXYQ=□PADQ=$\frac{(5+2)×9}{2}$=$\frac{63}{2}$ …③

よって答えは，②:③=**13:21**

◀まず，△PBX で三平方が定石．

▱ はともに，二角相等．

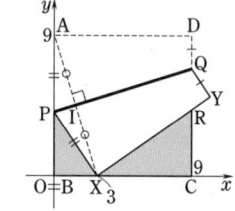

▲上図のように**座標をとる**と，AX の中点は，I(3/2, 9/2)，AX の傾きは−3 より，折り目 **PQ**(**AX の垂直2等分線**)の式は，$y=\frac{1}{3}\left(x-\frac{3}{2}\right)+\frac{9}{2}$

∴ $y=\frac{1}{3}x+4$

∴ P(0, 4), Q(9, 7)
∴ PX=PA=9−4=**5**
QY=QD=9−7=**2**

13★ 演習題 (p.52)

図①のように，AB=6, BC=$8\sqrt{3}$ である長方形 ABCD において，辺 AB, CD の中点をそれぞれ M, N とする．

(1) 図②のように，点 A が線分 MN 上にくるように，折り目 BE をつけて折るとき，BE の長さを求めなさい．

(2) さらに，図③のように，点 C が点 A にくるように，折り目 FG をつけて折るとき，CF の長さを求めなさい．

(3) 台形 DCFG の面積を求めなさい．

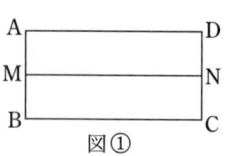

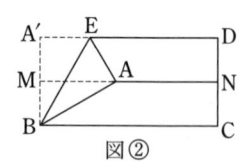

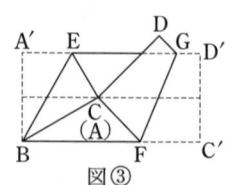

(05 東大寺学園)

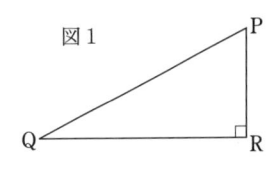

14 直角三角形の折り紙

図1のような∠A＝90°，AB＝1である直角三角形ABCがある．図2のように，この三角形を，線分APを折り目として，PD∥ABとなるように折る．点Pは辺BC上の点であり，点Dは点Cが移った点である．また，線分ADと線分BPとの交点をQとする．

（1）AD⊥BPであることを証明しなさい．
（2）AC＝2のとき，線分BPの長さと，△PAQの面積を求めなさい．
（3）PD＝2のとき，線分BPの長さと，△PAQの面積を求めなさい．

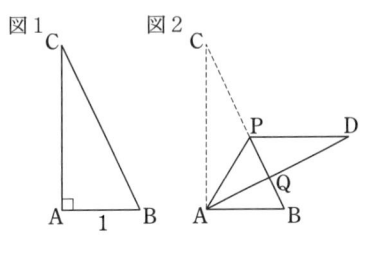

（10 久留米大付）

（2），（3）△ABPが'二等辺'であることに気付いておきたい． ⇦（2），（3）を通して，BP＝BA＝1と，一定値！

解 （1）折り返しの条件とPD∥ABより，図3の○同士の角はすべて等しい．すると，二角相等で，△QBA∽△ABC ……①
よって，∠AQB＝∠CAB＝90° ∴ AD⊥BP

（2），（3）折り返しの条件より，図3の×同士の角は等しい．すると，∠BPA＝∠PCA＋∠PAC＝○＋×＝∠BAP
よって，[（2），（3）を通して] **BP＝BA＝1**

次に，AC＝2のとき，①の3辺比は$1:2:\sqrt{5}$であるから，

$$BQ = AB \times \frac{1}{\sqrt{5}} = \frac{\sqrt{5}}{5} \cdots\cdots ②, \quad AQ = BQ \times 2 = \frac{2\sqrt{5}}{5} \cdots\cdots ③$$

$$\therefore \triangle PAQ = \frac{1}{2} \times PQ \times AQ = \frac{1}{2} \times (1 - ②) \times ③ = \frac{\sqrt{5}-1}{5}$$

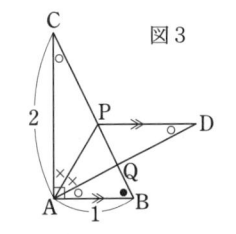

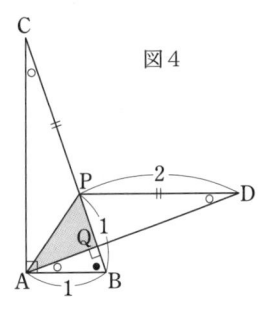

PD＝2のときは，①の3辺比は$1:3:2\sqrt{2}$であるから，

$$BQ = AB \times \frac{1}{3} = \frac{1}{3} \cdots\cdots ④, \quad AQ = BQ \times 2\sqrt{2} = \frac{2\sqrt{2}}{3} \cdots\cdots ⑤$$

$$\therefore \triangle PAQ = \frac{1}{2} \times (1 - ④) \times ⑤ = \frac{2\sqrt{2}}{9}$$

14 演習題（p.53）

図1の△PQRは，∠PRQ＝90°の直角三角形です．また，図2は図1の△PQRを，頂点Qと頂点Rが辺QR上で重なるように，QRに垂直な直線を折り目として折り返し各頂点，各交点をA，B，C，D，E，F，Gとしたものです．網目をつけた部分は，折り重なった部分を表しています．

（1）ED∥GBであることを証明しなさい．
（2）QR＝8，PR＝4とします．
　（ⅰ）線分DGの長さを求めなさい．
　（ⅱ）AB＝BCのとき，四角形BCDFの面積は，△ABGの面積の何倍ですか．
　（ⅲ）△GBFの面積と△DEFの面積の合計が5となるような線分ABの長さをすべて求めなさい．

（09 大阪桐蔭）

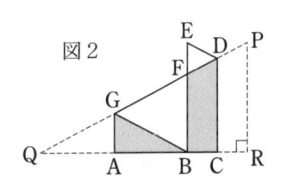

15 正三角形の折り紙

1辺の長さが6の正三角形ABCの辺BC上に点Pがあり，BP=2とする．

(1) 図1のように，辺AC上に点Qをとり，線分PQで△ABCの面積を2等分するとき，線分CQ，線分PQの長さを求めなさい．

(2) 図2のように，辺AB，AC上にそれぞれ点R，Sをとる．線分RSにそって△ABCを折り曲げたら，点Aが点Pに重なった．このとき，RSの長さを求めなさい．
(06 巣鴨)

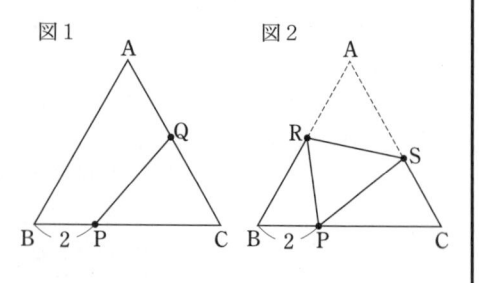

(2) 本問のような'正三角形の折り紙'でも，**相似な図形が登場**します．それを踏まえて，AR，ASを文字でおきましょう．

解 (1) CQ=aとおくと，面積2等分の条件から，
$$\frac{CP}{CB}\times\frac{CQ}{CA}=\frac{4}{6}\times\frac{a}{6}=\frac{1}{2} \quad \therefore \ a=\frac{9}{2}$$

このとき，図3で，PH=$4-\dfrac{a}{2}=\dfrac{7}{4}$，QH=$a\times\dfrac{\sqrt{3}}{2}=\dfrac{9\sqrt{3}}{4}$

$\therefore$ PQ=$\sqrt{PH^2+QH^2}=\dfrac{\sqrt{73}}{2}$

(2) 図4で，×+△=120°，×+○=120° $\therefore$ △=○
よって，二角相等で，△BPR∽△CSP

$\therefore$ BP：PR：RB=CS：SP：PC

$\therefore$ $\underline{2:x:(6-x)}=\underline{(6-y):y:4}$ $\therefore$ $x=\dfrac{14}{5}$，$y=\dfrac{7}{2}$ …㋐

このとき，図4で，SI=$y-\dfrac{x}{2}=\dfrac{21}{10}$，RI=$\dfrac{\sqrt{3}}{2}x=\dfrac{7\sqrt{3}}{5}$

$\therefore$ RS=$\sqrt{SI^2+RI^2}=\dfrac{7}{10}\sqrt{3^2+(2\sqrt{3})^2}=\dfrac{7\sqrt{21}}{10}$

➡注 ㋐の後は，▱ARPS(=△ARS×2)の面積を2通りに表して，
AS×RI=$\dfrac{RS\times AP}{2}$ からRSを求める手もあります．

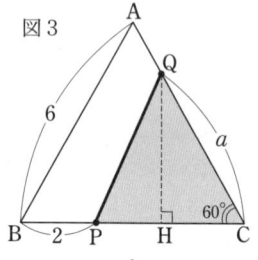

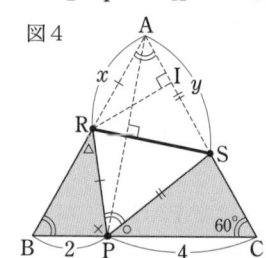

◇——より，$xy=6x-2y$ …㋑
------より，$-xy=4x-6y$
辺々加えて，$y=\dfrac{5}{4}x$
これと㋑より，㋐が求められる．
◇㋐の後は，(1)のPQと同様にして，RSを計算する．
◇AP=$\sqrt{(3\sqrt{3})^2+1^2}=2\sqrt{7}$

15★ 演習題 (p.53)

1辺の長さが4の正三角形ABCがある．ACの中点Dと辺AB上の点Eを結ぶ線分DEでこの三角形ABCを折ると，頂点Aは図の点Fに移った．このとき，線分EF，DFが辺BCと交わった点をそれぞれG，Hとする．FG=$\dfrac{2}{3}$であるとき，次の各問いに答えなさい．

(1) FH=aとするとき，CH，DH，BGの長さをそれぞれ，aを用いて表しなさい．

(2) aの値を求めなさい．

(3) 四角形DEGHの面積を求めなさい．
(07 東京学芸大付)

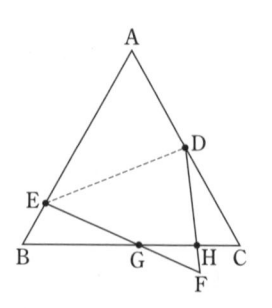

16　台形の折り紙

右の図のような等脚台形 ABCD において，AB=2，BC=6 とする．対角線 AC を折り目として図の点線のように折り曲げるとき，AD′ は BC の中点 M と交わる．
(1)　AC の長さを求めなさい．
(2)　AD の長さを求めなさい．
(3)　△MD′C の面積を求めなさい． （05　藤嶺学園藤沢）

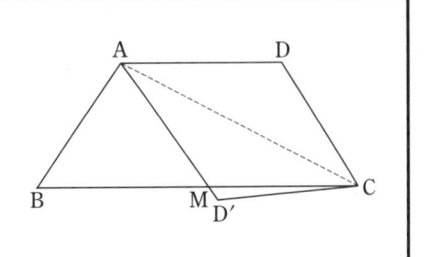

平行線を含む図形の'折り紙'では，**二等辺三角形がよく現れます**．本問では，それに加えて，**直角を発見できれば手早い**．

解　(1)　折り返しの条件から，右図の●同士の角は等しく，さらに，AD // BC より，●＝○．このとき，**MA=MC=MB であるから，△ABC は ∠A=90° の直角三角形である**．

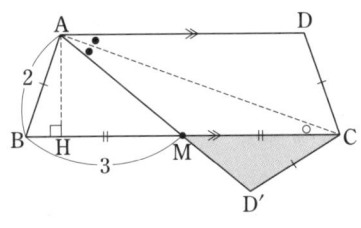

⇦ '平行線と角の2等分線の組み合わせ' と同じこと (☞p.15)．

⇦ ∠DAC=∠ACB
⇦ ☐ については，☞p.29．
⇦ 「∠A=90°」に気付かないときは，△ABM (AM=3 に注意) において，HM→AH と求め，AC=$\sqrt{AH^2+HC^2}$ とすればよい (すると，(2) も，AD=2HM で求められる)．

∴　AC=$\sqrt{BC^2-AB^2}$=$\sqrt{6^2-2^2}$=$4\sqrt{2}$　……①

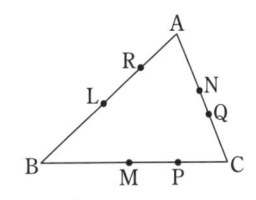

(2)　△ABH∽△CBA（二角相等）であるから，
AB : BH = CB : BA　∴　2 : BH = 6 : 2 = 3 : 1
∴　BH=$\frac{2}{3}$　∴　AD=BC−BH×2=6−$\frac{4}{3}$=$\frac{14}{3}$　……②

(3)　△AMC=△ABC×$\frac{1}{2}$=$\frac{AB \times AC}{2}$×$\frac{1}{2}$
=$\frac{2 \times ①}{2}$×$\frac{1}{2}$=$2\sqrt{2}$　……③

∴　△MD′C=③×$\frac{②-3}{3}$=$2\sqrt{2}$×$\frac{5}{9}$=$\frac{10\sqrt{2}}{9}$

⇩ '折り紙'の問題ではないが，本問の解法を踏まえて解きたい問題(解答は，☞p.137)．

【類題⑤】　三角形 ABC の3辺 AB, BC, CA の中点をそれぞれ L, M, N とし，3点 A, B, C から辺 BC, CA, AB へひいた垂線とそれぞれの辺との交点を P, Q, R とする．また，BC=4, AP=3, BP : PC = 3 : 1 であるという．このとき，6つの線分 PN, NR, RM, MQ, QL, LP の長さの和を求めなさい． （07　東京工大付）

16★ 演習題 (p.54)

図で，四角形 ABCD は平行四辺形です．辺 CD 上に点 E をとり，AE を折り目として△ADE を折り返したときに頂点 D が移る点を F とする．いま，点 F は辺 BC 上にあり，∠DEF=90° です．また，AE の延長と辺 BC の延長との交点を G とする．AD=40，AE=$32\sqrt{2}$，DE=8 のとき，
(1)　BF=CG であることを証明しなさい．
(2)　四角形 ABCD の面積を求めなさい．
(3)　CF の長さを求めなさい． （05　西武文理）

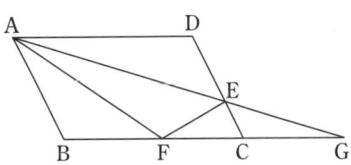

17★ 複数回折る

1辺が5の正方形の折り紙ABCDがある．辺CD上にDE=2となるように印Eをつける．直線AEに沿ってDを折り返し，折り目をつける．折り返した辺ADに辺ABが重なるようにBを折り返し，折り目をつける．この折り目と辺BCの交点をFとする．折り紙を開いて対角線BDと折り目との交点をBに近い方からG, Hとするとき，

(1) ∠FAEの大きさを求めなさい．
(2) BFの長さを求めなさい．
(3) DHの長さを求めなさい．
(4) △AGHの面積を求めなさい．

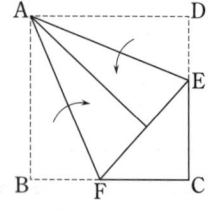

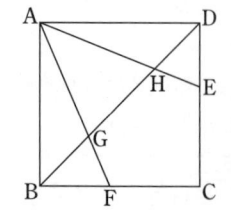

（08　大阪教大付池田）

(2) BF=xとおいて，三平方の定理に結び付けます．
(4) 比を利用しましょう．

解　(1) 折り紙の条件から，図の●同士，○同士の角は等しい．よって，∠FAE=$90°÷2$=**45°**

(2) BF=xとおくと，EF=$x+2$．よって，△EFCにおいて，
$$(x+2)^2=(5-x)^2+3^2 \quad \therefore \quad x=\frac{15}{7} \quad \cdots\cdots① $$

(3) △DHE∽△BHA で，相似比は，DE：BA=2：5　……②
であるから，DH=BD×$\frac{2}{2+5}$=$5\sqrt{2}×\frac{2}{7}$=$\frac{10\sqrt{2}}{7}$

(4) △AGD∽△FGB より，
AG：GF=AD：BF=5：①=7：3　……③
また，△AFE=$\frac{EF×AI}{2}$=$\frac{(①+2)×5}{2}$=$\frac{145}{14}$　……④

$\therefore$ △AGH=④×$\frac{AG}{AF}×\frac{AH}{AE}$=$\frac{145}{14}×\frac{7}{7+3}×\frac{5}{2+5}$=$\frac{145}{28}$

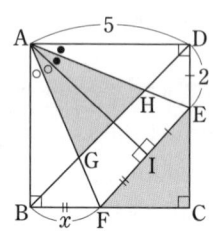

↷図のように，
∠AIF=∠AIE=90°だから，
E-I-F は一直線上にある．

⇐(4)の**別解**　②，③より，
DH：HG：GB=20：29：21
$\therefore$ △AGH
=△ABD×$\frac{29}{20+29+21}$
=$\frac{5^2}{2}×\frac{29}{70}$=$\frac{145}{28}$

17★ 演習題（p.54）

図1のような，縦と横の長さの比が$1：\sqrt{2}$の長方形ABCDを次の(ア)～(ウ)のように折ります．

(ア) 図2のように，辺ADの中点をMとし，頂点Bが点Mに重なるように折ります．このときの折り目の線と辺AB, BCとの交点をそれぞれE, Fとし，線分EM, MFをかきます．

(イ) 図3のように，線分MDが線分MFに重なるように折ったとき，点Dの移った点をHとします．また，折り目をMGとし，線分HG, FGをかきます．

(ウ) 図4のようにもとに戻し，折り目の線分EF, MGと線分BMをかき，線分BMとEFの交点をIとします．

(1) 線分EFとMGが平行になることを証明しなさい．
(2) 線分AEとEBの長さの比を求めなさい．
(3) 四角形MIFGと長方形ABCDの面積の比を求めなさい．

（09　埼玉県）

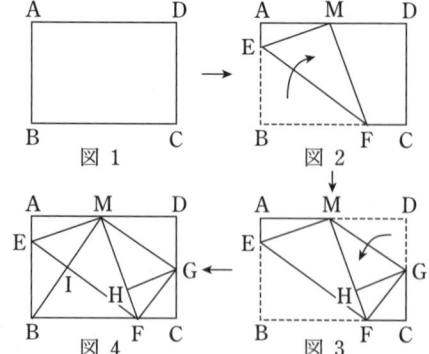

● 直線図形（2） ●
演習題の解答

1 （2） 角度に着目します．
（3） （2）の相似を活かして，'長方形'を作り出します．

解 （1） $BP=\dfrac{AB}{\sqrt{2}}=\dfrac{3}{\sqrt{2}}=\dfrac{3\sqrt{2}}{2}$ ……①

また，BC＝5 より，$BQ=\dfrac{BC}{\sqrt{2}}=\dfrac{5\sqrt{2}}{2}$ …②

（2） 右図で，
○＋●＝90°
一方，○＋×＝90°
であるから，●＝×
よって，二角相等で，
△ABC∽△DCQ

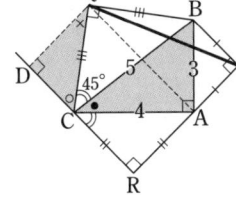

（3）（2）より，
$DQ=CQ\times\dfrac{4}{5}=②\times\dfrac{4}{5}=2\sqrt{2}$

一方，$RA=\dfrac{CA}{\sqrt{2}}=2\sqrt{2}$ …③ であるから，

DQ≗RA よって，▱QDRA は長方形．

∴ $QA=DR=②\times\dfrac{3}{5}+③=\dfrac{7\sqrt{2}}{2}$ ……④

∴ $PQ=\sqrt{④^2+①^2}=\sqrt{29}$

2 問題文の図の垂線 FG が大きなヒントです（△BCF を '定規形' 2 つに分割してくれている！）．

解 （1） CF＝CD
より，右図の○同士
の角は等しく，
$○=\dfrac{180°-30°}{2}$
$=75°$ ………㋐

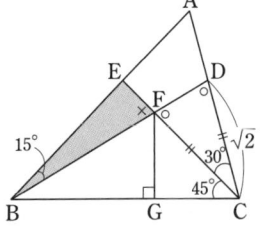

すると，△BFE の内角を考えて，
∠CEB＝180°－15°－×
　　　＝180°－15°－○＝90° ……①

別解 （㋐の後）△BCD は △CDF と相似な二等辺三角形であるから，∠CBD＝30°．このとき，△BCE は '45°定規形' であるから，∠CEB＝**90°**

（2） （1）より，△BCE は 45°定規形であるから， ∠FBG＝45°－15°＝30°

このとき，$GF=GC=\dfrac{CF}{\sqrt{2}}=1$

∴ $BG=\sqrt{3}\,GF=\sqrt{3}$

∴ $BC=BG+GC=\sqrt{3}+1$ ………②

（3） $EB=EC=\dfrac{②}{\sqrt{2}}=\dfrac{\sqrt{3}+1}{\sqrt{2}}$ ………③

∴ $EF=③-CF=③-\sqrt{2}=\dfrac{\sqrt{3}-1}{\sqrt{2}}$

以上と①より，

$\triangle EBF=\dfrac{EB\times EF}{2}=\dfrac{1}{2}\times\dfrac{3-1}{2}=\dfrac{1}{2}$

別解 △EBF
＝△BCE
　－（△CGF＋△BGF）
$=\dfrac{2+\sqrt{3}}{2}$
$-\left(\dfrac{1}{2}+\dfrac{\sqrt{3}}{2}\right)=\dfrac{1}{2}$

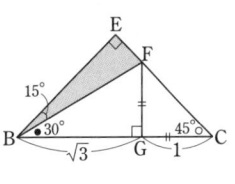

➡**注** △EBF は，例題の注にある '15°・75°の直角三角形' です．

3 （1），（2）を通して，
△EFC∽△OFA を利用しますが，**直線 OE に関する対称性**も見逃せません．

解 （1） 右図の
ように H をとると，
$OH=3\sqrt{3}$
$FH=3-2=1$
∴ OF
$=\sqrt{(3\sqrt{3})^2+1^2}$
$=2\sqrt{7}$ ………①

すると，$CF=6-①=6-2\sqrt{7}$ …………②
図の網目の三角形同士は相似（＊）であるから，

$EF=①\times\dfrac{②}{②}=6\sqrt{7}-14$

47

（2）（ⅰ） 題意のとき，（＊）の相似比は 1：3 であるから，
　　　CE＝2
これと，
　　図形全体が OE に関して対称……③
であることから，
　　BE＝CE＝2 …④
また，CF＝3k とおくと，AF＝9k ………⑤
OF＝6－3k より，EF＝2－k …………⑥
④＋⑤＋⑥＝AB＝6 より，8k＋4＝6
　　∴ $k=\dfrac{1}{4}$ …⑦　∴ $AF=9k=\dfrac{9}{4}$

➡注 ③に気付かなければ，△OHF において，
　　$(6-3k)^2=(3\sqrt{3})^2+(3-9k)^2$
これより，⑦が得られます．

（ⅱ） ③より，$\triangle OEF=\dfrac{1}{2}\square OGEF$ であるから，
　　$\triangle OPF=\triangle OEF$　∴ PE∥OF
　　∴ GP：PO＝GE：EC
　　　　　　＝EF：EC＝OF：OA ……………⑧
ここで，$OF=6-3k=6-\dfrac{3}{4}=\dfrac{21}{4}$ ………⑨
　　∴ ⑧＝⑨：6＝7：8
OG＝OF＝⑨ であるから，
　　$GP=⑨\times\dfrac{7}{7+8}=\dfrac{21}{4}\times\dfrac{7}{15}=\dfrac{49}{20}$

4　（2）（1）の結果から，∠A が分かります．

（3）（2）からは，'まず P を固定して Q と R を動かし，次に P を動かして…' という流れになります．

解　（1） AH＝x とすると，CH^2 について，
　　8^2-x^2
　　$=7^2-(5-x)^2$
　　∴ $x=4$ …①

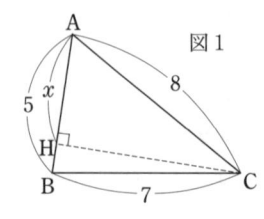

（2） ①より，△AHC は 30°定規の形であるから，
　　∠BAC＝60°
これと，図2 において×同士，△同士の角が等しいことから，
　　∠SAT＝60°×2＝120°
また，AS＝AT＝AP＝a であるから，
△AST は頂角 120°の二等辺三角形である．
　　∴ $ST=AS\times\sqrt{3}=\sqrt{3}\,a$ ………②

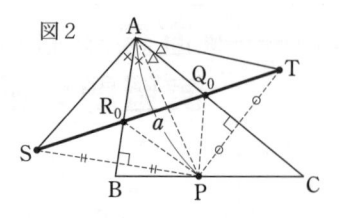

（3） P を BC 上に固定するとき，
　　PQ＋QR＋RP ………………③
　　＝TQ＋QR＋RS≧ST
ここで等号は，S-R-Q-T が一直線のとき（Q＝Q_0，R＝R_0 のとき）に成り立つ．よって，このときの③の最小値は②である．

次に P を動かすと，a が最小になるのは AP⊥BC のときであり，このとき，P，Q，R の対等性により，BQ⊥CA，CR⊥AB …④
すると，△ABQ，△ACR はともに 30°定規の形であるから，
　　AQ：AB
　　＝AR：AC＝1：2
よって，二辺比夾角相等で，
　　△AQR∽△ABC　∴ $QR=\dfrac{BC}{2}=\dfrac{7}{2}$

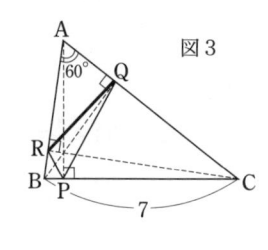

➡注 ④を使わない場合は，図4 で，●の角は 30°だから，
　　∠BPR＝∠QPC
　　＝60°（＝∠QAR）
また，○同士，×同士の角は等しいから，
　　△AQR∽△PBR
　　∽△PQC∽△ABC
これに着目して解くこともできます．

■研究　図3 の △PQR を '垂足三角形' といいますが，一般に，鋭角三角形 ABC の辺 BC，CA，AB 上にそれぞれ点 P，Q，R をとるとき，△PQR の周の長さが最短になるのは，△PQR が垂足三角形の場合です．

5 （2）例題同様，**正方形が対角線 AC に関して対称**であることが利用できます．

解 （1）メネラウスの定理により，
$$\frac{FC}{CB} \times \frac{BA}{AE} \times \frac{EG}{GF} = 1 \quad \therefore \quad \frac{EG}{GF} = 1$$
$$\therefore \quad EG = FG$$

（2）右図のように H〜J をとると，（1）より，
$$GH = \frac{EB}{2} = \frac{a-b}{2} \quad \cdots ①$$

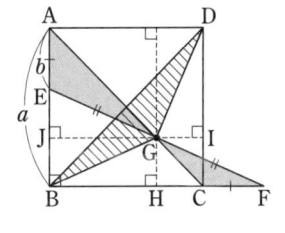

一方，対角線 AC に関する対称性から，
$$GI = GH = ①, \quad GJ = a - ① = \frac{a+b}{2} \quad \cdots ②$$

以上により，
$$S = \frac{b \times ②}{2} + \frac{b \times ①}{2} = \frac{ab}{2} \quad \cdots ③$$

$$T = \triangle BCD - \triangle BCG - \triangle CDG$$
$$= \frac{a^2}{2} - \frac{a \times ①}{2} - \frac{a \times ①}{2} = \frac{ab}{2} \quad \cdots ④$$

③，④より，$S = T$ である．

6 （1）は例題と同様ですが，（2）が考えにくい．以下の解答中の**直線 l に関する対称性**に着目しましょう．

解 （1）対角線の交点 O を中心として 45°回転させたとき，右図のようになって，網目部分はすべて合同な直角二等辺三角形である．

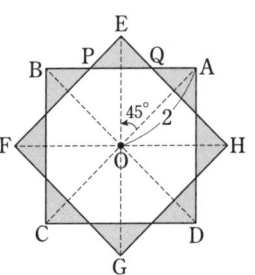

ここで，$AB = 2\sqrt{2}$ であり，$AQ(=BP) = x$ とおくと，$PQ = \sqrt{2}\,x$ であるから，
$$x + \sqrt{2}\,x + x = 2\sqrt{2}$$
$$\therefore \quad x = \frac{2\sqrt{2}}{2+\sqrt{2}} = 2(\sqrt{2}-1)$$

（ⅰ）周の長さは，$16x = \mathbf{32(\sqrt{2}-1)}$

（ⅱ）面積は，$(2\sqrt{2})^2 + 4 \times \frac{x^2}{2} = \mathbf{16(2-\sqrt{2})}$

（2）図形全体は，右図の直線 l に関して対称である．

ここで，網目の直角二等辺三角形の等辺は，
$$\frac{x}{2} = \sqrt{2} - 1 \quad \cdots ①$$

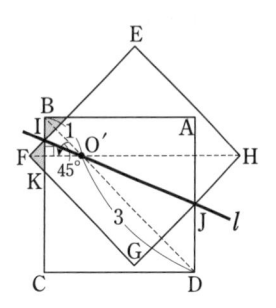

（ⅰ）周の長さは，
$$(2\sqrt{2} - \sqrt{2} \times ① + ① + 2\sqrt{2} + 3 \times ①) \times 2$$
$$= 8\sqrt{2} + 2(4-\sqrt{2}) \times ① = \mathbf{18\sqrt{2} - 12}$$

➡注　IF+FK+KC=BC−IK+FK=〜〜，また，△O'BI∽△O'DJ より，DJ=3×①

（ⅱ）面積は，
$$(\triangle ICDJ + \triangle IFK) \times 2$$
$$= \left\{ \frac{(2\sqrt{2} - ① + 3 \times ①) \times 2\sqrt{2}}{2} + \frac{①^2}{2} \right\} \times 2$$
$$= \mathbf{19 - 6\sqrt{2}}$$

7 例題の**解**と同様に，二等辺三角形を作る補助線を引いてみると，思わぬ発見（以下の☆）が生まれます！

解 （1）右図のように F をとると，
$$AB \parallel FM \cdots ① \quad \text{より，}$$
$$\angle FMA = \angle BAM$$
よって，△FAM は二等辺三角形であるから，
$$FA = FM \quad \cdots ②$$
また，①と BM=MC より，$AF = FE \quad \cdots ③$
②，③より，△AME は ∠AME=90° の直角三角形である（☆）から，△AME∽△ABM
これらの3辺比は，$1:2:\sqrt{5}$ であるから，
$ME = \sqrt{5}\,k$ とおくと，$AM = 2\sqrt{5}\,k \quad \cdots ④$
$AE = 5k$，また，$AB(=④ \times 2/\sqrt{5}) = 4k$
$$\therefore \quad AB:AE = 4k:5k = \mathbf{4:5} \quad \cdots ⑤$$

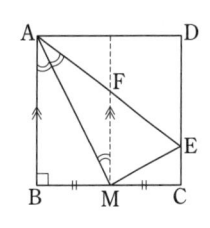

➡注　☆については，☞p.29.

（2）AD:AE=⑤より，$DE = 3k$ であるから，
$$DE:EC = 3k:(4k-3k) = \mathbf{3:1}$$

➡注 ☆が分かった後は，次のようにすることもできます．

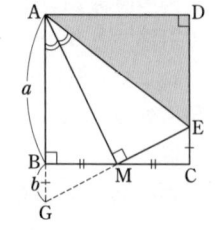

『右図のようにGをとり，a, bを定めると，
△BGM≡△CEM
より，CE=b
△AGM≡△AEM
より，AE=$a+b$
すると，△AEDにおいて，
$$(a+b)^2 = a^2 + (a-b)^2 \quad \therefore \quad a = 4b$$

(1) AB : AE = $4b : (4b+b)$ = **4 : 5**
(2) DE : EC = $(4b-b) : b$ = **3 : 1**

　　　　　　＊　　　　　　＊
なお，AEとBCの交点をHとして，△ABHで"角の2等分線の定理"を使う手もありますが，少し面倒です．

(3) $S_1 : S_2 : S_3$
= △ABM : (△AMC+△ACE) : △AED
　　　　　　　　　　　　　……㋐
= BM : (MC+CE) : ED ………㋑
= $2k : (2k+k) : 3k$ = **2 : 3 : 3**

➡注 ㋐のそれぞれの底辺を㋑と見ると，高さはすべて($4k$で)等しいので，「面積比＝底辺比」となります．

8 (2) 三平方を繰り返せば求められますが，"中線定理"で一気に求めてみます．
(3) (2)の利用を考えましょう．相似を駆使することになります．

解 (1) ∠Bの外角の2等分線をlとすると，AQ∥lより，右図の●の角はすべて等しく，よって，
　　BQ=BA=**5**

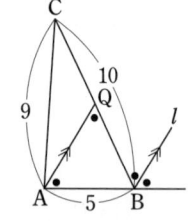

(2) (1)より，QはBCの中点であるから，中線定理により，
$$AB^2 + AC^2 = 2(AQ^2 + BQ^2)$$
$$\therefore \quad 5^2 + 9^2 = 2(AQ^2 + 5^2)$$
$$\therefore \quad AQ^2 = 28 \quad \therefore \quad AQ = 2\sqrt{7}$$

➡注 "中線定理"については，☞p.29．

(3) BからAQに下ろした垂線の足(AQの中点)をIとすると，
$$BI = \sqrt{BQ^2 - QI^2} = \sqrt{5^2 - (\sqrt{7})^2} = 3\sqrt{2}$$
すると，△PBH∽△BQIより，
$$PB : PH = BQ : BI = 5 : 3\sqrt{2} \quad \cdots\cdots ①$$
ところで，△ABCにおいて，ARは∠Aの2等分線であるから，
$$BR : RC = AB : AC = 5 : 9$$
$$\therefore \quad BR = 10 \times \frac{5}{5+9} = \frac{25}{7} \quad \cdots\cdots ②$$
AQ∥BPより，△AQR∽△PBRであるから，
AQ : PB = QR : BR
= $(5-②) : ② = 2 : 5$
$$\therefore \quad PB = AQ \times \frac{5}{2} = 2\sqrt{7} \times \frac{5}{2} = 5\sqrt{7}$$
これと①より，PH = $5\sqrt{7} \times \dfrac{3\sqrt{2}}{5} = \mathbf{3\sqrt{14}}$

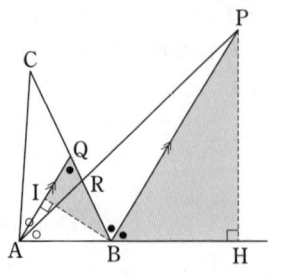

➡注 例題と同様，Pは△ABCの**傍心**で，(3)で求めたPHは，傍接円の半径です．

9 (3)(ii) 条件を満たすQの位置はすぐに(?)分かるでしょうから，問題はどう求積するかです．(1)の比を利用することにします．

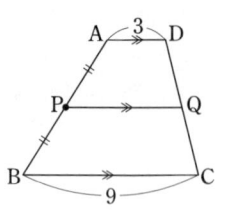

解 (1) PQ∥ADであるとき，△APQDと△PBCQの高さは等しいから，それらの面積比は，
　　(AD+PQ) : (PQ+BC) ……①
ここで，PQ = $\dfrac{AD+BC}{2} = \dfrac{3+9}{2} = 6$より，
①= $(3+6) : (6+9) = 9 : 15 = \mathbf{3 : 5}$ …②

50

（2） △APQ=△BPQ であるから，題意のとき，△ADQ=△BCQ
これらの底辺比は，
AD：BC=1：3
であるから，高さの比は，
3：1 ………③
∴ DQ：QC
=③=3：1

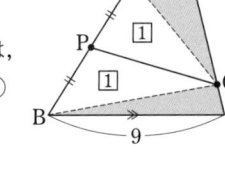

（3）（i） 右図のように E，H をとり，EH=x とおく．ここで，
DE=AB=$4\sqrt{7}$
であるから，
DH^2=$(4\sqrt{7})^2-x^2$ …④
=$10^2-(6-x)^2$
∴ $12x=48$ ∴ $x=4$
これと④より，DH=$\sqrt{(4\sqrt{7})^2-4^2}$=$4\sqrt{6}$

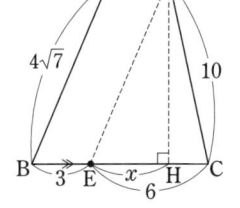

（ii） 右図のように R をとり，RQ=y とおく．題意のとき，
AD+DQ=BC+CQ
∴ 3+(5+y)
=9+(5-y)
∴ $y=3$
このとき，△DPR=10s とおくと，
△APD=5s，△PQR=6s
∴ $\dfrac{APQD}{APRD}=\dfrac{10s+5s+6s}{10s+5s}=\dfrac{7}{5}$
これと②より，APQD の面積は，
ABCD×$\dfrac{3}{3+5}$×$\dfrac{7}{5}$
=$\dfrac{(3+9)\times 4\sqrt{6}}{2}\times\dfrac{21}{40}$=$\dfrac{63\sqrt{6}}{5}$

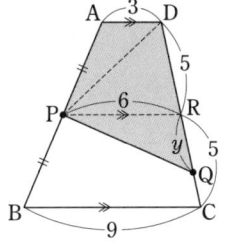

10 （2），（3） ともに，垂線を下ろして'定規形'を作ります．
（4） 四角形を対角線で2分して求積しますが，（2），（3）を利用する方向で考えましょう．

解 （1） △ABD は，'頂角が 120° の二等辺三角形…①' であるから，
BD=AB×$\sqrt{3}$=$4\sqrt{3}$

➡注 ①の3辺比については，☞p.28.

（2） 右図のようにHをとると，△ACH は 30°定規形であるから，
AH=$\sqrt{6}$ …②
CH=$3\sqrt{2}$ …③
また，HD=$\sqrt{AD^2-AH^2}$
=$\sqrt{4^2-②^2}$=$\sqrt{10}$ ………④
∴ CD=③+④=$3\sqrt{2}+\sqrt{10}$ ………⑤

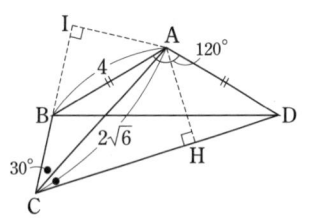

（3） 図のようにIをとると，（2）と同様に，
AI=②，CI=③，IB=④ であるから，
BC=③-④=$3\sqrt{2}-\sqrt{10}$ ………⑥

（4） □ABCD=△ACD+△ABC
=$\dfrac{CD\times AH}{2}+\dfrac{BC\times AI}{2}$
=$\dfrac{(⑤+⑥)\times②}{2}=\dfrac{6\sqrt{2}\times\sqrt{6}}{2}$=$6\sqrt{3}$

➡注 （2），（3）から分かるように，
△AIB≡△AHD（三辺相等）ですから，
□ABCD≡□AICH
=△ACH×2=②×③=$6\sqrt{3}$

11 難問です．例題同様，各点から AB 上に垂線を下ろして解いてみます．

解 （1） AB=$\sqrt{10^2+4^2}$=$2\sqrt{29}$
∴ AD=$\dfrac{AB}{\sqrt{2}}$=$\sqrt{58}$ ………⑦

（2） 下図のように H，I をとり，BI=④とおくと，△EAI∽△BAC などから，図1のようになる．

すると，BE：ED=BI：IH
=④：$\left(\dfrac{⑩+④}{2}-④\right)$=**4：3**

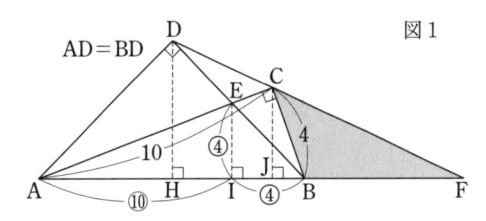

51

（3） 図1のようにJをとると，
　　DF：CF＝DH：CJ
　　＝△ABD：△ABC＝$\dfrac{⑦^2}{2}$：$\dfrac{10×4}{2}$＝29：20
　∴　DC：CF＝(29−20)：20＝**9：20**

（4）　メネラウスの定理により，
　　$\dfrac{DC}{CF}×\dfrac{FA}{AB}×\dfrac{BE}{ED}=1$　∴　$\dfrac{9}{20}×\dfrac{FA}{AB}×\dfrac{4}{3}=1$
　∴　$\dfrac{FA}{AB}=\dfrac{5}{3}$　∴　AB：BF＝3：2
　∴　△BCF＝△ABC×$\dfrac{2}{3}$＝20×$\dfrac{2}{3}$＝$\dfrac{\mathbf{40}}{\mathbf{3}}$

12　（1）　正多角形の問題では，その外接円を描くと，その円周角からあちこちの角度が分かってきます．

（2）　(1)の結果を有効に活かせる補助線を引きましょう．

（3）　まず，x の値が求められます．

解　（1）　正八角形の外接円を8等分した円弧に対応する円周角は，180°÷8＝22.5°…①
　よって，∠HEF＝①×2＝45°
　　　　　∠AFE＝①×4＝90°
　したがって，△EFI は直角二等辺三角形．
　∴　IE＝$\sqrt{2}\,a$
　同様に，
　∠HED＝90°
　より，
　　DI＝$\sqrt{3}\,a$
　∴　DI：DE
　　＝$\sqrt{3}\,a$：a
　　＝$\sqrt{3}$：1

（2）　図のようにKをとると，△IJK∽△IDE より，
　　JK＝$\dfrac{x}{\sqrt{3}}$ …②，KI＝$\dfrac{\sqrt{2}\,x}{\sqrt{3}}$
　また，△JHK は直角二等辺三角形であるから，
　　HK＝②
　これらと，HI＝HK＋KI より，
　　$a=\dfrac{x}{\sqrt{3}}+\dfrac{\sqrt{2}\,x}{\sqrt{3}}=\dfrac{1+\sqrt{2}}{\sqrt{3}}x$

　∴　$\dfrac{a}{x}=\dfrac{1+\sqrt{2}}{\sqrt{3}}=\dfrac{\sqrt{3}+\sqrt{6}}{3}$　………③

（3）　HJ＝②×$\sqrt{2}$＝$\dfrac{\sqrt{2}\,x}{\sqrt{3}}=\dfrac{\sqrt{6}\,x}{3}$

これが $\dfrac{\sqrt{6}}{2}$ のとき，$x=\dfrac{3}{2}$

　∴　a＝③×$\dfrac{3}{2}$＝$\dfrac{\sqrt{3}+\sqrt{6}}{2}$

13　（2）　例題の(1)と同様，三平方で処理します．

（3）　これも，例題の**別解**と同様の発想で解いてみます．

解　（1）　AB：BM＝A′B：BM＝2：1
であるから，△ABM は
30°定規形である．よって図1で，○＝30°
すると，△A′BE も 30°定規形であるから，
　BE＝A′B×$\dfrac{2}{\sqrt{3}}$＝$4\sqrt{3}$

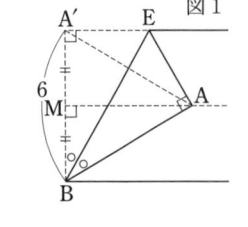

➡**注**　△AA′B は正三角形です．

（2）　図1で，AM＝BM×$\sqrt{3}$＝$3\sqrt{3}$ より，
図2で，HC′＝CN＝$8\sqrt{3}-3\sqrt{3}=5\sqrt{3}$
　よって，
　CF＝C′F＝x
とおくと，
　$x^2=(5\sqrt{3}-x)^2+3^2$
　∴　$x=\dfrac{14\sqrt{3}}{5}$
　……①

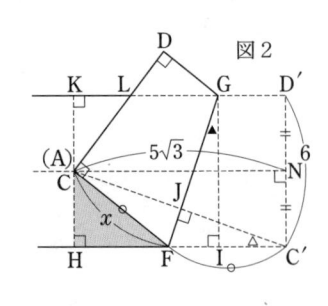

（3）　図2において，△C′CH∽△GFI …②
であるから(☞注)，CH：HC′＝FI：IG
　∴　3：$5\sqrt{3}$＝FI：6　∴　FI＝$\dfrac{6\sqrt{3}}{5}$ …③
　∴　GD′＝IC′＝①−③＝$\dfrac{8\sqrt{3}}{5}$　…………④
　∴　台形DCFG＝台形D′C′FG
　　　　＝$\dfrac{(①+④)×6}{2}=\dfrac{66\sqrt{3}}{5}$

➡注 △C'JF∽△GIF により，△＝▲
よって，二角相等により，②が成り立ちます。
　なお，図2で，△FHC∽△CKL∽△GDL が成り立つことから，GD を求めることもできますが，②による方が手早く処理できます。

14 （2）(ii)，(iii)では，平行線による相似形を活用しましょう。

解　（1） 折り返しの条件より，図の○同士，●同士の角はそれぞれ等しい。ここで，GA∥PR より，
　●＝○ ……①
また，GA∥EB より，×＝● ……②
①，②より，×＝○ なので，ED∥GB

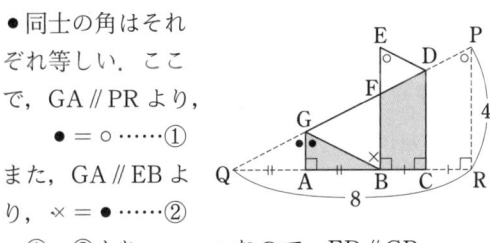

（2）(i) QA＝AB，BC＝CR であるから，
　AC：QR＝1：2 ∴ DG：PQ＝1：2
　∴ DG＝$\frac{PQ}{2}$＝$\frac{4\sqrt{5}}{2}$＝$2\sqrt{5}$

(ii) △QAG∽△QBF∽△QCD であり，AB＝BC のとき，相似比は 1：2：3 であるから，面積比は，$1^2:2^2:3^2=1:4:9$
　∴ $\frac{□BCDF}{△ABG}=\frac{△QCD-△QBF}{△QAG}$
　　$=\frac{9-4}{1}=$ **5**（倍）

(iii) AB＝x とすると，右図のようになる。
ここで，QB：BF＝QR：RP＝2：1 より，BF＝x であるから，△GBF＝$\frac{x^2}{2}$ ………③
また，(1)より，△GBF∽△DEF で，相似比は，$x:(4-x)$ であるから，
　△DEF＝③×$\frac{(4-x)^2}{x^2}=\frac{(4-x)^2}{2}$ …④
∴ △GBF＋△DEF＝③＋④＝5
これを整理して，$x^2-4x+3=0$
∴ $(x-1)(x-3)=0$ ∴ $x=$ **1，3** …⑤
➡注 $0<x<4$ ですが，⑤はともにこの範囲にあります。

15 （1） 例題の(2)と同様の相似形に着目しましょう。
（2） 「AB（＝AE＋EB）＝FE＋EB」に結び付けます。
（3） △FED（＝△AED）との面積比を利用します。

解　（1） 角度について右図のようになるから，二角相等で，網目の3つの三角形はすべて相似である。

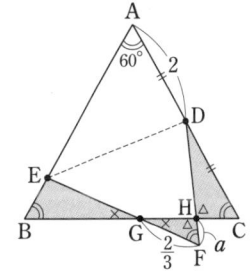

ここで，△FGH と △CDH の相似比は，
　FG：CD＝2/3：2＝1：3 ………①
であるから，**CH＝FH×3＝3a** ………②
また，**DH＝FD－FH＝AD－FH＝2－a**
次に，①より，GH＝$\frac{DH}{3}=\frac{2-a}{3}$ ………③
これと②より，
　BG＝$4-3a-\frac{2-a}{3}=\frac{\mathbf{2(5-4a)}}{\mathbf{3}}$ …④

（2） △BGE と △FGH の相似比は，
　BG：FG＝④：$\frac{2}{3}$＝$(5-4a):1$
∴ GE＝③×$(5-4a)$
　　＝$\frac{(2-a)(5-4a)}{3}$ ………⑤
　BE＝$a\times(5-4a)=a(5-4a)$ ……⑥
∴ AB＝AE＋⑥＝$\frac{2}{3}$＋⑤＋⑥＝4
これを整理して，$4a^2-a=0$
∴ $a(4a-1)=0$　$a>0$ より，$a=\frac{1}{4}$ …⑦

（3） ⑦のとき，⑥＝$\frac{1}{4}\times 4=1$ ∴ AE＝3
∴ △FED＝△AED＝△ABC×$\frac{3}{4}\times\frac{1}{2}$
　　＝$\left(\frac{\sqrt{3}}{4}\times 4^2\right)\times\frac{3}{8}=\frac{3\sqrt{3}}{2}$ ………⑧
∴ □DEGH＝⑧×$\left(1-\frac{2/3}{3}\times\frac{1/4}{2}\right)$
　　＝$\frac{3\sqrt{3}}{2}\times\frac{35}{36}=\frac{\mathbf{35\sqrt{3}}}{\mathbf{24}}$

16 （1） 例題同様，二等辺三角形が現れます．
（2）（1）を利用しましょう．
（3）「CF：CG」を目標にします．

解 （1） 下図で，折り返しの条件から○同士の角は等しく，また，AD∥BG より，
○＝×であるから，FG＝AF＝AD＝40
すると，BF＝BC－FC＝40－FC
　　　　　CG＝FG－FC＝40－FC
であるから，BF＝CG

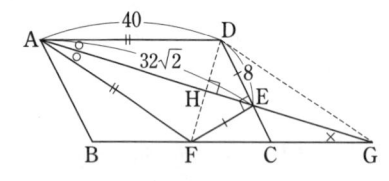

（2）（1）より，△ABF≡△DCG（二辺夾角相等）であるから，

$$ABCD = AFGD = \frac{AG \times DF}{2} \quad \cdots\cdots ①$$

上図で，△DHE，△DFE はともに 45°定規形であるから，$HE = \frac{DE}{\sqrt{2}} = 4\sqrt{2}$

∴　AG＝AH×2
　　　＝$(32\sqrt{2} - 4\sqrt{2}) \times 2 = 56\sqrt{2}$
また，DF＝DE×$\sqrt{2}$＝$8\sqrt{2}$

∴　① ＝ $\dfrac{56\sqrt{2} \times 8\sqrt{2}}{2}$ ＝ **448** ……②

➡注　AFGD は'ひし形'です．

（3）△DEG＝△FEG＝s とすると，

$$2s + \triangle DFE = 2s + \frac{8^2}{2} = 2s + 32 = \frac{②}{2}$$

より，$s = \dfrac{224 - 32}{2} = 96$

このとき，
　　　CF：CG＝△DFE：△DEG
　　　　　　＝32：96＝1：3

∴　CF＝FG×$\dfrac{1}{1+3}$＝$40 \times \dfrac{1}{4}$＝**10**

17 （2） 定石通り，△AEM で三平方します（☞p.42，例題**13**）．
（3） 直角をはさむ辺の比が $1:\sqrt{2}$ の直角三角形がたくさん現れます．それを利用しましょう．

解 （1） 折り返しの条件から，右図の○同士，●同士の角は等しい．さらに，
AD∥BC より， 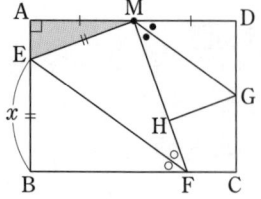
∠BFM＝∠DMF であるから，○＝●
∴　∠EFM＝∠GMF　∴　EF∥MG

（2） $AB : AM = 1 : \sqrt{2}/2 = \sqrt{2} : 1$
であるから，$AB = \sqrt{2}k$，$AM = k$ とおける．
ここで，EB＝EM＝x とすると，△AEM において，$EM^2 = AE^2 + AM^2$

∴　$x^2 = (\sqrt{2}k - x)^2 + k^2$　∴　$x = \dfrac{3\sqrt{2}}{4}k$

∴　$AE : EB = \dfrac{\sqrt{2}}{4}k : \dfrac{3\sqrt{2}}{4}k = \mathbf{1 : 3}$

（3） 右図の○の角はすべて等しいから，△ABM，△DMG，△IFM は相似であり，これらの3辺比は，
$1 : \sqrt{2} : \sqrt{3}$ である．

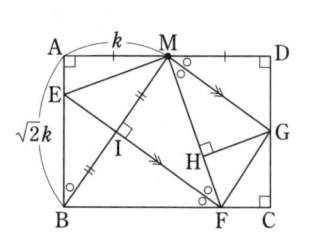

∴　$IF = IM \times \sqrt{2} = \dfrac{\sqrt{3}}{2}k \times \sqrt{2} = \dfrac{\sqrt{6}}{2}k$ ⋯①

　　$MG = MD \times \dfrac{\sqrt{3}}{\sqrt{2}} = k \times \dfrac{\sqrt{3}}{\sqrt{2}} = \dfrac{\sqrt{6}}{2}k$ ⋯②

①＝②と（1）より，IF≡MG
さらに，∠MIF＝90°，IM：IF＝$1:\sqrt{2}$ より，
MIFG は ABCD と相似な長方形である．

相似比は，① : $2k = \sqrt{6} : 4$ であるから，面積比は，$(\sqrt{6})^2 : 4^2 = \mathbf{3 : 8}$

➡注　$DG = k \times \dfrac{1}{\sqrt{2}} = \dfrac{\sqrt{2}}{2}k$ より，G は DC の中点なので，GH＝GD＝GC
∴　△GHF≡△GCF
すなわち，△GCF を，GF を折り目として折り返すと，△GHF と重なります！

第3章 円（1）

○ 要点のまとめ　………………………… p.56～57
○ 例題・問題と解答／演習題・問題 …… p.58～71
○ 演習題・解答　………………………… p.72～78

　円の問題のうち，**接線が登場しないもの**を扱う．円の問題では，前章までに学んだ"相似"や"三平方の定理"などを駆使することになり，平面図形の総合力を試される．平面図形の総まとめという意識で，本章の問題達に対応しよう．特に，"複数の円"の問題など，難問がかなり含まれるので，心して挑戦したい．

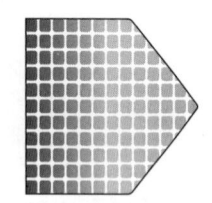

第3章 円(1)
要点のまとめ

1. 基本的な諸定理

1・1 円周角の定理

円 O 上の定点 A, B に対して，太線の円弧上に点 P をとると，**円周角 ∠APB**（右図の○）は**一定**であり，**中心角 ∠AOB の半分**である．
（特に，AB が直径のとき，∠AOB＝180° であるから，∠APB＝180°÷2＝90° …①）

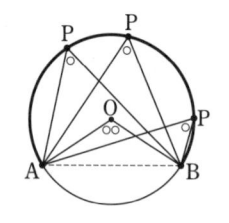

1・2 内接四角形の性質

円に内接する四角形 ABCD において，**内対角の和は 180°** である（右図で，$a+c=180°$ …②　このことから，$a=c'$ も分かる）．

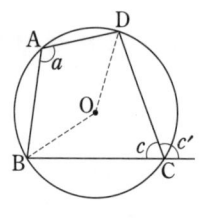

➡**注** 円周角の定理により，中心 O の周りの角度について，$2a+2c=360°$．これから②が導かれます．

1・3 共円点

1・1，1・2 は，逆も成り立つ．すなわち，

1° 図1で，定線分 AB を見込む角について，
∠ACB＝∠ADB
のとき，（円周角の定理の逆により）4 点 A, B, C, D は同一円周上にある（A〜D を '共円点' と呼ぶことがある）．

2° 図2で，
○＋×＝180°
のとき，（内接四角形の性質の逆により）A〜D は共円点である．

➡**注** 図1，2とも，○（＝×）＝90° の場合が頻出で，このとき，図1では AB が，図2では BD が円の直径となります（☞ 1・1 の①）．

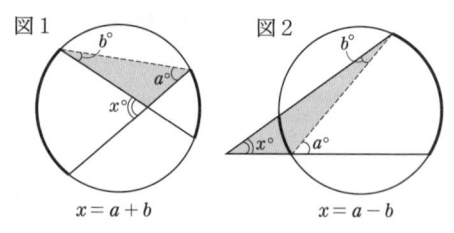

1・4 アルハゼンの定理

図1　　　　　　図2

$x=a+b$　　　$x=a-b$

図1の $x°$ …太線の弧に対する円周角の**和**
図2の $x°$ …太線の弧に対する円周角の**差**

➡**注** ともに，図の網目の三角形の内角と外角の関係から証明されます．

2. 発展的な諸定理

2・1 方べきの定理（1）
図1で，二角相等より，
△PAC∽△PDB
∴ $a:d=c:b$
∴ $ab=cd$ ……③

　＊　　　＊

この"方べきの定理"は，図2のように点Pが円の外にある場合にも，全く同様に成り立つ．すなわち，図2でも，

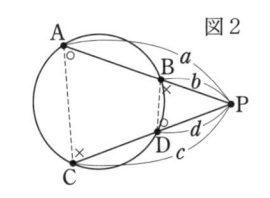

△PAC∽△PDB

より，$ab=cd$ ……④

➡注　方べきの定理③，④はもちろん重要ですが，その元になる相似（上の■■■）も忘れないようにしましょう（例えば，この相似により，AC：DB＝$a:d(=c:b)$などが分かる）．

2・2★ トレミーの定理
右図のように，円に内接する四角形 ABCD の辺の長さを$a~d$，対角線の長さをp, qとすると，

$ac+bd=pq$

が成り立つ．

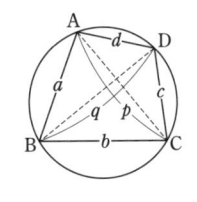

3. 円の対称性（1）

3・1 中心線に関して対称
円は，その中心を通る直線（無数にある！）に関して対称である．

このことから，例えば，図1で，中心Oから弦 AB に下ろした垂線の足 H は，**AB の中点**になる．

また，2円 O, O′が外接，内接する図2，図3で，**中心 O, O′と接点 P は一直線上にある**．

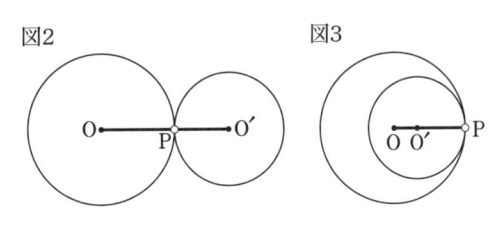

1 等しい弦と線分比

次の各問いに答えなさい．

(ア) 図1で4点 A，B，C，D は同一円周上にあり，AB=AD=2，CD=1，BC=3 である．また，AC と BD との交点を E とする．このとき，$\dfrac{EC}{ED}$，$\dfrac{AB}{ED}$ の値を求めなさい．

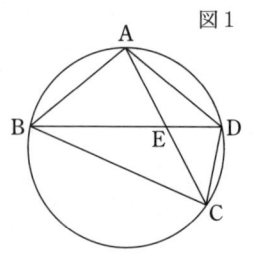

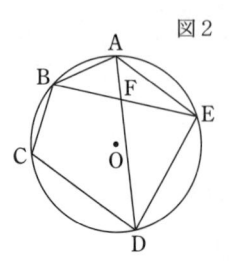

(05 渋谷幕張)

(イ) 図2で，点 A，B，C，D，E は円 O の周上の点で，AB=BC，CD=DE である．点 F は，線分 AD と線分 BE の交点である．AB：CD=4：7，AB：AD=2：5のとき，BF：FE を求めなさい．

(05 秋田県)

'等しい弦' の条件があると，等角が生まれ，相似形が現れます．

解 (ア) 右図のようになって，
△BEC∽△AED（二角相等）
より，$\dfrac{EC}{ED}=\dfrac{BC}{AD}=\dfrac{3}{2}$ ……①

①より，EC=3k，ED=2k とおけて，このとき，EA=4k
さらに，△ABC∽△DEC（二角相等）
であるから，CA：CD=BC：EC ∴ 7k：1=3：3k
∴ $k=\dfrac{1}{\sqrt{7}}$ ∴ $\dfrac{AB}{ED}=\dfrac{2}{2k}=\dfrac{1}{k}=\sqrt{7}$

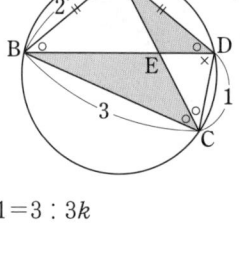

⇦ 等長の弦に対する円周角は等しい．
⇦ AB=AD と円周角の定理により，○印の角はすべて等しい．

⇦ △ABE∽△DCE より，
EA：ED=AB：DC=2：1
∴ EA=ED×2=4k

(イ) 右図のようになって，二角夾辺相等により，△BCD≡△BFD ……②
ところで，与えられた比の条件により，
AB：CD：AD=4：7：10
それぞれを，4k，7k，10k とおくと，②より，
BF=BC=BA=4k ……③
FD=CD=7k ∴ AF=3k
このとき，方べきの定理により，BF×FE=AF×FD
∴ 4k×FE=3k×7k ∴ FE=$\dfrac{21}{4}k$ ……④
∴ BF：FE=③：④=**16：21**

⇦ AB=BC，CD=DE と円周角の定理により，○同士，×同士の角はそれぞれ等しい．

⇦ AB：AD=2：5=4：10

⇦ AF=AD−FD
 =10k−7k=3k
⇨ 定理については，☞p.57．

1★ 演習題（解答は，☞p.72）

図のように，AB を直径とする半径2の円周上に，3点 C，D，E があり，AB と CD，CE との交点をそれぞれ F，G とする．また BC=DE=2，∠GFC=45°である．このとき，

(1) ∠EDF の大きさを求めなさい．
(2) FG：GB を求めなさい．

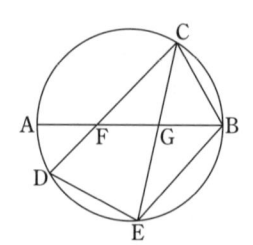

(10 東海)

2 二等辺三角形の条件

図のように，AB＝AC の二等辺三角形 ABC があり，3 点 A，B，C は円 O の周上にある．$\overset{\frown}{AC}$ 上の点を D とし，弦 BD 上に，BE＝CD となる点 E をとる．点 A と点 D，点 A と点 E をそれぞれ結ぶ．
（1） ∠BAC＝92° のとき，∠AED の大きさを求めなさい．
（2） AB＝AC＝6，BD＝8，CD＝3 のとき，
 （ⅰ） 点 A と直線 BD との距離を求めなさい．
 （ⅱ） BC の長さを求めなさい．

(09 芝浦工大柏)

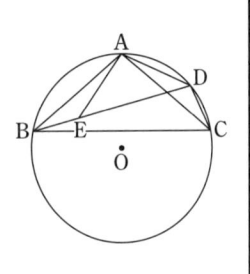

（1）「BE＝CD」の条件から，'合同' が生まれます．
（2）（1）で発見したもう 1 つの二等辺三角形を，大いに活用しましょう．

解 （1） 右図で，○同士の角は等しく，これと，AB＝AC，BE＝CD より，△ABE≡△ACD（二辺夾角相等）
∴ AE＝AD …①，● ＝ ×
このとき，∠EAD＝∠EAC＋× ＝∠EAC＋● ＝∠BAC ……②
①，②より，△AED は△ABC と相似な二等辺三角形…………③
であるから，∠AED＝∠ABC＝$\dfrac{180°-92°}{2}$＝**44°**

（2）（ⅰ） ③より，右図の H は ED の中点であるから
$$BH = BE + EH = 3 + \dfrac{8-3}{2} = \dfrac{11}{2}$$
∴ $AH = \sqrt{AB^2 - BH^2} = \sqrt{6^2 - \left(\dfrac{11}{2}\right)^2} = \dfrac{\sqrt{23}}{2}$

（ⅱ）（ⅰ）より，$AE = \sqrt{\left(\dfrac{5}{2}\right)^2 + \left(\dfrac{\sqrt{23}}{2}\right)^2} = 2\sqrt{3}$
これと③より，$BC = AB \times \dfrac{EH}{AE} \times 2 = 6 \times \dfrac{5/2}{2\sqrt{3}} \times 2 = \mathbf{5\sqrt{3}}$

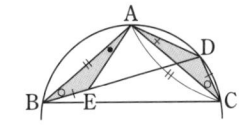

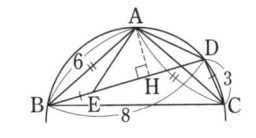

2★ 演習題 (p.72)

AB＝AC である二等辺三角形 ABC の 3 つの頂点を通る円がある．∠B の二等分線と弧 AC の交点を D とし，直線 AD と直線 BC の交点を E とする．
（1） ∠CAE＝∠CEA であることを示しなさい．
（2） △ACE と相似な三角形を 1 つあげなさい．
（3） AE＝6，BE＝5 のとき，AB＝x として，DE の長さを x を用いて表しなさい．
（4） AB の長さを求めなさい．

(06 西大和学園)

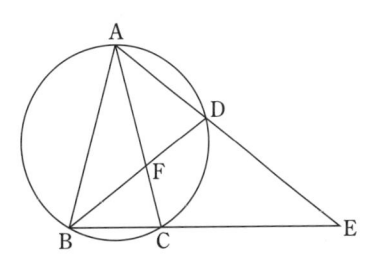

3★　中心角＝円周角×2

右の図で，円 O は半径 7 の円である．4 点 A，B，C，D は円 O の周上にあり，AB∥DC，AB＝11，CD＝7 である．点 P を，線分 AC 上を動く点とする．

(1) ∠APB＝90° となるとき，線分 BP と線分 BC の長さの比を求めなさい．

(2) 線分 AP と線分 PC の長さの比が 3：1 となるとき，線分 DP の延長と線分 BC との交点を G とする．△CDG の面積を求めなさい．

(08　奈良県)

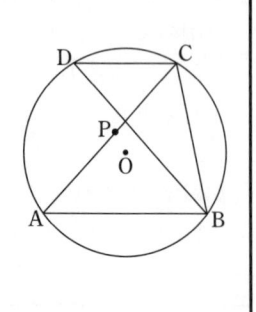

「中心角＝円周角×2」——この当たり前の事実が，時として思わぬ相似を生み出してくれます．　　⇦ 円周角の定理．

解　(1) AB の中点を H とすると，右図のようになって，

△CPB∽△OHB（二角相等）

∴ BP：BC＝BH：BO
$$= \frac{11}{2} : 7 = 11 : 14$$

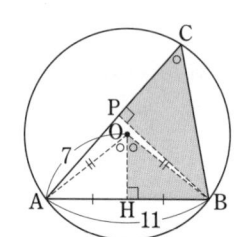

← ∠AOB＝∠ACB×2 より，∠HOB(＝∠HOA) ＝∠PCB

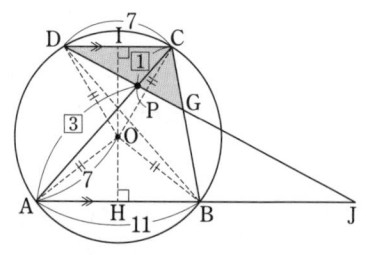

(2) 右下図のように J をとると，

DC：AJ＝CP：PA＝1：3

より，AJ＝DC×3＝21　∴ BJ＝21－11＝10

このとき，CG：GB＝DC：BJ＝7：10　……①

ところで，$OH = \sqrt{7^2 - \left(\frac{11}{2}\right)^2} = \frac{5\sqrt{3}}{2}$　……②

また，$OI = 7 \times \frac{\sqrt{3}}{2} = \frac{7\sqrt{3}}{2}$　……③

①より，$\triangle CDG = \triangle CDB \times \frac{7}{7+10} = \frac{CD \times IH}{2} \times \frac{7}{17}$

$$= \frac{7 \times 6\sqrt{3}}{2} \times \frac{7}{17} = \frac{147\sqrt{3}}{17}$$

⇦ △OCD は，正三角形．
⇦ IH＝②＋③＝$6\sqrt{3}$

3★ 演習題 (p.72)

右図のように，円 O の周上に 4 点 A，B，C，D があり，$\overset{\frown}{AB} = 2\overset{\frown}{CD}$，AB∥DO である．また，AC と DO との交点を E とする．

(1) △ABC∽△ECO であることを証明しなさい．

(2) ∠ABC の大きさを求めなさい．

(3) 円 O の半径が 5，AB の長さが 8 のとき，次のものを求めなさい．

(ⅰ) BC の長さ

(ⅱ) OE の長さ

(ⅲ) 四角形 ABCD の面積

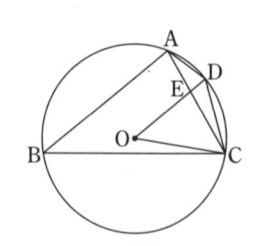

(09　桐朋)

4 等脚台形の面積

図で，AB，CD はともに円 O の直径で，AE⊥CD である．
（1） △ABC∽△EDF であることを証明しなさい．
（2） AB＝8，AC＝6 のとき，次のものを求めなさい．
　（ⅰ） DE，EF の長さ
　（ⅱ） 四角形 BCDE の面積

（08　桐朋）

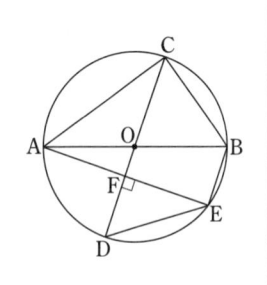

直径が 2 本あるので，直角があちこちにあります．（2）では，これを利用して平行線を見つけたいところです．　◁さらに，垂線 AE も！

解　（1）　∠ACB＝∠EFD（＝90°）
また，右図の○同士の角は等しいから，
二角相等で，△ABC∽△EDF　………①

◁AB（と CD）は直径．
◁ともに，×印の中心角に対する円周角（○＝×÷2）．

（2）（ⅰ）　∠AEB＝∠EFD（＝90°）より，
BE∥CD …②　であるから，□BCDE は
等脚台形である．よって，

DE＝CB＝$\sqrt{AB^2 - AC^2}$
　　＝$\sqrt{8^2 - 6^2}$＝$2\sqrt{7}$　………③

◁円に内接する台形は，等脚台形（☞p.72，演習題 **1** の注）．

このとき，①の相似比は，BA：DE＝8：③＝4：$\sqrt{7}$　………④
であるから，**EF**＝AC×$\dfrac{\sqrt{7}}{4}$＝6×$\dfrac{\sqrt{7}}{4}$＝$\dfrac{3\sqrt{7}}{2}$　………⑤

（ⅱ）　④より，DF＝BC×$\dfrac{\sqrt{7}}{4}$＝③×$\dfrac{\sqrt{7}}{4}$＝$\dfrac{7}{2}$

∴ OF＝4－$\dfrac{7}{2}$＝$\dfrac{1}{2}$　　∴ BE＝OF×2＝1

◁②と AO＝OB より，
　OF：BE＝1：2

∴ □BCDE＝$\dfrac{(BE+CD)\times EF}{2}$＝$\dfrac{(1+8)\times ⑤}{2}$＝$\dfrac{27\sqrt{7}}{4}$

---

4 演習題（p.73）

右図のように，五角形 ABCDE の各頂点は円周上にあり，
　AC＝AD＝$\sqrt{6}$，∠CAD＝30°，∠ECD＝45°，∠BDC＝15°
です．また，線分 AC と BD，AD と CE，BD と CE の交点をそれぞれ P，Q，R とします．
（1）　∠QRD と∠RQD の大きさを求めなさい．
（2）　CR＋RD の値を求めなさい．
（3）　四角形 ACDE の面積を求めなさい．

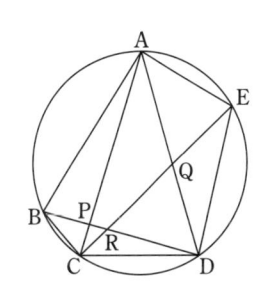

（06　新潟清心女子）

5 円に内接する正三角形

図のように,円周上の3点A, B, Cを頂点とする正三角形ABCがある.点Aを含まない$\stackrel{\frown}{BC}$上に点Pをとり,線分APとBCの交点をDとする.また,∠BPQ=∠BQPとなるように線分AP上に点Qとる.

(1) △ABQ≡△CBPであることを証明しなさい.
(2) AB=10, BD=8のとき,△CBPの周の長さを求めなさい.

(08 大分県)

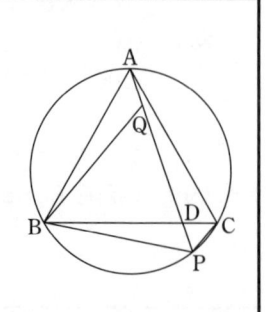

(2) 本問の構図において,**PB+PC=PA**が成り立つので,PAを求めることが目標になります.

⇦以下の,☆式.
⇦直接求めるか,分割して求めるか.

解 (1) 図1の○同士の角は等しく,これと○=●=60°より,△BPQは正三角形である.よって,BQ=BP ……①
また,∠ABQ=60°−∠QBC=∠CBP ……②
①,②とBA=BCより,二辺夾角相等で,△ABQ≡△CBP

(2) (1)より,PB+PC=PQ+QA=PA ……☆
ところで,図2で,DH=8−BH=8−5=3,
AH=BH×$\sqrt{3}$=5$\sqrt{3}$ であるから,
AD=$\sqrt{3^2+(5\sqrt{3})^2}$=2$\sqrt{21}$ ……③
すると,方べきの定理により,
 BD×DC=AD×DP
∴ 8×(10−8)=③×DP
∴ DP=$\dfrac{16}{2\sqrt{21}}=\dfrac{8\sqrt{21}}{21}$ ……④

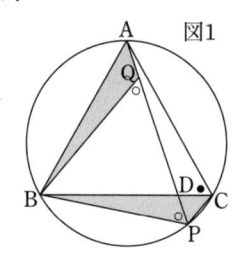

よって,△CBPの周の長さは,③+④+BC=$\dfrac{50\sqrt{21}}{21}$+10

⇦p.57.

⇦PB+PC+BC=PA+BC
　=AD+DP+BC

別解 △BPD∽△APC(二角相等)で,相似比は,BD:AC=4:5であるから,BP=4k, AP=5kとおける.このとき図3で,
　　AI=5k−2k=3k, BI=2$\sqrt{3}$k
よって,△ABIで,$(3k)^2+(2\sqrt{3}k)^2=10^2$ ∴ $21k^2=100$
∴ $k=\dfrac{10}{\sqrt{21}}=\dfrac{10\sqrt{21}}{21}$ ∴ AP=5k=$\dfrac{50\sqrt{21}}{21}$ (以下略)

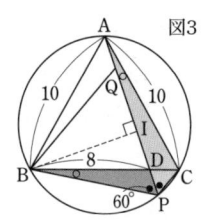

5★ 演習題 (p.74)

右図において,△ABCは1辺の長さが10の正三角形で,AD=5, AE=3である.また,四角形ADPEは平行四辺形で,QはAPの延長と△ABCの外接円との交点である.
(1) APの長さを求めなさい.
(2) PQの長さを求めなさい.

(07 灘)

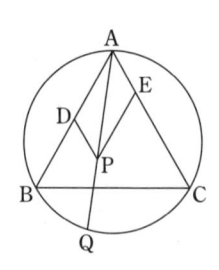

6　内角が 45° の三角形の外接円

四角形 ABCD は円 O に内接し，AB=4，BC=$3\sqrt{2}$，CD=2，∠ABC=45° である．
(1)　AC の長さを求めなさい．
(2)　円 O の半径を求めなさい．
(3)　AD の長さを求めなさい．

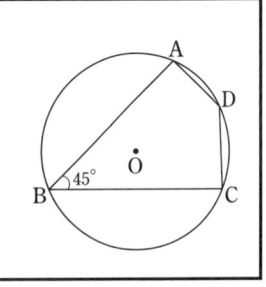

(07　弘学館)

(1)～(3)を通して「∠ABC=45°」の条件から生まれる '45°定規形' が大活躍します．

解　(1)　右図のように H をとると，△ABH は 45°定規形であるから，

$$AH=BH=\frac{AB}{\sqrt{2}}=2\sqrt{2}$$

∴　$AC=\sqrt{AH^2+HC^2}$
　　　$=\sqrt{(2\sqrt{2})^2+(\sqrt{2})^2}$
　　　$=\sqrt{10}$ ……①

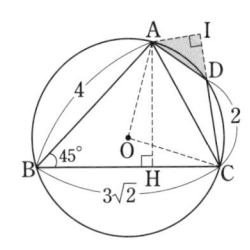

⇐ 45°，30°，60° などがあるときは，垂線を下ろして '定規形' を作る．

⇐ $HC=3\sqrt{2}-2\sqrt{2}=\sqrt{2}$

(2)　∠AOC=2∠ABC=90° より，△AOC は 45°定規形であるから，円 O の半径は，$OA=\dfrac{①}{\sqrt{2}}=\sqrt{5}$

⇐ 45°の内角がある場合にこのような図形を作ると，頂角が 90°の二等辺三角形，すなわち '45°定規形' が現れる．

(3)　図のように，CD の延長に A から下ろした垂線の足を I とすると，∠ADI=∠ABC=45° より，△ADI は 45°定規形である．
よって，$AI=DI=x$ とおくと，△ACI において，

$$x^2+(x+2)^2=①^2　∴　x^2+2x-3=0$$

∴　$(x-1)(x+3)=0$　$x>0$ より，$x=1$

∴　$AD=\sqrt{2}\,x=\sqrt{2}$

⇐ 内接四角形の性質．

別解　(3)　右図のように J をとると，△DCJ は 45°定規形であるから，

$$CJ=DJ=\frac{CD}{\sqrt{2}}=\sqrt{2}$$

∴　△ACJ≡△ACH
∴　$AD=AJ-DJ=2\sqrt{2}-\sqrt{2}=\sqrt{2}$

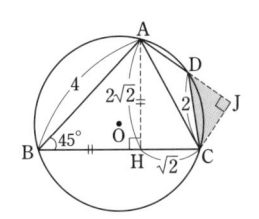

⇐ 解 と同様の発想だが，'合同' などから，方程式を立てなくて済む．

⇐ 斜辺と他の一辺相等．

6　演習題 (p.74)

右の図の 1 辺の長さが $2\sqrt{5}$ の正方形 ABCD において，BC の中点を M とし，AM⊥BE となるように対角線 AC 上に点 E をとる．AM と BE の交点を P とするとき，
(1)　MP の長さを求めなさい．
(2)　AE および EM の長さを求めなさい．
(3)　3 点 C，E，M を通る円の半径を求めなさい．

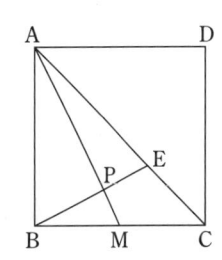

(06　成城学園)

7 特殊角の2等分線

図のように，3点 A，B，C が円 O 上にあり，∠BAC＝60°である．
∠BAC の二等分線と BC との交点を D，直線 AD と円 O の交点のうち
A でないものを E とすると，BD＝8，CD＝5 である．
(1) ED の長さを求めなさい．
(2) AB の長さを求めなさい．

(08 東海)

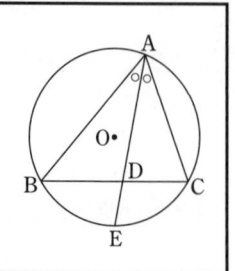

例題・演習題ともに，60°の角を2等分するので，一般角の場合の相似に加えて，'30°定規の形' も大いに利用しましょう．

◁一般角の2等分線の場合における解法の主役は，相似．

解 (1) 右図で，○印の角はすべて
30°である．また，H は BC の中点であるから，$BH = \dfrac{8+5}{2} = \dfrac{13}{2}$ ……①

∴ $EH = \dfrac{①}{\sqrt{3}} = \dfrac{13}{2\sqrt{3}}$ ……②

$DH = 8 - ① = \dfrac{3}{2}$ ……③

よって，△EDH において，$ED = \sqrt{②^2 + ③^2} = \dfrac{7\sqrt{3}}{3}$ ……④

◁与えられた条件と円周角の定理による．

◁△ECB は二等辺三角形．

◁△BEH は '30°定規形'．

◁$②^2 + ③^2 = \dfrac{169}{12} + \dfrac{9}{4} = \dfrac{169+27}{12}$
$= \dfrac{196}{12} = \dfrac{49}{3} \left(= \left(\dfrac{7}{\sqrt{3}}\right)^2 \right)$

(2) 二角相等により，△ABD∽△CED

∴ AB : BD ＝ CE : ED

∴ AB : 8 ＝ ②×2 : ④ ＝ 13 : 7　∴ $AB = \dfrac{104}{7}$

◁当然，求めたい AB がからむ相似に着目する．

➡注　△ABE∽△BDE …⑤ に着目してもよい．
『⑤より，AB : BE ＝ BD : DE
∴ AB : ②×2 ＝ 8 : ④　∴ $AB = \dfrac{104}{7}$ 』

　　　　＊　　　　　　＊

なお，角の2等分線 AD の長さは，AD×DE＝BD×DC より，
AD×④＝8×5　∴ $AD = \dfrac{40\sqrt{3}}{7}$

◁方べきの定理(☞p.57)．

7 演習題（p.74）

△ABC に関して，∠A の二等分線と辺 BC および△ABC の外接円との
交点をそれぞれ P，Q とする．また，点 P から二辺 AB，AC に引いた垂
線の足をそれぞれ R，S とする．AB＝5，AC＝8，∠BAC＝60°のとき，
(1) △ABC の面積を求めなさい．
(2) AP の長さを求めなさい．
(3) RS の長さを求めなさい．
(4) 四角形 ARQS の面積を求めなさい．

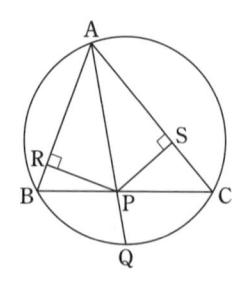

(06 昭和学院秀英)

8 '高さ'を求める

右の図のように，AB＝ACの二等辺三角形ABCとその3つの頂点を通る円がある．辺AB上の点Dを通り辺BCに平行な直線と辺AC，弧ACとの交点をそれぞれE，Fとする．
（1） △AEF∽△FDBであることを証明しなさい．
（2） AB＝18，BC＝24，AD＝3のとき，次のものを求めなさい．
　（ⅰ） DFの長さ
　（ⅱ） 四角形ABCFの面積

（07 桐朋）

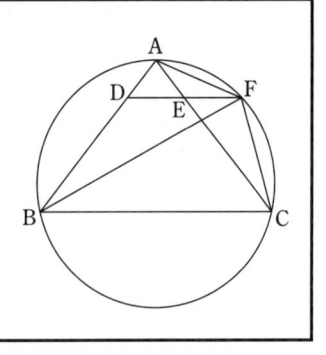

（2）（ⅰ）では（1）の相似を利用し，（ⅱ）では四角形ABCFを的確に分割します．

解 （1） AB＝ACとDF∥BC …① より，
∠AED＝∠ADEであるから，
∠AEF＝∠FDB ……………②
次に，円周角の定理より，●＝×
また①より○＝×であるから，●＝○
これと②より，二角相等であるから，
△AEF∽△FDB ………③

（2）（ⅰ） △ADE∽△ABCで，相似比は，3 : 18＝1 : 6であるから，DE＝BC×$\frac{1}{6}$＝4 ……………④

ところで，③より，AE : EF＝FD : DBであるが，ここでEF＝xとおくと，3 : x＝(4＋x) : 15
∴ $x^2+4x-45=0$　∴ $(x-5)(x+9)=0$
$x>0$より，$x=5$ …⑤　∴ DF＝④＋⑤＝**9**

（ⅱ） △ABCで，AからBCまでの高さをhとすると，
　　$h=\sqrt{18^2-12^2}=6\sqrt{3^2-2^2}=6\sqrt{5}$
∴ □ABCF＝△ABC＋△ACF ……………⑥
　　＝$\frac{BC\times h}{2}+\frac{EF\times h}{2}=\frac{6\sqrt{5}(24+5)}{2}=$**$87\sqrt{5}$**

← 一般に，四角形の面積は，対角線（の一方）で2つの三角形に分割して求めるのが基本．

⇐ △ADEは，△ABCと相似な二等辺三角形．

⇐ □ABCF＝△ABF＋△FBCとすることもできるが，⑥のように分割する方が'高さ'がhでそろうので，計算が楽．

8★ 演習題 （p.75）

右の図において，4点A，B，C，Dは円Oの周上にあり，線分ACと線分BDとの交点をE，直線COと線分ADとの交点をFとする．AB＝$6\sqrt{6}$，AD＝$10\sqrt{6}$，CE＝9で，かつCF⊥BDが成り立つとき，
（1） 線分AEの長さを求めなさい．
（2） 線分CFの長さを求めなさい．
（3） △ACFの面積を求めなさい．

（08 筑波大付）

9 垂直の条件

図のように，線分 AB を直径とする半円の周上に AC＝BC となる点 C をとる．また，$\overparen{AC}$ 上の点を D とし，線分 BD と AC の交点を P とする．点 A を通り，線分 AC に垂直な直線を引き，その直線上に CP＝AQ となる点 Q を，線分 CQ と AB が交わるようにとり，図のように点 R，S を定める．
(1) CR⊥BP であることを証明しなさい．
(2) PR：AQ＝3：5，CD＝3 のとき，BS の長さを求めなさい．

(05 千葉県)

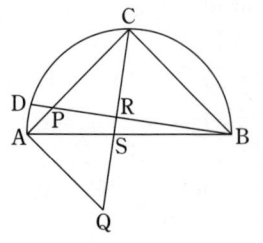

例題・演習題とも，直径の円周角の 90° に加えて，別の垂線がからんできます．この複数ある '垂直の条件' をどう活かすかがポイントになります．

解 (1) AC＝CB，QA＝PC …①
∠QAC＝∠PCB＝90°
より，△AQC≡△CPB   ⇐二辺夾角相等．
よって右図で，○＝●
すると，△CPR∽△BPC ………②   ⇐二角相等．
であるから，∠PRC＝∠PCB＝90°
∴ CR⊥BP   ⇐第3の '垂直' が出現！

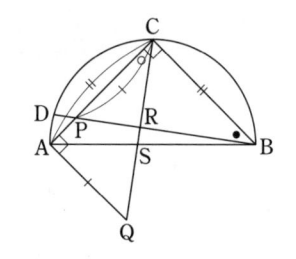

(2) ①より，PR：PC＝PR：QA＝3：5 ………③
このとき，②より，PC：PB＝③＝3：5 ………④   ⇐②の3辺比は，3：4：5．
△PCD∽△PBA の相似比も④に等しいから，   ⇐二角相等．

$$AB = DC \times \frac{5}{3} = 3 \times \frac{5}{3} = 5 \cdots ⑤$$

一方，AQ∥BC より，   ⇐∠QAC＝∠ACB＝90°
△AQS∽△BCS で，相似比は，   より，AQ∥BC
AQ：BC＝PC：BC＝3：4   ⇐二角相等．
∴ AS：BS＝3：4 ∴ BS＝⑤×$\frac{4}{3+4}$＝$\frac{20}{7}$

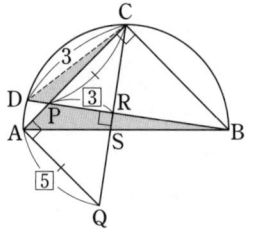

9 演習題 (p.75)

図のように，線分 AB を直径とする円 O の円周上に点 C をとり，点 D を $\overparen{AD}$ の長さが $\overparen{AC}$ の長さより短くなるようにとる．また点 C を通り線分 AB に垂直な直線をひき，線分 AB との交点を E，直線 AD との交点を F とする．
(1) △ACD∽△AFC を証明しなさい．
(2) AB＝8，AD＝2，∠ABC＝30° であるとき，AC，AF の長さを求めなさい．また△CFD の面積，CD の長さを求めなさい．

(05 岡山県)

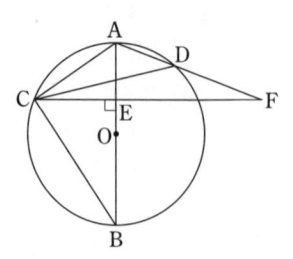

10　円内の面積の和

図のように，長さが8の線分ABがあり，その中点をMとします．点PをPM＝2になるようにとり，3点A，B，Pを通る円をOとし，図のように点Cをとります．
(1) 線分PCの長さを求めなさい．
(2) ∠PMA＝60°のとき，図の網目部分の面積の和を求めなさい．

（05　宮城県）

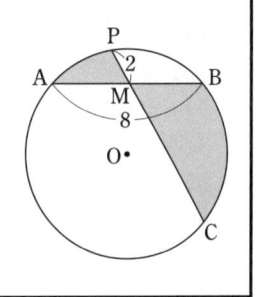

(1) 相似で一発，です．
(2) 2つの扇形OAPとOBCの面積の和が求められます． ⇐それぞれの面積は求められない！
⇐二角相等．

解　(1)　△AMP∽△CMB ………①
であるから，AM：MP＝CM：MB …②
∴　4：2＝CM：4　∴　CM＝8
∴　PC＝2＋8＝**10** …………③

(2)　②＝2：1であるから，右図で
●＝60°のとき，①はともに30°定規形である．よって，∠ABC＝90°であるから，ACは円の直径で，このとき，
$$AC=\sqrt{AB^2+BC^2}=\sqrt{8^2+(4\sqrt{3})^2}=4\sqrt{7} \cdots ④$$
したがって，網目部分の面積の和は，
扇形OAP＋△OPB＋扇形OBC－(△PMB＋△AMC)
＝(扇形OAP＋扇形OBC)＋△OPB－△APC
$$=(2\sqrt{7})^2\pi\times\frac{120}{360}+\frac{\sqrt{3}}{4}\times(2\sqrt{7})^2-\frac{2\sqrt{3}\times③}{2}$$
$$=\frac{28}{3}\pi-3\sqrt{3} \cdots ⑤$$

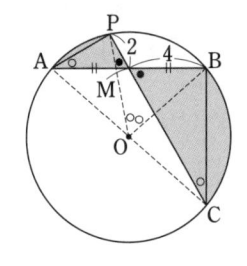

⇐A-O-Cは一直線上にある．
⇐$BC=MB\times\sqrt{3}=4\sqrt{3}$

⇐△PMB＝△PMA より，
　△PMB＋△AMC
　＝△PMA＋△AMC＝△APC
⇐∠POB＝∠PAB×2＝60°
　だから，△OPBは正三角形，
　また，∠AOP＋∠BOC＝120°
⇨円Oの半径は，④÷2＝$2\sqrt{7}$

別解　扇形OAPとOBCをくっつけると，右図のようになって，2つの弓形(網目部分)の面積の和は，
$$(2\sqrt{7})^2\pi\times\frac{120}{360}-\left(\frac{2\sqrt{3}\times5}{2}+\frac{4\sqrt{3}\times4}{2}\right)=\frac{28}{3}\pi-13\sqrt{3}\cdots⑥$$
よって答えは，⑥＋△AMP＋△CMB＝⑤

⇐$OH=\sqrt{(2\sqrt{7})^2-(\sqrt{3})^2}=5$
　$OI=\sqrt{(2\sqrt{7})^2-(2\sqrt{3})^2}=4$

10★　演習題（p.76）

図1のように，△ABCの頂点AからBCに垂線AHをひく．AH＝1，BH＝2，CH＝3のとき，
(1)　△ABCの外接円の半径を求めなさい．
(2)　∠BACの大きさを求めなさい．
(3)　さらに，図2のようにAHを延長して，外接円との交点をDとする．網目の部分の面積を求めなさい．

（07　慶應）

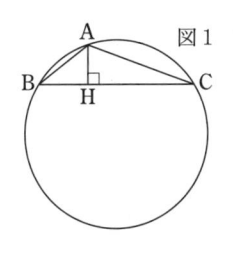

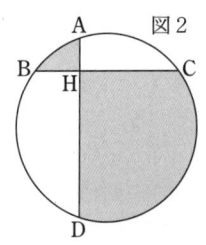

11 共円の証明

図のように，正三角形 ABC の辺 BC 上に点 D をとり，線分 AD を一辺とする正三角形 AED をつくり，辺 AB と辺 DE の交点を F とする．
（1） △ADC と相似な三角形を 1 つ答え，それらが相似であることを証明しなさい．
（2） 点 B は正三角形 AED の 3 つの頂点を通る円周上の点であることを証明しなさい．
（3） △AEC の面積は，△ABC の面積と等しいことを証明しなさい．

(04　出水中央)

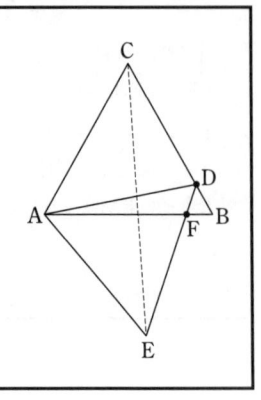

（2）'共円条件'（☞p.56）を確認し，等角を探りましょう．
（3）「△AEC＝△ABC」のとき，EB∥AC …㋐ になります．　　　⇦'等積変形'の構図．
㋐を示すのを目標にしましょう．

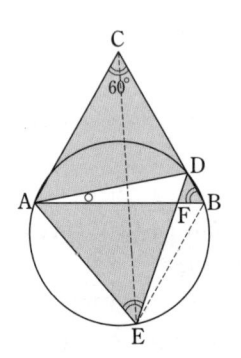

解　（1）　∠ACD＝∠AEF＝60°…①　　　　　　　　　　　　　　◀複数の正三角形（or 正方形）が頂点を共有している図形では，合同や相似が生まれる（☞(3)の注）．
　　　∠CAD＝60°－○＝∠EAF……②
①，②より，二角相等で，
　　　　　△ADC∽**△AFE**
　　➡注　△DFB∽△AFE（二角相等）ですから，**△DFB**∽△ADC も成り立ちます．

（2）　∠AED＝∠ABD＝60°より，4点 A, E, B, D は同一円周上にある．　　　　　◀E, B から線分 AD を見込む角が等しい．

（3）　(2)より，
　　　　∠ABE＝∠ADE＝60°………③　　　　　　　　　　⇦円周角の定理．
よって，∠ABE＝∠CAB であるから，EB∥AC である．　　⇦錯角が等しい．
したがって，△AEC＝△ABC が成り立つ．
　➡注　(2)の'共円'の証明によって，③がすぐに示せましたが，このヒントがないとしたら，次のようにすることもできます．　　　　　　　⇦(1)では'相似'が現れ，ここでは'合同'が現れた．
　『AB＝AC，AE＝AD，これらと②より，二辺夾角相等で，
　　　　△AEB≡△ADC　∴　∠ABE＝∠ACD＝60°（以下略）』

11 演習題 (p.76)

右図で，点 A と点 D は線分 PQ を直径とする円 O の周上にある点で，直径 PQ に関して同じ側にあり，点 P，点 Q のいずれにも一致しない．点 A と点 D から直径 PQ に垂線をひき，直径 PQ との交点をそれぞれ B, C とする．点 B と点 C は中心 O に関して反対側にあり，AB＜DC とする．線分 AD の中点を M とするとき，
（1）∠AOD＝∠BMC であることを証明しなさい．
（2）AB＝3, DC＝4, 円 O の半径が 5 のとき，△MBC の面積を求めなさい．

(06　都立西)

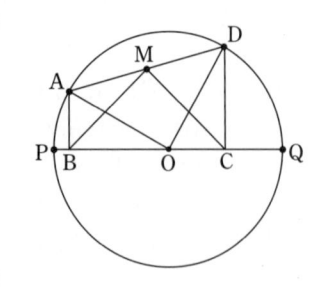

12★ 共円の発見

1辺が1の正三角形ABCにおいて，辺AB，BC上に2点D，EをAD：DB＝1：4，BE：EC＝2：1となるようにとり，AEとCDの交点を点P，BPの延長とACの交点を点Qとする．また，点Eを通りCDに平行な直線と辺ABとの交点を点Fとするとき，

（1）DFの長さを求めなさい．
（2）AP：PEを求めなさい．
（3）CQの長さを求めなさい．
（4）∠APBの大きさを求めなさい．
（5）∠CPEの大きさを求めなさい．

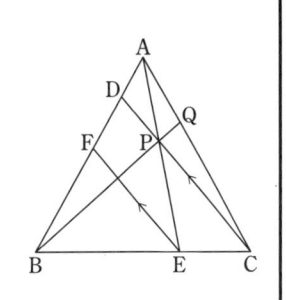

（08 昭和学院秀英）

角度を求める問題では，**共円の発見**が決め手になる場合が少なくありません．本問でも，（4）でそれに気付きたいところです．

解（1）EF∥CD…① より，
BF：FD＝BE：EC＝2：1＝8：4
∴ BF：FD：DA＝8：4：3
∴ DF＝$1 \times \dfrac{4}{8+4+3} = \dfrac{4}{15}$

（2）AP：PE＝AD：DF＝**3：4**

（3）$\dfrac{AD}{DB} \times \dfrac{BE}{EC} \times \dfrac{CQ}{QA} = 1$ より，
$\dfrac{1}{4} \times \dfrac{2}{1} \times \dfrac{CQ}{QA} = 1$ ∴ $\dfrac{CQ}{QA} = \dfrac{2}{1}$ ∴ CQ＝$1 \times \dfrac{2}{3} = \dfrac{2}{3}$

（4）（3）より，二辺夾角相等で，△ABE≡△BCQ
よって図で，○＝×であるから，4点P，E，C，Qは同一円周上にある．…（＊）
∴ ∠APB＝∠QPE
＝180°－∠QCE＝180°－60°＝**120°**

（5）（＊）より，∠CPE＝∠CQE …②
ここで，△CQEは30°定規形……③
であるから，②＝**30°**

➡注 ③より∠CEQ＝90°なので，（＊）の中心はCQの中点です．

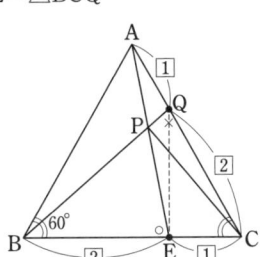

◁BF：FD：DA
　＝8：4：(8+4)÷4＝8：4：3
◁再び，①による．
◁チェバの定理(☞p.7)．
　網目の図形で，メネラウスの定理(☞p.7)を使ってもよい．
　$\left(\dfrac{AQ}{QC} \times \dfrac{CB}{BE} \times \dfrac{EP}{PA} = 1\right)$
◁AB＝BC，BE＝CQ，
　∠ABE＝∠BCQ（＝60°）
◁☞p.56．

◁CQ：CE＝2：1，∠C＝60°より，③が言える．
◁∠CPQ＝90°も分かる．

12★ 演習題（p.77）

右図において，四角形ABCDは1辺の長さが6の正方形である．辺ABの中点をE，点F，Gをそれぞれ辺BC，CD上のBF＝CG＝2となる点とし，AFとBGの交点をH，HからABへ垂線を下ろしたときの交点をI，ACとBDの交点をOとする．

（1）∠AHB＝90°を証明しなさい．
（2）EIの長さを求めなさい．
（3）EHの長さを求めなさい．
（4）∠AHOの大きさを求めなさい．

（04 西大和学園）

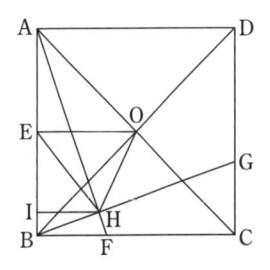

13 交わる複数の円

図のように，中心を A, B, C とする半径の長さが同じ 3 つの円が点 O で交わっている．円 A と円 B，円 B と円 C，円 A と円 C の点 O 以外の交点をそれぞれ P, Q, R とする．
(1) 線分の長さについて，AB=RQ となることを証明しなさい．
(2) この 3 つの円の半径を 6，∠APB=90°，∠ABC=75° とするとき，
　(i) ∠ARC の大きさを求めなさい．
　(ii) 四角形 ARCO の面積を求めなさい．

(07　西武文理)

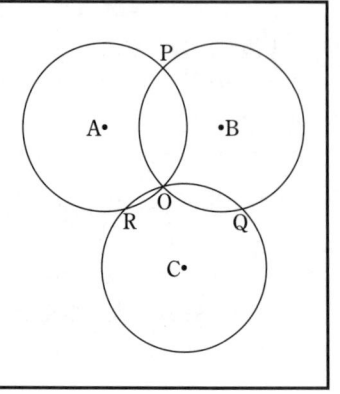

等円が 3 つあり，しかもそれらが 1 点 O で交わっているので，'ひし形' があちこちに登場します．　　　　　　⇦等円の半径と等しい長さの線分がたくさんある．

解 (1) 図の太線分はすべて等円の半径であるから，長さは等しい．
よって，ARCO，BQCO はともにひし形である(*)から　　　　　⇦AOBP もひし形.
　　　AR ∥= OC,　BQ ∥= OC
　　　∴ AR ∥= BQ
このとき，ARQB は平行四辺形であるから，AB=RQ である．　⇦1 組の対辺が平行で長さが等しいから，平行四辺形.

(2)(i) O を中心とする半径 6 の円(上図の点線)を描くと，A, B, C はこの円周上にある．これと，(*)より，
　　∠ARC=∠AOC=∠ABC×2=75°×2=**150°**

⇦(i)も(ii)も「∠APB=90°」の条件は必要ない．この条件があるのは，図形を確定させるため？ or 左の**別解**がとれるようにするため？

別解　∠APB=90° のとき，∠AOB=90° …①，∠ABO=45° ……②
　∴　∠OBC=75°−②=30°　∴　∠BOC=120° ………………③
　∴　∠ARC=∠AOC=360°−(①+③)=**150°**
[∠APB=a° としても，同じ答えが得られる．]　　⇦③より，このとき，Q も図の点線の円周上にあることが分かる．

(ii) 上図のように H をとると，
　　ARCO=AR×OH=6×3=**18**

⇦∠OAH=180°−150°=30° だから，△OAH は '30°定規形'.
　∴　OH=OA÷2=3

13★ 演習題 (p.77)

図のように，線分 AB を直径とする円 O があり，AB と直交する弦 CD と AB との交点を E とする．また，線分 CE を半径とする円 C と円 O との交点を F, G とし，CE と FG の交点を H とする．このとき，次のことを証明しなさい．
(1) △CDG∽△CGH
(2) CH=HE

(07　久留米大付)

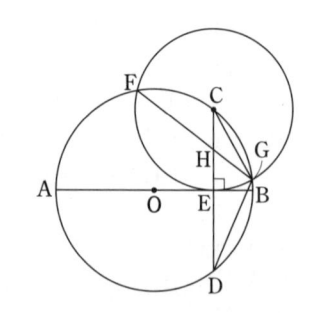

14★ 動く2つの半円

図のように，大，小2つの半円板を，中心Oが重なるように置いておく．大きい方の半円板を，点Aを中心として時計回りに回転して，$\overarc{AB}$上に点Oがくるようにしたら，$\overarc{AB}$と$\overarc{CD}$の交点Mが$\overarc{AM}=\overarc{MO}$をみたすようになった．

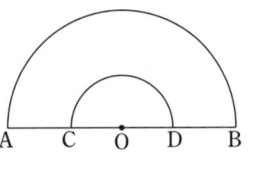

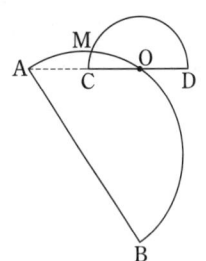

(1) ∠COMの大きさを求めなさい．
(2) AB=4のとき，2つの半円板が重なった部分の面積を求めなさい． (09 ラ・サール)

(1) '正三角形'に気付くことがポイントです．
(2) '扇形＋弓形'として求めましょう．

解 (1) 大円の中心の位置をO′とすると，AO′=AO，AO′=OO′より，△AO′Oは正三角形である．
$\overarc{AM}=\overarc{MO}$のとき，図の○同士の角は等しい（ともに30°）から，
∠COM＝∠AOM＝30°/2＝**15°**

⇦ 大円の中心は，Aのまわりに O→O′と回転したのだから，AO′=AO．また，AO′とOO′はともに大円の半径だから，AO′=OO′．

⇦ 円周角＝中心角/2．

(2) 図において，
$$OM^2 = MH^2+HO^2 = (2-\sqrt{3})^2+1^2 = 8-4\sqrt{3} \cdots\text{①}$$
よって，図の薄い網目部分の扇形の面積は，
$$\pi \times OM^2 \times \frac{15}{360} = \frac{\pi \times ①}{24} = \frac{2-\sqrt{3}}{6}\pi \cdots\text{②}$$

⇦ 小円における扇形OMC．

一方，濃い網目部分の弓形の面積は，
$$\pi \times 2^2 \times \frac{30}{360} - \frac{2\times 1}{2} = \frac{1}{3}\pi-1 \cdots\text{③}$$

⇦ 大円における扇形O′OM －△O′OM．(△O′OM＝O′M×OH/2)

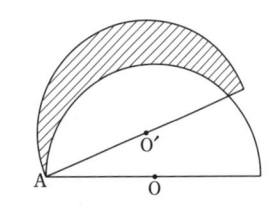

よって答えは，②＋③＝$\dfrac{4-\sqrt{3}}{6}\pi-1$

【類題⑥】 右図のように，半円Oを，点Aを中心として反時計回りに22.5°回転させた図形を半円O′とする．斜線部分の面積Sを求めなさい．ただし，2つの半円の半径は$r=2\sqrt{2}(\sqrt{2}-1)$とする． (10 開成，解答は☞p.177)

14★ 演習題 (p.78)

∠A＝90°で，BC＝$2\sqrt{13}$である直角三角形ABCがある．図のように，辺ABを直径とする半円上に点Dをとり，線分DAの延長と辺ACを直径とする半円との交点をEとする．

(1) 2つの半円の面積の和を求めなさい．
(2) AD＝4，BD＝3のとき，線分AEの長さを求めなさい．
(3) AD＝$\sqrt{15}$，AE＝$\dfrac{3}{2}$のとき，辺AB，ACの長さをそれぞれ求めなさい．ただし，AB＜ACとする．

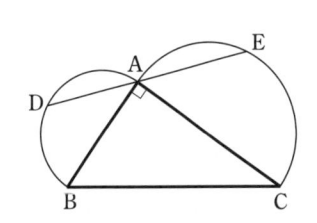

(04 城北埼玉)

円（1）
演習題の解答

1 '等しい弦'（BC, DE）の長さが半径と等しいので，正三角形が2つ現れます．

（2）では，CD∥BE に着目してみます．

解（1） BC＝DE＝2（＝半径）より，円の中心を O とすると，△OBC，△ODE はともに正三角形である．

すると，∠FCO
＝∠COB－∠OFC
＝60°－45°＝15° …①
∴ ∠EDF
＝∠EDO＋○＝60°＋①＝**75°** ………②

（2） 右図で，●同士の角は等しい（30°）から，CD∥BE
∴ FG：GB
＝CG：GE …③
ところで，
∠ECB
＝②－●＝75°－30°＝45°
であるから，∠EOB＝45°×2＝90°
よって，図の網目の三角形同士は相似であるから，　③＝CJ：OE＝$\sqrt{3}$：2

➡**注** 一般に，PQ と RS が '等しい弦' のとき，右図の●同士の角は等しいので，PS∥QR，すなわち，PQRS は**等脚台形**になります（逆に，円に内接する台形は，必ず等脚台形になる）．

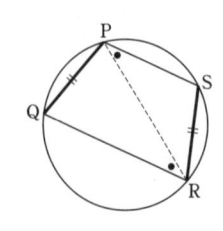

2（2） △ACE と相似な三角形は2つありますが，どちらも（3），（4）の解答の手助けになってくれます．

解（1） 角の2等分線，二等辺三角形の条件と，円周角の定理より，角度について右図のようになる．

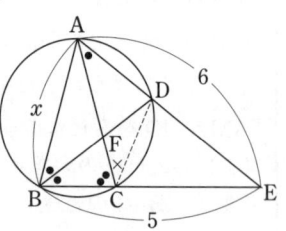

すると，∠CEA＝∠ACB－∠CAE
　　　　　＝●＝∠CAE

（2） 二角相等で，△BDE∽△ACE ……①

（3） ①の相似比は，BE：AE＝5：6
ところで，（1）より，CE＝AC＝AB＝x
であるから，DE＝CE×$\frac{5}{6}$＝$\frac{5}{6}x$ ………②

➡**注** △ECD∽△EAB に着目しても，②が得られます．

（4） 上図で，円周角の定理より，×＝●
∴ △ADC∽△ACE ……③
∴ AD：AC＝AC：AE
∴ （6－②）：x＝x：6
整理して，$x^2+5x-36=0$
∴ $(x-4)(x+9)=0$　$x>0$ より，$x=4$

➡**注**（2）で③を答えても，もちろん O.K．

3（1）〜（3）を通して，「中心角＝円周角×2」の事実を目一杯使います．

解（1） AB∥DO…① より，
∠BAC＝∠CEO
　　　　　　　　……②
また，$\overparen{AB}=2\overparen{CD}$
より，
（$\overparen{AB}$ の円周角）
＝2（$\overparen{CD}$ の円周角）
＝（$\overparen{CD}$ の中心角）
であるから，∠ACB＝∠EOC …………③
②，③より，二角相等で，
　　　△ABC∽△ECO …………④

72

（2）①より図1の○同士の角は等しく，また，AB の中点を H とすると，●同士の角も等しい．ここで，△OAH において，○＋●＝90°……⑤

次に，$\angle ACB = \dfrac{\angle AOB}{2} = $ ●……⑥

であるから，③より，●＝×
これと⑤より，○＋×＝90° ∴ ∠AOC＝90°

∴ $\angle ABC = \dfrac{90°}{2} = \textbf{45°}$……⑦

（3）（ⅰ）図2のようにIをとると，⑦より，△ABI は 45°定規形であるから，

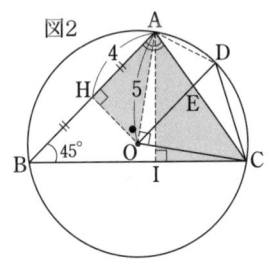

$AI = BI = \dfrac{AB}{\sqrt{2}} = \dfrac{8}{\sqrt{2}} = 4\sqrt{2}$ ……⑧

また，⑥より，△CAI∽△OAH（二角相等）で，これらの3辺比は 3：4：5 ……⑨

∴ $IC = AI \times \dfrac{3}{4} = ⑧ \times \dfrac{3}{4} = 3\sqrt{2}$ ……⑩

∴ $BC = BI + IC = ⑧ + ⑩ = \textbf{7}\sqrt{\textbf{2}}$ ……⑪

（ⅱ）④の相似比は，BC：CO＝$7\sqrt{2}$：5

∴ $OE = CA \times \dfrac{5}{7\sqrt{2}} = \dfrac{\textbf{25}}{\textbf{7}}$ ……⑫

➡注 ⑨より，$CA = AI \times \dfrac{5}{4} = 5\sqrt{2}$ です．
（△AOC は '45°定規形' だから，
$CA = OA \times \sqrt{2} = 5\sqrt{2}$ ── と考えてもよい．）

（ⅲ）□ABCD＝△ABC＋△ACD ……⑬

ここで，$\dfrac{△ACD}{△OCA} = \dfrac{ED}{OE} = \dfrac{5-⑫}{⑫} = \dfrac{2}{5}$ より，

$⑬ = \dfrac{⑪ \times ⑧}{2} + \dfrac{5^2}{2} \times \dfrac{2}{5} = 28 + 5 = \textbf{33}$

---

4 例題では '直角' がキーになりましたが，本問では '等角 ⇒ 二等辺' がキーになります．

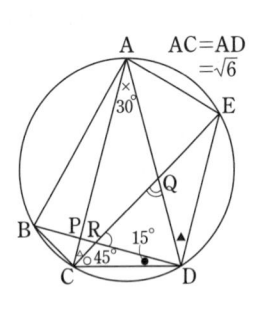

解 （1）右図で，
∠QRD＝○＋●
　　　＝**60°** ……①

次に，∠ACD
$= \dfrac{180° - 30°}{2}$
$= 75°$ ……②

より，
△＝75°－45°＝30°

∴ ∠RQD＝×＋△＝**60°** ……③

（2）①，③より，△QRD は正三角形であるから，
CR＋RD＝CR＋RQ＝CQ ……④

また，△＝×＝30°より，△QAC は頂角が 120°の二等辺三角形であるから，

$④ = \dfrac{AC}{\sqrt{3}} = \dfrac{\sqrt{6}}{\sqrt{3}} = \sqrt{2}$ ……⑤

（3）図で，▲＝△＝×より，ED∥AC
よって，□ACDE は等脚台形…⑥ である．

ところで，∠APD＝●＋②＝90°であるから，△APD は 30°定規形で，

$DP = \dfrac{AD}{2} = \dfrac{\sqrt{6}}{2}$ ……⑦

∴ $□ACDE = △ACD \times \dfrac{CE}{CQ}$

$= \dfrac{\sqrt{6} \times ⑦}{2} \times \dfrac{\sqrt{6}}{⑤} = \dfrac{3}{2} \times \sqrt{3} = \dfrac{\textbf{3}\sqrt{\textbf{3}}}{\textbf{2}}$

➡注 ⑥より，$CE = AD = \sqrt{6}$ です．
なお，⑥の '上底' である DE を使って求積することもできます．
（$DE = \sqrt{3} QD = \sqrt{3}(\sqrt{6} - ⑤) = \sqrt{3}(\sqrt{6} - \sqrt{2})$）

5 （2） 注の事実(例題の☆式)を知っていれば早いのですが，以下の解では"方べきの定理"のもとになる相似に着目してみます．

解 （1） 図1のようにP'をとると，
AE∥DP より，△PDP'は30°定規形であるから，

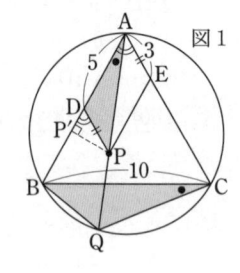

$$DP' = \frac{3}{2}$$

$$PP' = \frac{3\sqrt{3}}{2}$$

$$\therefore \ AP = \sqrt{\left(5+\frac{3}{2}\right)^2 + \left(\frac{3\sqrt{3}}{2}\right)^2} = 7$$

（2） 円周角の定理により，図1の●同士の角は等しく，また，∠BQC＝120°＝∠PDA であるから，二角相等で，△BQC∽△PDA
相似比は，BC：PA＝10：7 であるから，

$$BQ = 3 \times \frac{10}{7} = \frac{30}{7} \cdots ㋐, \quad CQ = 5 \times \frac{10}{7} = \frac{50}{7} \cdots ㋑$$

ところで，図2のようにRをとると，二角相等で，△RAB∽△RCQ ………………㋒
相似比は，
　AB：CQ
　＝10：㋑＝7：5
よって，
　BR＝7x，QR＝5x；
　AR＝7y，CR＝5y
とおける．このとき，
　　BC＝7x+5y＝10 ………………㋓
一方，㋒と同様に，△RBQ∽△RAC
相似比は，BQ：AC＝㋐：10＝3：7
よって，7x：7y＝x：y＝3：7 …………㋔

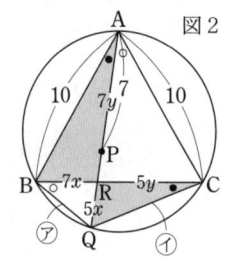

㋓，㋔ を解いて，$x = \frac{15}{28}$，$y = \frac{5}{4}$

$$\therefore \ AQ = 7y + 5x = 7 \times \frac{5}{4} + 5 \times \frac{15}{28} = \frac{80}{7}$$

$$\therefore \ PQ = AQ - AP = \frac{80}{7} - 7 = \frac{31}{7}$$

➡注　一般に，正三角形 ABC とその外接円の弧 $\overparen{BC}$ 上の点 Q について，**QA＝QB+QC** ……∗
が成り立ちます．この∗を前提にすれば，
QA＝㋐+㋑＝80/7

6 （2） AE：EC を目標にしましょう．
（3） ∠ECM＝45° に注目です．

解 （1） △BMP∽△AMB（二角相等）
これらの3辺比は，
1：2：$\sqrt{5}$ であるから，
$$MP = BM/\sqrt{5} = 1$$

（2） （1）より，
AP＝AM－MP
　＝5－1＝4
メネラウスの定理により，

$$\frac{AE}{EC} \times \frac{CB}{BM} \times \frac{MP}{PA} = 1 \quad \therefore \ \frac{AE}{EC} \times \frac{2}{1} \times \frac{1}{4} = 1$$

$$\therefore \ AE:EC = 2:1$$

$$\therefore \ \mathbf{AE} = AC \times \frac{2}{2+1} = 2\sqrt{5} \times \sqrt{2} \times \frac{2}{3} = \frac{4\sqrt{10}}{3}$$

次に，$EP^2 = AE^2 - AP^2 = EM^2 - MP^2$

$$\therefore \ \mathbf{EM} = \sqrt{AE^2 - AP^2 + MP^2}$$
$$= \sqrt{\left(\frac{4\sqrt{10}}{3}\right)^2 - 4^2 + 1^2} = \sqrt{\frac{25}{9}} = \frac{5}{3} \cdots ①$$

（3） △CEM の外接円の中心をOとすると，右図のようになって，△OEM は 45°定規形であるから，半径は，

$$\frac{EM}{\sqrt{2}} = \frac{①}{\sqrt{2}} = \frac{5\sqrt{2}}{6}$$

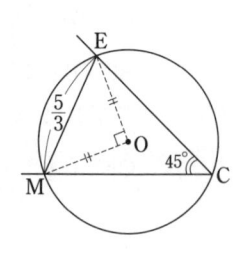

7 例題同様，'30°定規形' を活用しましょう．

解 （1） 右図のようにHをとると，

$$CH = AC \times \frac{\sqrt{3}}{2} = 4\sqrt{3}$$

$$\therefore \ △ABC = \frac{AB \times CH}{2} = \frac{5 \times 4\sqrt{3}}{2} = 10\sqrt{3} \cdots ①$$

（2） PR＝PS＝h とおくと（☞注），
△ABC＝△ABP+△ACP
$$= \frac{5 \times h}{2} + \frac{8 \times h}{2} = \frac{13h}{2} = ①$$

$\therefore h = \dfrac{20\sqrt{3}}{13}$ $\therefore$ AP $= 2h = \dfrac{40\sqrt{3}}{13}$ …②

➡注 △ARP と △SP は，合同な '30°定規形'
です(斜辺と一鋭角相等)．

(3) AR＝AS と ∠RAS＝60° より，△ARS
は正三角形であるから，

$$\text{RS} = \text{AR} = \sqrt{3}\,h = \dfrac{60}{13} \quad\cdots\text{③}$$

(4) ∠ABP＝∠AQC より，
△ABP∽△AQC（二角相等）
$\therefore$ AB：AP＝AQ：AC
$\therefore$ 5：②＝AQ：8 $\therefore$ AQ $= \dfrac{13\sqrt{3}}{3}$ …④

RS⊥AQ より

$$\square\text{ARQS} = \dfrac{\text{RS}\times\text{AQ}}{2} = \dfrac{③\times④}{2} = \mathbf{10\sqrt{3}} \quad\cdots\text{⑤}$$

■研究 ①＝⑤ になりましたが，実は ∠A の大
きさによらず，一般に，**△ABC＝□ARQS** が成
り立ちます(証明は，高校の範囲)．

8 (1)→(2)と，次々に等角が現れます．
(3)では，(2)で CF が分かっているのです
から，それに対する'高さ'を求めましょう．

🖊 (1) CO⊥BD より，C は $\overarc{BD}$ の中点
であるから，右
図の○同士の角
は等しい．これ
と，●同士の角
が等しいことか
ら，二角相等で， 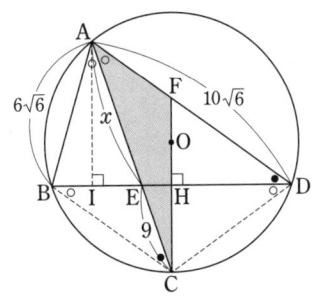
  △ABC
  ∽△AED
∴ AB：AC＝AE：AD
よって，AE＝x とおくと，
  $6\sqrt{6}$：$(x+9)$＝x：$10\sqrt{6}$
∴ $x^2 + 9x - 360 = 0$
∴ $(x-15)(x+24) = 0$
$x > 0$ より，$x = \mathbf{15}$

(2) 角の2等分線の定理により，
  BE：ED＝AB：AD＝3：5
よって，BE＝$3y$, ED＝$5y$ とおけて，このと
き，方べきの定理により，

$3y \times 5y = x \times 9 = 15 \times 9$
$\therefore y^2 = 9$ $\therefore y = 3$

したがって，BE＝9, ED＝15 であるから，
(△BCE などは二等辺三角形で)○＝●．
このとき，BC＝BA＝$6\sqrt{6}$, また図において，
 BH＝BD÷2＝(9+15)÷2＝12
$\therefore$ CF＝2CH＝$2\sqrt{\text{BC}^2-\text{BH}^2}$
    ＝$2\sqrt{(6\sqrt{6})^2-12^2}$＝$\mathbf{12\sqrt{2}}$ …①

(3) 図で，△AIE∽△CHE, 相似比は，
 x：9＝5：3 であるから，

$$\text{IH} = \text{EH}\times\dfrac{3+5}{3} = (12-9)\times\dfrac{8}{3} = 8 \quad\cdots\text{②}$$

$\therefore$ △ACF $= \dfrac{1}{2}\times①\times② = \mathbf{48\sqrt{2}}$

9 (2) 当然，(1)の相似を目一杯利用
します．

🖊 (1) 図の○同士の角は等しく，さらに，
 △ACE∽△ABC（二角相等）
より，∠ACE＝∠ABC＝○.
 よって二角相等で，△ACD∽△AFC …①

(2) △ABC は
30°定規形である
から， 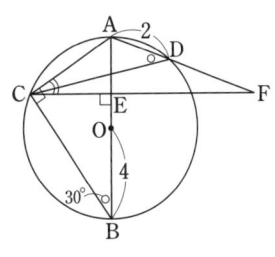
 AC $= \dfrac{\text{AB}}{2} = \mathbf{4}$
すると，①の
相似比は，
 AD：AC＝2：4＝1：2 …②
であるから，**AF**＝AC×2＝**8**
また，AE $= \dfrac{\text{AC}}{2} = 2$, CE $= \sqrt{3}$ AE $= 2\sqrt{3}$
$\therefore$ EF $= \sqrt{\text{AF}^2-\text{AE}^2} = 2\sqrt{15}$

このとき，②より，

△CFD $= $△AFC$\times\dfrac{2^2-1^2}{2^2}$

$= \dfrac{\text{FC}\times\text{AE}}{2}\times\dfrac{3}{4} = \dfrac{(2\sqrt{3}+2\sqrt{15})\times 2}{2}\times\dfrac{3}{4}$

$= \dfrac{3(\sqrt{3}+\sqrt{15})}{2}$

最後に，②より，**CD** $= \dfrac{\text{FC}}{2} = \sqrt{3}+\sqrt{15}$

10 （1） 三角形の外接円の半径を求める際の定石（☞p.97）に従います．
（2）（1）より，'定規形'が現れます．
（3） 例題の**別解**のように解いてみますが，注のように考えることもできます．

解（1） 図1'で，AE は外接円 O の直径である．ここで，
△AEC∽△ABH（二角相等）であるから，
AE：AC＝AB：AH
∴ AE：$\sqrt{1^2+3^2}$ ＝$\sqrt{1^2+2^2}$：1

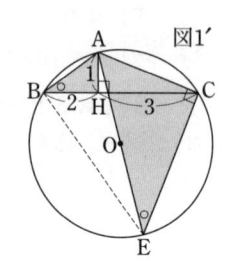

よって答えは，$\dfrac{AE}{2}=\dfrac{\sqrt{10}\times\sqrt{5}}{2}=\dfrac{5\sqrt{2}}{2}$ ……①

（2） OB(＝OC)：BC＝①：5＝1：$\sqrt{2}$ であるから，△OBC は 45°定規形である．
よって，∠BAC＝180°－∠BEC
＝180°－$\dfrac{90°}{2}$＝**135°**

（3） 図2'で，
∠AOB＋∠COD
＝(×＋○)×2＝180°
であるから，2つの扇形 OAB と OCD をくっつけると，図3のようになる（B-O-D は一直線上）．
ところで，図2'で，
△ABH∽△CDH
相似比は，
AH：CH＝1：3
であるから，
DH＝BH×3＝6
CD＝AB×3＝$3\sqrt{5}$

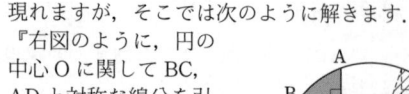

図3の2つの弓形（網目部分）の面積の和は，
$\dfrac{①^2\pi}{2}-\dfrac{AB\times CD}{2}=\dfrac{25}{4}\pi-\dfrac{15}{2}$ ……②

よって答えは，
②＋△ABH＋△CDH
＝②＋$\dfrac{1\times 2}{2}+\dfrac{3\times 6}{2}=\dfrac{25}{4}\pi+\dfrac{5}{2}$

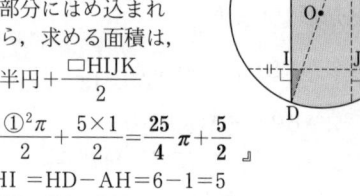

➡**注** 本問のような構図は，中学入試でも時たま現れますが，そこでは次のように解きます．
『右図のように，円の中心 O に関して BC，AD と対称な線分を引くと，濃い網目部分は斜線部分にはめ込まれるから，求める面積は，
半円＋$\dfrac{□HIJK}{2}$
＝$\dfrac{①^2\pi}{2}+\dfrac{5\times 1}{2}=\dfrac{25}{4}\pi+\dfrac{5}{2}$』
(HI＝HD－AH＝6－1＝5
 HK＝HC－BH＝3－2＝1)

11 （1） '共円'を示せ，とは言われていませんが，'共円'を使うと一発です．
（2） 底辺 BC(＝BO＋OC)とそれに対する高さ(＝(AB＋DC)÷2)がすぐに求められるので，問題ないでしょう．

解（1） M は円 O の弦 AD の中点であるから，OM⊥AD．
これと，AB⊥PQ，DC⊥PQ より，4点 A，B，O，M，および，D，C，O，M はそれぞれ同一円周上にあって，下図のようになる．

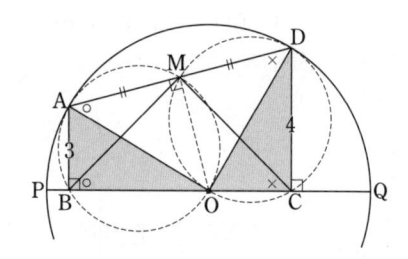

ここで，○同士の角，×同士の角はそれぞれ等しいから，
∠AOD＝180°－(○＋×)＝∠BMC

➡**注** OA＝OD より，○＝×ですから，△MBC は △OAD と相似な二等辺三角形です．

（2） 与えられた条件より，
BO＝$\sqrt{5^2-3^2}$＝4，OC＝$\sqrt{5^2-4^2}$＝3
また，M から BC に下ろした垂線の長さ h は，
$h=\dfrac{AB+DC}{2}=\dfrac{7}{2}$ ……①
∴ △MBC＝$\dfrac{(4+3)\times ①}{2}=\dfrac{49}{4}$

➡注 △ABO≡△OCD（三辺相等）より，∠AOD＝90°ですから，△OAD，△MBC は直角二等辺三角形になります．

なお，長さの条件によらず，
$\dfrac{\triangle MBC}{\square ABCD}=\dfrac{BC\times h\div 2}{BC\times h}=\dfrac{1}{2}$ です．

12 （2）たくさんある相似な三角形に着目します．

（3）（2）を利用して三平方，の流れなのでしょうが，☞別解．

（4）「角度」ですから，'共円点' に気付きたいところ．

解 （1）△ABF≡△BCG（二辺夾角相等）より，右図で，
○＝●

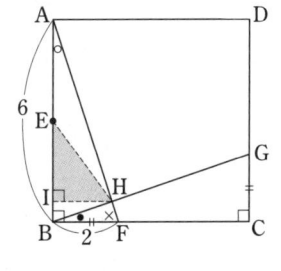

このとき，△BFH と△ABF の内角の和を比べて，
∠BHF＝90°
∴ ∠AHB＝90°

（2）（1）より，
△ABF∽△AHB∽△AIH
で，これらの3辺比は $1:3:\sqrt{10}$ であるから，
$AH=AB\times\dfrac{3}{\sqrt{10}}=6\times\dfrac{3}{\sqrt{10}}$ ……①

∴ $AI=①\times\dfrac{3}{\sqrt{10}}=\dfrac{27}{5}$

∴ $EI=AI-AE=\dfrac{27}{5}-3=\dfrac{12}{5}$ ……②

（3）$HI=①\times\dfrac{1}{\sqrt{10}}=\dfrac{9}{5}$

これと②より，△EIH の3辺比は 3：4：5 であるから，$EH=②\times\dfrac{5}{4}=\mathbf{3}$

別解 E は，直角三角形 ABH の斜辺の中点であるから，　　　$EH=EA=\mathbf{3}$

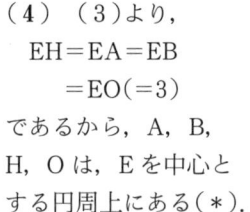

（4）（3）より，
EH＝EA＝EB
　＝EO（＝3）
であるから，A, B, H, O は，E を中心とする円周上にある（*）．
よって，円周角の定理により，∠AHO＝∠ABO＝**45°**

➡注 （*）は，∠AHB＝∠AOB＝90° からも分かりますネ．

13 ここでも，例題と同様，半径の長さの線分が大活躍します．

解 （1）CF＝CG と円周角の定理により，右図の○印の角はすべて等しい．よって，二角相等により，
　△CDG∽△CGH
　　　　……①

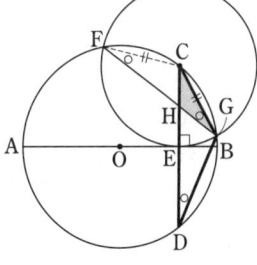

（2）①の相似比は，
　CD：CG
　＝CD：CE
　＝2：1　………②
∴ $CH=CG\times\dfrac{1}{2}=CE\times\dfrac{1}{2}$

よって，CH＝HE である．

➡注 ②について：円Cの半径を r とすると，CE＝CG＝r，CD＝CE×2＝$2r$ ということです．

14 （1） 2つの半円がいろいろ大きさを変えても，'面積の和'は一定値です．
（2） 相似に着目します．
（3） （2）と同様ですが，どこを文字でおくかを的確に判断しましょう．

解 （1） 2つの半円の面積の和は，

$$\left(\frac{AB}{2}\right)^2 \pi \times \frac{1}{2} + \left(\frac{AC}{2}\right)^2 \pi \times \frac{1}{2}$$

$$= \frac{AB^2 + AC^2}{8}\pi \quad \cdots\cdots\cdots\cdots ①$$

ここで，

$$AB^2 + AC^2 = BC^2 = (2\sqrt{13})^2 = 52 \cdots ②$$

であるから，① $= \dfrac{52}{8}\pi = \dfrac{\mathbf{13}}{\mathbf{2}}\boldsymbol{\pi}$

（2） $\angle BAD = 90° - \angle EAC = \angle ACE$
よって右図のようになり，
　　△ADB
　　∽△CEA　…③
これらの3辺比は
3:4:5 であり，

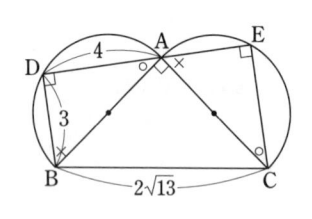

$$AC = \sqrt{BC^2 - AB^2} = \sqrt{(2\sqrt{13})^2 - 5^2} = 3\sqrt{3}$$

であるから，$AE = 3\sqrt{3} \times \dfrac{3}{5} = \dfrac{\mathbf{9\sqrt{3}}}{\mathbf{5}}$

（3） $BD = x$, $CE = y$ とおく．
（2）と同様に，
③が成り立つから，
　　$AD : BD$
　　$= CE : AE$

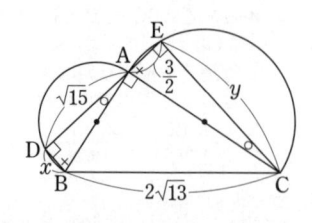

∴ $\sqrt{15} : x = y : \dfrac{3}{2}$　∴ $xy = \dfrac{3\sqrt{15}}{2}$ …④

また，②より，

$$\{x^2 + (\sqrt{15})^2\} + \left\{y^2 + \left(\frac{3}{2}\right)^2\right\} = 52$$

∴ $x^2 + y^2 = \dfrac{139}{4}$ …⑤　∴ $y^2 = \dfrac{139}{4} - x^2$

これを，④から得られる $x^2 y^2 = \dfrac{135}{4}$ に代入して整理すると，$x^4 - \dfrac{139}{4}x^2 + \dfrac{135}{4} = 0$

∴ $(x^2 - 1)\left(x^2 - \dfrac{135}{4}\right) = 0$

ここで，$x^2 = \dfrac{135}{4}$ のときは AB>AC となって不適である（☞注）から，$x^2 = 1$．このとき，

$$\mathbf{AB} = \sqrt{1+15} = \mathbf{4},\ \mathbf{AC} = \sqrt{52-16} = \mathbf{6}$$

➡**注** ②と AB<AC より，$AB^2 < 26$
よって，$x^2 < 26 - 15 = 11$ ですから，
$x^2 = 135/4 (=33.75)$ は不適になります．
とにかく，④，⑤の連立方程式を解く計算が大変です（$x^2 = X$, $y^2 = Y$ などとおいてもよい）が，AB, AC を文字でおくともっと面倒になります！

第4章 円（2）

○ 要点のまとめ ……………………………… p.80 〜 81
○ 例題・問題と解答／演習題・問題 …… p.82 〜 98
○ 演習題・解答 ……………………………… p.99 〜 106

前章で学んだ円一般の知識を土台にして，ここでは，**円の接線がからんだ問題**を演習する．接線特有の定理・知識を確認してから問題に当たろう．さらに，入試でしばしば登場する'三角形の五心'がらみの問題も含まれるので，これについての知識も整理しておきたい．前章同様，円の問題には難問が多いので，一題一題ジックリ考えよう．

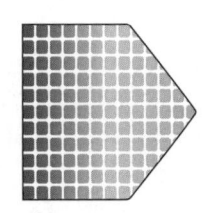

第4章 円(2)
要点のまとめ

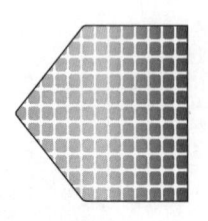

1. 円の対称性(2)

1・1 接線と対称性
円Oの接線をl, 接点をHとすると,
$$OH \perp l$$
が成り立つ(p.57の **3・1** の図1で, 弦ABを下げて接線になった状態, と見なせばよい).

また, 円O外の点Aから引いた接線の接点をP, Qとすると, 図形全体はOAに関して対称であるから,
$$AP = AQ \quad \cdots ①$$
などが成り立つ.

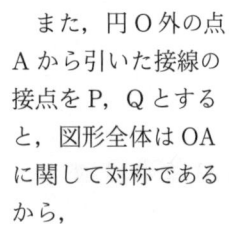

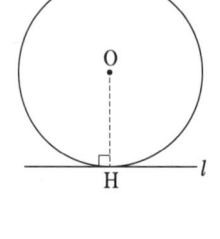

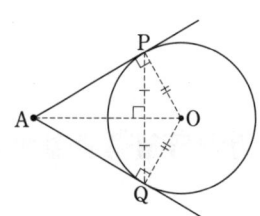

1・2 対称性の応用
△ABCの内接円をOとすると, ①より図1のようになって,
$$AB + AC - BC$$
$$= (a+b) + (a+c)$$
$$\quad - (b+c) = 2a$$
よって, $a = \dfrac{AB + AC - BC}{2}$ が成り立つ(b, c も同様にして求められる).

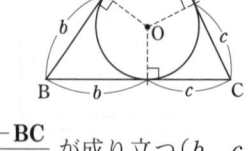

また, 図2のような円Oに外接する四角形ABCDにおいて,
$$AB + CD$$
$$(= a+b+c+d)$$
$$= BC + DA$$
が成り立つ.

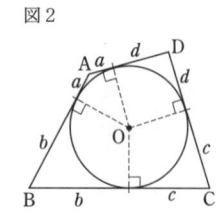

2. 接線に関する諸定理

2・1 接弦定理
右図で, 円Oの接線をl(Aは接点)とすると, a同士の角は(b同士も)等しい. これを, "接弦定理" という.

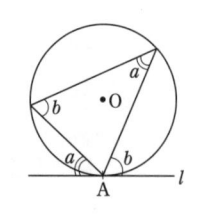

2・2 方べきの定理(2)
右図で, lを接線(Aは接点)とすると, 二角相等より,
$$\triangle PAB \backsim \triangle PCA$$
$$\therefore \quad a : b = c : a$$
$$\therefore \quad a^2 = bc$$

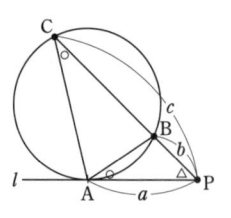

3. 外接円と内接円・傍接円

3・1 三角形の外接円

△ABC の外接円の中心 O を**外心**という．

外心は，**各辺の垂直2等分線の交点**である（外接円の半径 R の求め方については，☞p.97，例題**16**番(1))．

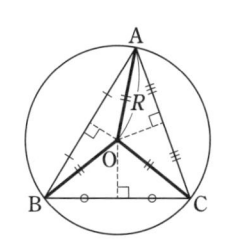

3・2 三角形の内接円

△ABC の内接内の中心 I を**内心**という．

内心は，**各内角の2等分線の交点**である（内接円の半径 r の求め方については，☞p.105，演習題**15**番(3))．

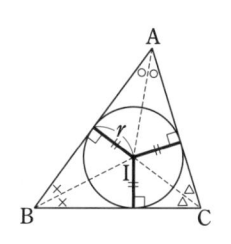

3・3 三角形の傍接円

右図のように，辺 BC と辺 AB，AC の延長線に接する円を，△ABC の（角 A 内の）**傍接円**といい，その中心 I_A を**傍心**という．

I_A は，**角 A（内角）と角 B，角 C の外角の2等分線の交点**である（半径 r_A の求め方については，☞p.105，演習題**15**番(4))．

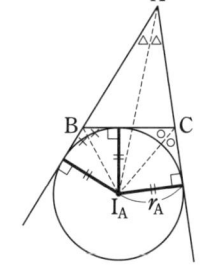

➡注 傍接円は，1つの三角形に3つあります．

■**研究** 以上の外心・内心・傍心に，以下の重心・垂心を加えて"三角形の**五心**"といいます．

[**重心** G … 各頂点と対辺の中点を結ぶ直線（中線という）の交点]

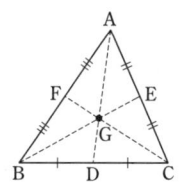

[**垂心** H … 各頂点から対辺へ下ろした垂線の交点]

(AG：GD＝BG：GE＝CG：GF＝2：1 が成り立つ．)

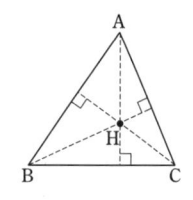

3・4 台形の外接円と内接円

円に内接する台形は，必ず**等脚台形**になる（右図で，AD∥BC より，●印の角は等しいから，$\overparen{AB}=\overparen{DC}$ より，AB＝DC)．

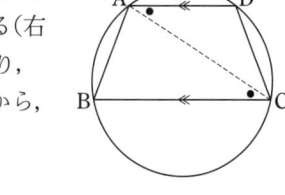

また，円に外接する台形では，右図のようになって，

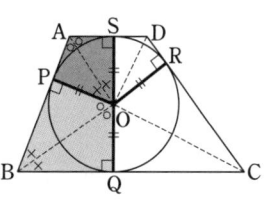

㋐ △OAP≡△OAS

㋑ △OBP≡△OBQ

であるが，㋐と㋑は相似になっている（SQ より右側の4つの直角三角形についても同様)．

1 円の半径を求める

図のように，AB=BC=3，AC=5 の △ABC と，辺 AB, AC の延長線および辺 BC に点 P, Q, R で接している円 O がある．

（1）△ABC の面積を求めなさい．
（2）線分 AP の長さを求めなさい．
（3）円 O の半径を求めなさい． （10 立教新座）

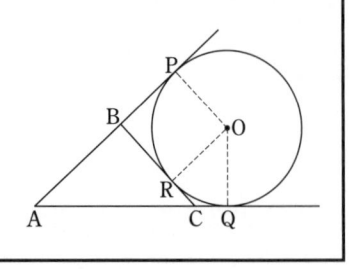

（2）円外の定点から接点までの距離は等しいことに着目します．
（3）円 O は △ABC の'傍接円'（の 1 つ）ですから，定石通り**面積を利用**します．

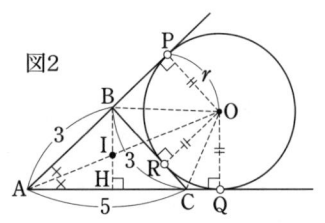

▷傍接円については，☞p.81.

解 （1）図 2 で，H は AC の中点であるから，

$$BH = \sqrt{3^2 - \left(\frac{5}{2}\right)^2} = \frac{\sqrt{11}}{2} \quad \cdots ①$$

$$\therefore \triangle ABC = \frac{5 \times ①}{2} = \frac{5\sqrt{11}}{4} \quad \cdots ②$$

◁ ■■■ が，図 1 の '等長' 関係．

（2）BP=BR，CQ=CR より，
 AP+AQ=(AB+BP)+(AC+CQ)=AB+AC+(BR+CR)
  =AB+AC+BC=3+5+3=11

ここで，AP=AQ であるから，AP = $\frac{11}{2}$ ・・・・・・・・③

（3）円 O の半径を r とすると，
$$\triangle ABC = \triangle OAB + \triangle OAC - \triangle OBC$$
$$= \frac{3 \times r}{2} + \frac{5 \times r}{2} - \frac{3 \times r}{2} = \frac{5r}{2} \quad \cdots ④$$

④=② より，$r = \frac{\sqrt{11}}{2}$

◁ 3 つの三角形とも，△ABC の辺を底辺と見ると，高さは r になる．

◁ r=① より，BO∥AQ と分かる．

別解 図 2 のように I をとると，BI : IH = AB : AH = 6 : 5

$$\therefore IH = BH \times \frac{5}{6+5} = ① \times \frac{5}{11} = \frac{5\sqrt{11}}{22} \quad \cdots ⑤$$

△AIH∽△AOQ より，AH : AQ = IH : OQ

$$\therefore \frac{5}{2} : ③ = ⑤ : r \quad \therefore r = \frac{5\sqrt{11}}{4} \div \frac{5}{2} = \frac{\sqrt{11}}{2}$$

◁ AO は ∠A の 2 等分線（なお，I は，△ABC の内心）．

◁ 本問では，△ABC が二等辺なので，BH∥OQ となっている．

1★ 演習題（解答は，☞p.99）

右図において，4 つの直線 g, l, m, n は円 O の接線であり，$l \parallel m$ である．また，それぞれの接点を S, P, Q, R とし，交点を A〜E とする．

（1）∠CDO=$x°$，∠CBO=$y°$ として，△CDO∽△COB であることを証明しなさい．

（2）OD∥BA，OB=6，OD=7 のとき，円 O の半径を求めなさい．

（05 都立戸山）

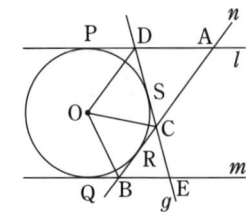

2 円と平行四辺形

図のように，∠ABC=60°，AB=6，AD=8 の平行四辺形 ABCD がある．また，点 A，点 B と辺 BC（ただし，両端の点 B，C を除く）上の点 E を通る円 O がある．
(1) ∠AOE の大きさを 180° より小さい角度で答えなさい．
(2) 直線 AD が円 O の接線になるとき，円 O の半径を求めなさい．
(3) (2)のとき，円 O と平行四辺形 ABCD が重なっている部分の面積を求めなさい．
(4) 点 E が辺 BC の中点のとき，円 O の半径を求めなさい．

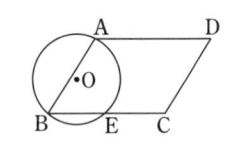

(08 東京学芸大付)

(4) (1)の角度を活かすべく，AE の長さを目標にしましょう．

解 (1) ∠AOE=∠ABE×2=**120°**

(2) AD が円 O の接線のとき，右図のようになって，ここで，△OAB は'底角が 30° の二等辺三角形…①'であるから，

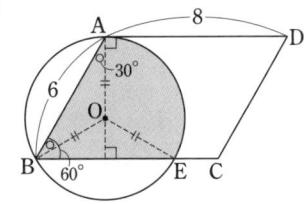

$$OA = \frac{AB}{\sqrt{3}} = \frac{6}{\sqrt{3}} = 2\sqrt{3}$$

◁ ∠BAD=180°−∠ABC=120° だから，
∠OAB=120°−90°=30°
◁ ①の辺の比については，☞p.28．

➡注 このとき，△ABE は正三角形です．

(3) 右上図の網目部分の面積を求めればよく，
△OAB×2+(扇形 OAE)
$$= \frac{\sqrt{3}}{4} \times (2\sqrt{3})^2 \times 2 + (2\sqrt{3})^2 \pi \times \frac{120}{360} = \mathbf{6\sqrt{3}+4\pi}$$

(4) 右図において，△ABH は 30° 定規形であるから，BH=3，AH=$3\sqrt{3}$
∴ AE=$\sqrt{AH^2+HE^2}$
=$\sqrt{(3\sqrt{3})^2+(4-3)^2}=2\sqrt{7}$

このとき，円 O の半径は，(2)と同様に，
$$OA = \frac{AE}{\sqrt{3}} = \frac{2\sqrt{7}}{\sqrt{3}} = \mathbf{\frac{2\sqrt{21}}{3}}$$

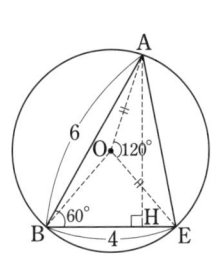

◁ △OAE も，①の形．

2★ 演習題 (p.99)

平行四辺形 OABC の頂点 O を中心とする半径 OA の円が，図のように辺 AB と点 D で交わっている．また，直線 CD は円に接している．直線 OB と直線 CD の交点を E として，次の問いに答えなさい．
(1) △OAB≡△DOC を証明しなさい．
(2) ∠AOD=∠OED を証明しなさい．
(3) OE：EB=$\sqrt{2}$：1，OA=3 のとき，平行四辺形 OABC の面積を求めなさい．

(05 慶應女子)

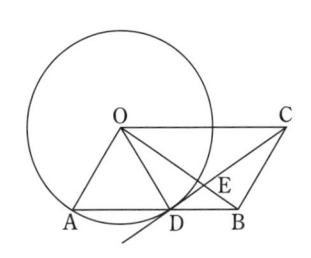

3　直交する2直線

図で，A，B，C，D は円 O の周上の点であり，E は AC と BD との交点である．AB=6, AD=13, AE=5, ∠AED=90°であるとき，
(1) △BEC の面積を求めなさい．
(2) 円 O の半径を求めなさい．

(08　愛知県)

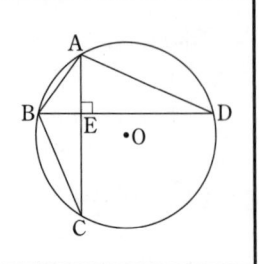

本問のように，円内で直交する2直線があるとき，円の中心から2直線に垂線を下ろすと，右図の網目部分のような**長方形**が生まれます（さらに，垂線の足は**弦の中点**になっている）．

解　(1)　$BE=\sqrt{6^2-5^2}=\sqrt{11}$, $ED=\sqrt{13^2-5^2}=12$
△BEC∽△AED（二角相等）で，相似比は，$BE:AE=\sqrt{11}:5$
∴　$\triangle BEC=\triangle AED\times\left(\dfrac{\sqrt{11}}{5}\right)^2$
$=\dfrac{12\times 5}{2}\times\dfrac{11}{25}=\dfrac{66}{5}$

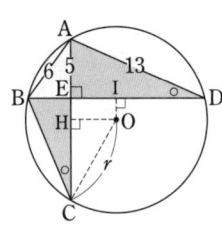

(2)　図のように，O から AC，BD に垂線 OH，OI を下ろす．

ここで，$CH=\dfrac{AC}{2}=\dfrac{1}{2}\left(5+\dfrac{12\sqrt{11}}{5}\right)$　……①

$OH=IE=\dfrac{BD}{2}-BE=\dfrac{\sqrt{11}+12}{2}-\sqrt{11}=\dfrac{12-\sqrt{11}}{2}$　…②

よって，円 O の半径(OC)を r とすると，△OHC で，
$$r=\sqrt{①^2+②^2}=\dfrac{39}{5}$$（計算過程は，☞右記）

⇐OIEH は長方形．

⇐$EC=BE\times\dfrac{12}{5}=\dfrac{12\sqrt{11}}{5}$

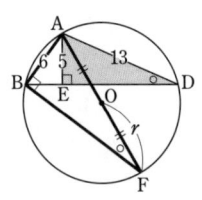

①²+②²
$=\dfrac{1}{4}\left(25+24\sqrt{11}+\dfrac{144\times 11}{25}\right.$
$\left.+144-24\sqrt{11}+11\right)$
$=45+\dfrac{36\times 11}{25}=\dfrac{9(125+44)}{25}$
$=\dfrac{9\times 169}{25}=\left(\dfrac{3\times 13}{5}\right)^2$
$=\left(\dfrac{39}{5}\right)^2$

別解　[計算が大変なので，**三角形の外接円の半径を求める定石の補助線**（☞p.97）をとってみる．]
右図のように，円の直径 AF をとると，
　　△ABF∽△AED（二角相等）
∴　AB:AF=AE:AD
∴　$6:2r=5:13$　∴　$r=\dfrac{39}{5}$

3★ 演習題 (p.99)

図のような，互いに垂直な2本の半直線 OX，OY があり，点 A で半直線 OX に接する円が半直線 OY と2点 B，C で交わっています．線分 OA，OB の長さはそれぞれ 1，$2+\sqrt{3}$ です．また，半直線 OX 上に点 D があり，∠BDC=30°です．ただし，線分 OD は線分 OA よりも長いものとします．
(1) この円の半径を求めなさい．
(2) ∠BAC の大きさを求めなさい．
(3) 線分 OD の長さを求めなさい．

(09　東邦大付東邦)

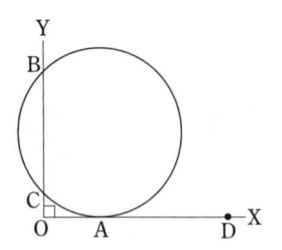

84

4 円の直径と接線

図の△ABC は AB＝6，BC＝8，CA＝10 の直角三角形である．線分 AB を直径とする円と辺 AC との交点を D とし，D におけるこの円の接線と辺 BC との交点を E，AE と BD の交点を F とする．
(1) 線分 BD の長さを求めなさい．
(2) 線分 DE の長さを求めなさい．
(3) △ABF の面積を求めなさい．
(06 徳島文理)

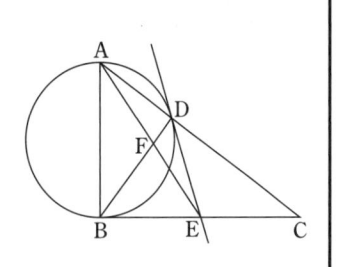

一般に，**円の直径に対する接線**がある右図のような図形では，AB⊥BC，BD⊥AC より，**△ABC∽△BDC∽△ADB** となります．本問では，さらに D での接線 DE も加わります．

解 (1) AB が円 O の直径であることから，∠ADB＝90°
これと ∠ABC＝90° より，△ADB∽△ABC ……………①
これらの3辺比は 3：4：5 であるから，BD＝AB×$\frac{4}{5}$＝$\frac{24}{5}$

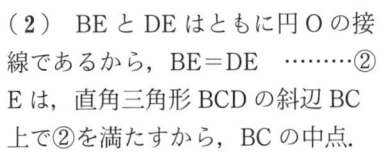

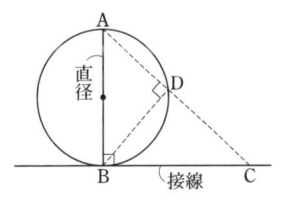

◁①については，☞p.6, **2・3**.

(2) BE と DE はともに円 O の接線であるから，BE＝DE ………②
E は，直角三角形 BCD の斜辺 BC 上で②を満たすから，BC の中点．
∴ DE＝BE＝$\frac{BC}{2}$＝4

◁☞p.29. なお，次のように考えることもできる．
『OE⊥BD より，OE∥AC
これと BO＝OA より，
BE＝EC』
◁定理については，☞p.7.

(3) メネラウスの定理により，$\frac{AD}{DC}×\frac{CB}{BE}×\frac{EF}{FA}=1$ ………③
ここで，△BDC も①と相似であるから，
AD：BD：CD＝9：12：16
よって，③は，$\frac{9}{16}×\frac{2}{1}×\frac{EF}{FA}=1$ ∴ $\frac{EF}{FA}=\frac{8}{9}$
∴ △ABF＝△ABE×$\frac{AF}{AE}=\frac{6×4}{2}×\frac{9}{8+9}=\frac{\mathbf{108}}{\mathbf{17}}$

◁AD：BD＝BD：CD＝3：4

4 演習題 (p.100)

図で，D は△ABC の辺 BC 上の点で，∠ADC＝90°である．E，F はそれぞれ，線分 AD を直径とする円と，辺 AB，AC との交点である．AB＝5，BC＝8，AC＝7 のとき，
(1) 線分 AD を直径とする円の面積を求めなさい．
(2) 線分 EF の長さを求めなさい．
(08 愛知県)

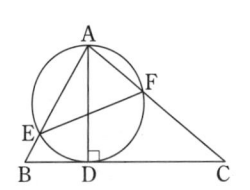

5 接弦定理

図のように，AD∥BC で円に内接する台形 ABCD があり，点 B における円の接線と直線 AD との交点を E とする．

(1) △ABC と相似な三角形のうち，E を頂点とするものを 2 つ いいなさい．答えは △ABC と対応する頂点の順に書くこと．

(2) AB＝4，BC＝5，CA＝6 のとき，
　(i) 線分 EA の長さを求めなさい．
　(ii) 線分 AD の長さを求めなさい． (05　久留米大付)

(1) "接弦定理" を使うことになります．　　　　　⇦定理については，☞p.80.

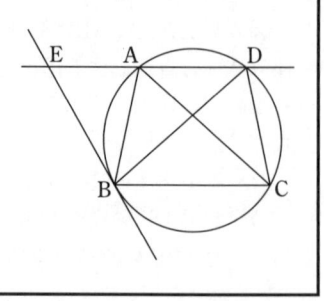

(2) 当然，(1)で見つけた相似を利用します．

【解】(1) 右図で，接弦定理より，ア＝イ＝ウ
また，AD∥BC より，エ＝オ
よって，二角相等で，△EAB∽△ABC …………①
また，△EBD∽△EAB（二角相等）より，△EBD∽△ABC …②
であるから，答えは，**△EAB，△EBD**

(2)(i) ①より，$EA = AB \times \dfrac{AB}{BC} = 4 \times \dfrac{4}{5} = \dfrac{16}{5}$ …………③

(ii) (i)と同様に，

$$EB = AB \times \dfrac{AC}{BC} = 4 \times \dfrac{6}{5} = \dfrac{24}{5}$$ …………⑦

これと，②より，$ED = EB \times \dfrac{AC}{AB} = \dfrac{24}{5} \times \dfrac{6}{4} = \dfrac{36}{5}$ …………④

∴ AD＝④－③＝**4** …………⑤

➡注　"円に内接する台形は等脚台形" という知識(☞p.81)を使うと，BD＝AC＝6 ですから，

$$ED = BD \times \dfrac{AC}{BC} = 6 \times \dfrac{6}{5} = \dfrac{36}{5}$$

と，⑦を経由しないで④が求められます．

なお，⑤の結論などから，右図の●印の角はすべて等しいことが分かります．

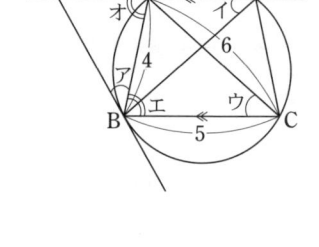

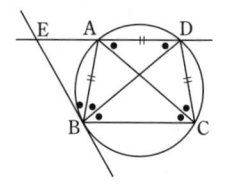

5 演習題 (p.100)

図のように，円 O の直径 AB を 1 辺とする四角形 ABCD が円 O に内接している．点 C における円 O の接線と，線分 AB，AD の延長との交点をそれぞれ E，F とし，四角形 ABCD の対角線の交点を G とする．AD＝DG＝1，GB＝2 であるとき，

(1) 円 O の面積を求めなさい．
(2) 四角形 ABCD の面積を求めなさい．
(3) 線分 DC の長さを求めなさい．
(4) 線分 DF の長さを求めなさい．
(5) △AEF の面積を求めなさい．

(09　立教新座)

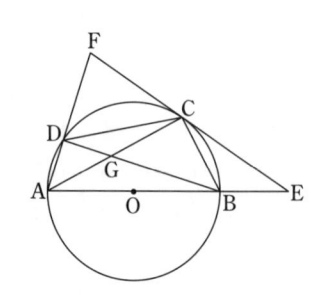

6 角の2等分線の長さ

右の図のように，△ABCの3つの頂点A, B, Cが同一円周上にあります．∠CABの二等分線とBC，円周との交点をそれぞれD, Eとします．AB＝3，AC＝4，BE＝6のとき，
(1) AD：DEを求めなさい．
(2) ADの長さを求めなさい．

(06 明治大付中野)

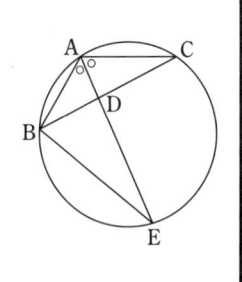

円に'角の2等分線'がからむと，「等角→相似」があちこちに生まれます． ⇦円周角の定理などによって，角が移って行く．

解 (1) 与えられた条件と円周角の定理により，右図の○同士，●同士の角は等しい．よって，二角相等で，
△BDE∽△ADC∽△ABE ………①
∴ BD：DE＝AD：DC
　　　　　＝AB：BE＝1：2……②

⇦この3つの三角形の相似がポイント！

一方，角の2等分線の定理により，
　　BD：DC＝AB：AC＝3：4
であるから，BD＝3k，DC＝4kとおける．
このとき，②より，DE＝BD×2＝6k，AD＝DC÷2＝2k
であるから，AD：DE＝2k：6k＝**1：3**

別解 右図のようになって，CE＝BE＝6
ところで，AD：DE＝△ABC：△BEC ………③
であるが，∠BAC＋∠BEC＝180°より，
　　③＝AB×AC：BE×CE＝3×4：6×6＝**1：3**

(2) ①の△BDE∽△ABEより，BD：BE＝AB：AE
これと(1)より，3k：6＝3：(2k＋6k)
∴ 3k×8k＝6×3 ∴ $k=\dfrac{\sqrt{3}}{2}$ ∴ AD＝2k＝$\sqrt{3}$

➡**注** 一般に，'角の2等分線の長さ'について，
$AD=\sqrt{AB\times AC-BD\times CD}$ が成り立ちますが，本問の場合は，
AD＝$\sqrt{3\times 4-3k\times 4k}=\sqrt{3}$

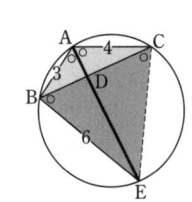

⇦$3k\times 4k=12k^2=9$

6 演習題 (p.101)

図のような△ABCと頂点Aを通り辺BCと接する円がある．接点をD，辺AB，ACと円の交点をそれぞれE，Fとおく．ただし，AB＝18，BC＝25，CA＝12，∠BAD＝∠CADである．
(1) 線分BDの長さを求めなさい．
(2) △ABDと△DBEの相似を証明しなさい．
(3) 線分BEの長さを求めなさい．
(4) 線分ADの長さを求めなさい．

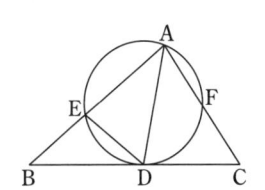

(09 奈良学園)

7 三角形の内接円

図のように AB＝5, BC＝7 である△ABC とその内接円 I がある. 辺 AC に平行で円 I に接する直線と辺 AB, 辺 CB との交点をそれぞれ D, E とする. 点 B から辺 AC に垂線 BF を引く. AF＝1 のとき,
（1） 線分 CF の長さを求めなさい.
（2） 内接円 I の半径を求めなさい.
（3） 線分 EI の長さを求めなさい.
　　　　　　　　　　　　　　　（08　桐光学園）

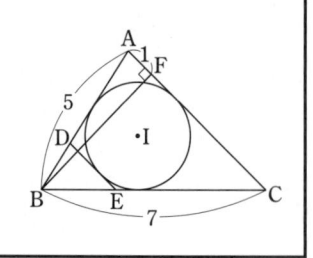

（2） 三角形の内接円の半径は, **面積を経由**して求めるのが基本.
（3） '円に外接する台形' での定石に従いましょう.　　　⇦ p.81.

解　（1） BF^2 について, $AB^2 - AF^2 = BC^2 - CF^2$ が成り立つから, $5^2 - 1^2 = 7^2 - CF^2$　∴　$CF = \sqrt{49-24} = \mathbf{5}$　　⇦ 定石通り, BF^2 を2通りに表す.

（2） （1）より, △ABC
$= \dfrac{AC \times BF}{2} = \dfrac{(1+5) \times 2\sqrt{6}}{2}$
$= 6\sqrt{6}$ ………………①　　⇦ $BF = \sqrt{24} = 2\sqrt{6}$

一方, 内接円 I の半径を r とすると,
△ABC＝△IAB＋△IBC＋△ICA
$= \dfrac{5 \times r}{2} + \dfrac{7 \times r}{2} + \dfrac{6 \times r}{2} = 9r$ ……②　　⇦ '高さ' はすべて r.

①＝②より, $r = \dfrac{\mathbf{2\sqrt{6}}}{\mathbf{3}}$ …………③

（3）　右図で, ○○＋△△＝180°より,
○＋△＝90°　これと, ×＋△＝90°
より, ○＝×　∴　△CKI∽△IJE
∴　CK : KI＝IJ : JE …………④　　⇦ IK⊥AC, IJ⊥DE, AC∥DE より, K-I-J は一直線上にある.

ここで, $\boxed{CK = \dfrac{CA+CB-AB}{2}} = \dfrac{6+7-5}{2} = 4$ であるから,　　⇦ □ については, ⇨ p.80.

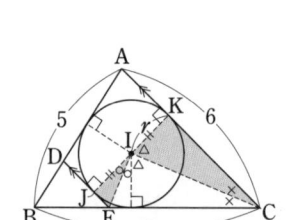

④は, $4 : r = r : JE$　∴　$JE = \dfrac{r^2}{4} = \dfrac{③^2}{4} = \dfrac{2}{3}$ …………⑤

∴　$EI = \sqrt{IJ^2 + JE^2} = \sqrt{③^2 + ⑤^2} = \dfrac{\mathbf{2\sqrt{7}}}{\mathbf{3}}$

7★ 演習題 (p.101)

図1の △ABC は, AB＝AC＝13, BC＝10 の二等辺三角形です. BC の中点を M とします.
（1） △ABC（図1）の内接円の半径を求めなさい.
（2） △ABC を AM で2つに切り, △ABM と △A'CM' に分けます. さらに, 半径5の円を図2のように辺 AB, A'C および頂点 B, C を結ぶ線分上に接するようにしました. このとき円の部分のうち △ABM とも △A'CM' とも重ならない部分（図2の網目の部分）の面積を求めなさい.　　（06　大阪桐蔭）

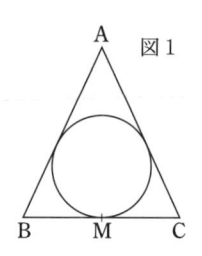

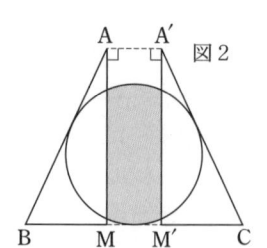

8★ 正方形の内接円

図において，四角形 ABCD は 1 辺が 40 の正方形であり，円 O は正方形 ABCD に内接している．また，円 O の $\stackrel{\frown}{EF}$ 上の点 P における円 O の接線と，辺 AB，AD との交点をそれぞれ M，N とする．MN＝17 のとき，次の各問いに答えなさい．

(1) ∠MON の大きさを求めなさい．
(2) △AMN の面積を求めなさい．
(3) OM の長さと ON の長さの積を求めなさい．

(06 東京学芸大付)

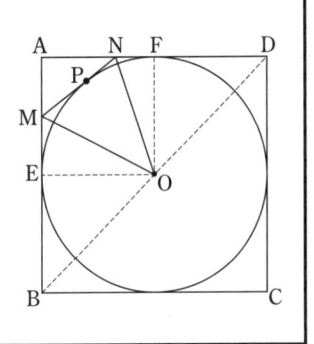

(2)，(3) 注のようにすることもできますが，以下のようにうまく問題の流れに乗りたいところです．

解 (1) △OMP≡△OME
△ONP≡△ONF } …①

より，右図のようになって，
$2(\circ + \times) = 90°$
∴ ∠MON = $\circ + \times$ = **45°** ……②

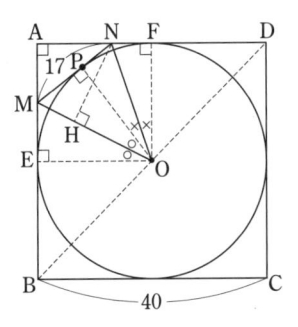

(2) ①より，
△AMN＝□OFAE－2×△ONM
＝$20^2 - 2 \times \dfrac{17 \times 20}{2} = 400 - 2 \times 170 =$ **60**

⇐ OFAE は，1 辺が 20 の正方形．

(3) ②より，図において，NH＝$\dfrac{ON}{\sqrt{2}}$

∴ △ONM＝$\dfrac{OM \times NH}{2} = \dfrac{OM \times ON}{2\sqrt{2}}$

(2)より，これが 170 に等しいから，
OM×ON＝$170 \times 2\sqrt{2} =$ **340√2**

⇐ △ONH は，'45°定規形'．

⇐ △ONM＝～＝170

➡ **注** PM＝EM＝x，PN＝FN＝y とおくと，$x + y = 17$ ………⑦
また，△AMN において，$(20-x)^2 + (20-y)^2 = 17^2$
⑦を使って整理すると，$x^2 + y^2 = 169$ ………⑦
⑦，⑦を解いて，$(x, y) = (12, 5)$ (or (5, 12))
これから (2)，(3) を解くこともできますが，大分遠回りです．

8★ 演習題 (p.102)

図のように，一辺が 4 の正方形 ABCD があり，円 O と点 E，F，G，H で接している．また，線分 AE，BF，CG，DH 上にそれぞれ A′，B′，C′，D′を AA′＝BB′＝CC′＝DD′となるようにとる．さらに，円 O と辺 A′B′との交点を P，Q とし，PQ＝2 とするとき，
(1) AA′の長さを求めなさい．
(2) 図の斜線部分の面積を求めなさい．

(05 日大鶴ヶ丘)

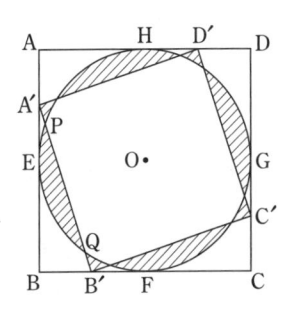

9 一直線の証明

図1は、円Oの周上にA, B, Pを∠APB＝45°のように、点QをAP上にAP＝PQのようにとり、BQと円Oの交点をRとしたものである。

(1) 図2は、図1において、∠ABQ＝90°とした場合を表している。AB＝4のとき、四角形ORQPの面積を求めなさい。

(2) 図3は、図1において、∠ABP＝30°とした場合を表している。このとき、3点B, O, Qは一直線上にあることを証明しなさい。

(05 都立西)

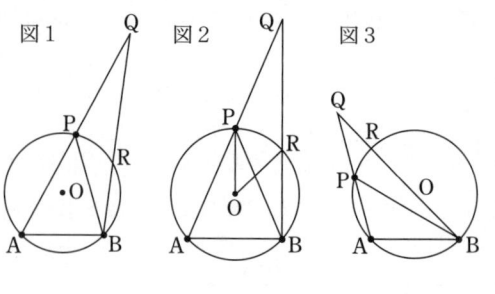

(1) ここでも、まずA-O-Rが一直線上にあることを示します。
(2) 「∠BOQ＝180°」を目標にします。

解 (1) ∠ABR＝90°より、ARは円の直径であるから、A-O-Rは一直線上にある。また、Pは直角三角形ABQの斜辺の中点であるから、BP＝AP(＝PQ) ……①

よって、POとABの交点HはABの中点であり、PH⊥AB。以上により、右図のようになる。

ここで、△OABは直角二等辺三角形であるから、円Oの半径は、$\dfrac{AB}{\sqrt{2}}=\dfrac{4}{\sqrt{2}}=2\sqrt{2}$ ………②

PH∥QB……③ より、△AOP∽△ARQで、相似比は1:2であるから、

□ORQP＝△AOP×$(2^2-1^2)=\dfrac{2\sqrt{2}\times 2}{2}\times 3=\boldsymbol{6\sqrt{2}}$

⇐ p.29.
⇐ 図形の対称性から言える。

⇐ ∠AOB＝∠APB×2＝90°

⇐ ③は、△ARQで、中点連結定理からも分かる。

⇐ △AOP＝$\dfrac{OP\times AH}{2}=\dfrac{②\times 2}{2}$

(2) ∠AOB＝∠APB×2＝90° ……④
また、∠AOP＝∠ABP×2＝60°より、△AOPは正三角形であるから、
　OP＝AP(＝PQ)　∴ ∠AOQ＝90° …⑤
よって、∠BOQ＝④＋⑤＝180°
であるから、B-O-Qは一直線上にある。

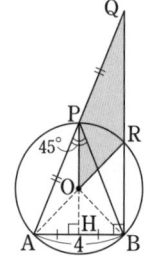

⇐ (1)と同様。

⇐ (1)の①の逆。

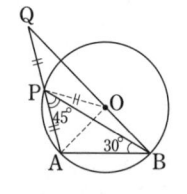

9★ 演習題 (p.102)

円Oと弦ABが与えられている。右の図のように、直線AB上にAC＝BDであるような点C, Dをとり、点C, Dから円Oに接線を引いたときの接点をそれぞれE, Fとする。また、弦ABの中点をMとする。このとき、次の(1), (2)を証明しなさい。

(1) ∠OCE＝∠ODF
(2) 直線EFは点Mを通る。

(08 灘)

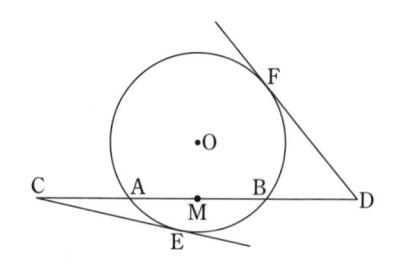

10 円と折り紙

次の各問いに答えなさい．

(ア) 図1のように，円 O を弦 AB で折り返したところ，弦 BE と半径 OD は，$\stackrel{\frown}{AB}$ の中点 C で交わった．∠BEO=12°のとき，∠ABC の大きさを求めなさい．
(07 智辯和歌山)

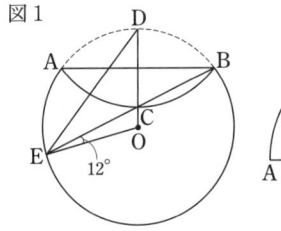

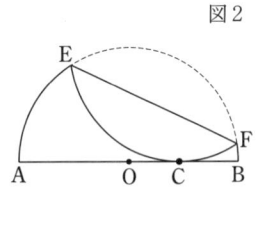

(イ) 図2のような中心 O，直径 AB の長さが4の半円状の紙がある．これを弦 EF を折り目として折ったところ，円弧の部分が OB の中点 C で接した．このとき，EF の長さを求めなさい．
(09 巣鴨)

円を折る問題では，**折り返された方の円弧を含む円**を完成させて考えるようにしましょう．
⇐この円は，もちろん折る前の円と合同．

解 (ア) $\stackrel{\frown}{AB}$ を含む円を円 O′ とする．
$\stackrel{\frown}{AC}=\stackrel{\frown}{CB}$ ……① より，OD⊥AB で，
①′ $\stackrel{\frown}{AD}=\stackrel{\frown}{DB}$ ……①′ である．ここで，
∠ABC=$x°$とすると，①′より，∠DEB=$x°$
また，$\stackrel{\frown}{AE}=\stackrel{\frown}{AD}$ ……② である．
すると，△ODE の内角の和について，
$(x°+12°)\times 2+4x°=180°$ ∴ $x=\mathbf{26}$°

➡注 △OBE の内角の和に着目して，
$12°+12°+6x°=180°$ とすることもできます．

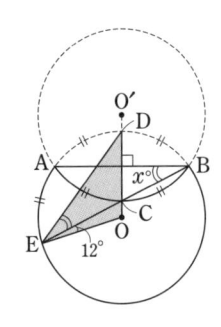

⇐①より，図形全体は直線 OD に関して対称．
⇐∠ABC は，円 O′ の $\stackrel{\frown}{AC}$ に対する円周角だが，円 O の $\stackrel{\frown}{AE}$ に対する円周角でもあるので，②が言える．
⇐△ODE は二等辺三角形．また，∠EOD は $\stackrel{\frown}{ED}$ の中心角だから，$(x°+x°)\times 2=4x°$

(イ) $\stackrel{\frown}{EF}$ を含む円を円 O′ とする．
$OO'=\sqrt{OC^2+O'C^2}$
$=\sqrt{1^2+2^2}=\sqrt{5}$
∴ $OM=\dfrac{OO'}{2}=\dfrac{\sqrt{5}}{2}$ ………③
∴ $EF=EM\times 2$
$=\sqrt{OE^2-OM^2}\times 2$
$=\sqrt{2^2-③^2}\times 2=\mathbf{\sqrt{11}}$

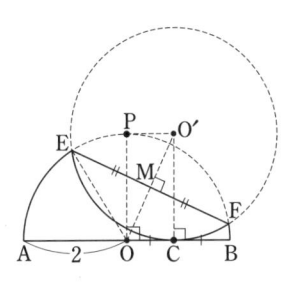

⇐円 O′ は AB と接しているから，O′C⊥AB
⇐OFO′E は，すべての辺の長さが2だから，'ひし形'．

➡注 図のように，円 O の周上で O の真上にある点を P とすると，**OCO′P** は '**長方形**' になっています．
⇐OP≲CO′，これと PO⊥AB より，'長方形' と分かる．

10★ 演習題 (p.102)

図のように，BC=4，AB=AC である二等辺三角形 ABC が円に内接している．辺 AC 上に点 D をとり，BD を折り目として三角形 ABC を折り返したら，点 C が円周上の点 C′ と重なり，∠CBC′=90°となった．
(1) ∠BAC の大きさ，および∠BC′D の大きさを求めなさい．
(2) △ABC の面積を求めなさい．
(3) △BC′D の面積を求めなさい．
(09 東海)

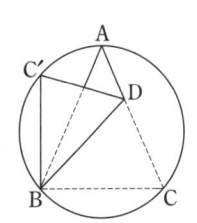

11 外接する2円の共通接線

半径3の円O_1と半径5の円O_2が,互いに点Aで外接している.これらの2つの円に接する2本の直線と,2つの円との接点を,図のようにP, Q, S, Tとする. 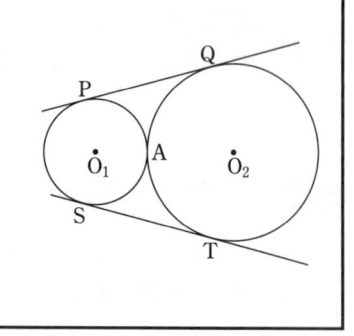
(1) 線分PQの長さを求めなさい.
(2) 線分PQの中点をM,線分STの中点をNとするとき,線分MNの長さを求めなさい.
(3) △APQは直角三角形であることを証明しなさい.

(07 西武文理)

(2) まず,2円O_1, O_2の共通内接線を引いてみましょう. ⇐Aにおける接線.
(3) (2)の過程から,そのまま証明に結び付きます.

解 (1) 右図のようにHをとると,$O_1O_2 = 3+5 = 8$
$O_2H = 5-3 = 2$
∴ $PQ = O_1H$
$= \sqrt{8^2-2^2} = 2\sqrt{15}$ …①

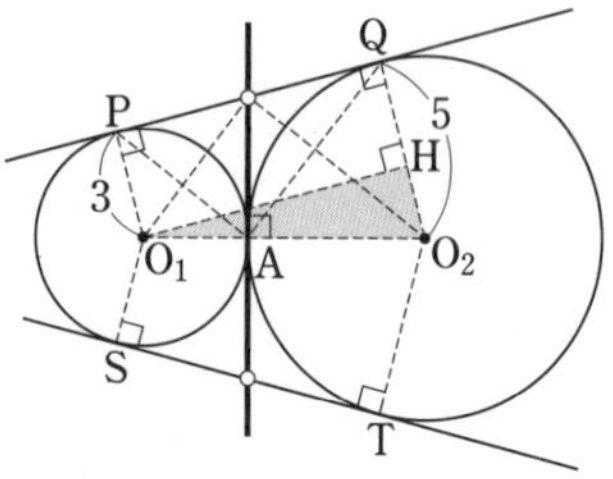

⇐PO_1HQは長方形だから,$HQ = O_1P$, $O_1H = PQ$

⇐△O_1O_2Hで,三平方.

(2) Aにおける2円の共通(内)接線とPQ, STの交点(図の○)をそれぞれM′, N′とすると,M′P = M′A = M′Qより,M′はPQの中点であるから,M′ = M,同様に,N′ = Nである.

よって,MN = MA + AN = 2MA = 2MP = PQ = ① = $2\sqrt{15}$

⇐図形全体は,中心線O_1O_2に関して対称.

(3) (2)より,MA = MP = MQであるから,△APQは直角三角形である.

⇐∠A = 90°となる(☞p.29).

➡**注** 以上により,本問の図形において,**PQ(=ST) = MN**,
∠**PAQ(=∠SAT) = 90°** が分かりましたが,さらに,
∠O_1MO_2(=∠O_1NO_2) = **90°** も成り立ちます.

⇐O_1Mは∠PMAの,O_2Mは∠QMAの2等分線.

◯ 11 演習題 (p.103)

図1のように,半径6の円Oと半径4の円O′が点Aで接している.この2円O, O′のどちらにも接している直線があり,接点をそれぞれP,Qとする.
(1) 線分PQの長さを求めなさい.
(2) 図2のように,点Aを通る直線lを引き,2円O, O′との交点をそれぞれB, Cとする.また,直線BPと直線CQの交点をRとする.
(i) ∠PRQの大きさを求めなさい.
(ii) 直線lを2円O, O′の中心を通るように引くとき,ARの長さを求めなさい.

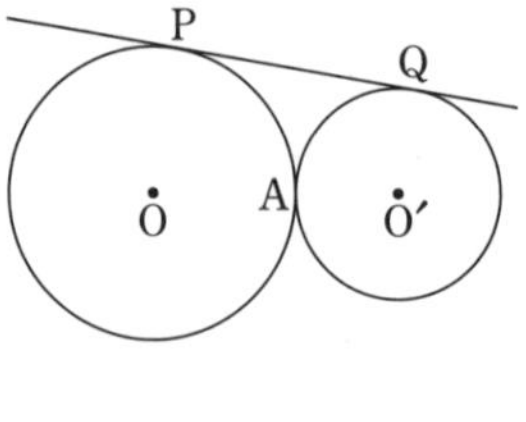

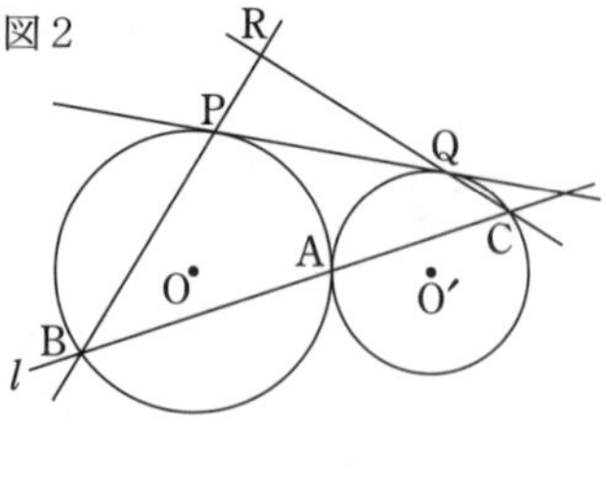

(09 西南学院)

12 多角形に内接する複数の円

右図のように，AB=4 の長方形 ABCD の 3 辺 AB, BC, DA に接する円 P と 2 辺 BC, CD と円 P に外接する円 Q がある．C より円 P に接線をひき，辺 DA との交点を E とする．CE=5 のとき，

(1) PE の長さを求めなさい．
(2) 長方形 ABCD の対角線の長さを求めなさい．
(3) 円 Q の半径を求めなさい．

(05 日大二)

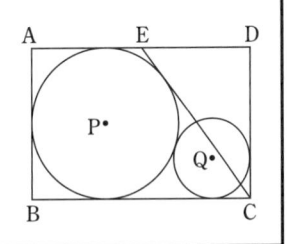

(1) 円が台形に内接している図形での定石に従います．
(3) 円の中心と接点などを結んで，三平方に結び付けます．

⇐ ☞ p.81.

⇐ 複数の円(or 球)などが接する問題での定石．

解 (1) 右図のように F〜H をとり，EG(=EH)=x とする．
$○+×=90°$，$●+×=90°$
であるから，$○=●$
よって，網目の三角形同士は相似であるから，CF : FP = PG : GE ……①
ここで，DE=$\sqrt{5^2-4^2}=3$ より，CF=DG=3+x ……②
したがって，①は，$(3+x):2=2:x$ ∴ $x^2+3x-4=0$
 ∴ $(x-1)(x+4)=0$ $x>0$ より，$x=1$
 ∴ PE=$\sqrt{2^2+1^2}=\sqrt{5}$

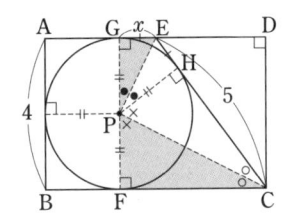

⇐ 直径 FG より右側に現れる 4 つの**直角三角形の相似**に着目する．

⇐ **別解** CH=CE−EH
=5−x ……③
CF=CH であるから，②=③
∴ $3+x=5-x$ ∴ $x=1$
（以下略）

(2) (1)より，BC=BF+CF=2+(3+1)=6
であるから，対角線の長さは，$\sqrt{4^2+6^2}=\mathbf{2\sqrt{13}}$

(3) 右図のように I, J をとり，円 Q の半径を r とする．
網目の三角形において，
PQ=2+r，PI=PF−IF=2−r，IQ=IJ−QJ=4−r
∴ $(2+r)^2=(2-r)^2+(4-r)^2$
∴ $r^2-16r+16=0$ ∴ $r=8\pm4\sqrt{3}$
$r\leq2$ であるから，$r=\mathbf{8-4\sqrt{3}}$ (≒1.07)

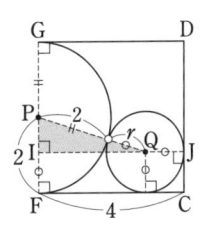

⇐ 2 次方程式の '解の公式' で解く．

12 演習題 (p.103).

図 1 のように，1 辺の長さが 2 の正三角形 ABC があり，半径 x の 3 つの円が，それぞれ 2 辺に接していて，半径 y の円 P がその 3 つの円と外接している．

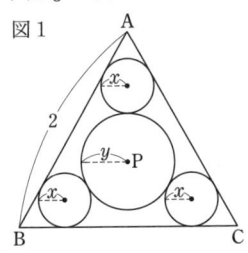

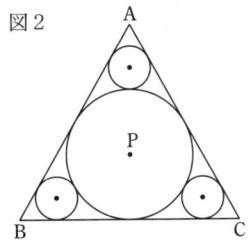

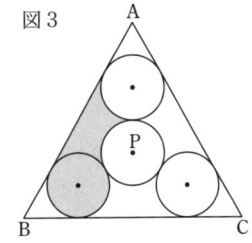

図 1　図 2　図 3

(1) 図 2 のように，円 P が三角形の辺に接するとき，x, y の値を求めなさい．
(2) 図 3 のように，$x=y$ のとき，x の値を求めなさい．また，■の部分の面積を求めなさい．

(09 洛南)

13 三角形＆円に内接する円

長さ4の線分ABがある．2点A，Bを中心としてそれぞれ半径4の円をかき，交点の1つをPとする．
（1） △ABPに内接する円の半径を求めなさい．
（2） BPを弧とするおうぎ形ABPに内接する円の半径を求めなさい．
（3） 線分AB，弧AP，弧BPのすべてに接する円Oの半径，△OABの外接円の半径を求めなさい．

（10　大阪星光学院）

（1），（2）'30°定規形'を活用しましょう．
（3） 後半の外接円の中心は直線OP上にあることに注意しましょう． ⇐△OABは二等辺三角形．

解 （1） △ABPは一辺の長さが4の正三角形であるから，図1の網目部は30°定規形である．

よって，内接円の半径は，$IC = \dfrac{AC}{\sqrt{3}} = \dfrac{2}{\sqrt{3}} = \dfrac{2\sqrt{3}}{3}$ ………①

（2） 図2の網目部は30°定規形であり，求める円の半径（=ID）をrとおくと，AJ=AE−JE=4−rであるから，

　　JD：AJ=r：(4−r)=1：2

∴ $2r = 4 - r$　∴ $r = \dfrac{4}{3}$

（3） 円の半径をsとおくと，AO=4−sであるから，$(4-s)^2 = s^2 + 2^2$　∴ $s = \dfrac{3}{2}$

また，△OABの外接円の中心をQ，半径をRとおくと，図3のようになって，QC=QO−OC=$R - \dfrac{3}{2}$であるから，

$R^2 = \left(R - \dfrac{3}{2}\right)^2 + 2^2$　∴ $R = \dfrac{25}{12}$

⇐対称性から，図1と同様，円の中心はPC上にある．

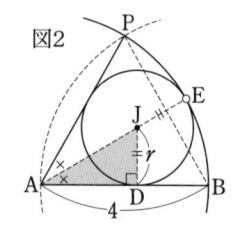

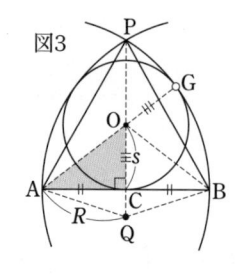

⇐△AQCで，三平方．

➡**注** 円は少しずつ大きくなっていくので，①＜r＜s＜R が（当然）成り立っています．

⇐①=1.15…，r=1.3…，s=1.5，R=2.083…

13★ 演習題（p.104）

△ABCは，図1のように∠C=90°の直角三角形で，AB=25，AC=24である．
（1） BCの長さを求めなさい．
（2） 図2の円は△ABCの3辺に接する円である．この円の半径xを求めなさい．
（3） 図3は，Bを中心に半径BCの円弧を描き，その円弧と2辺BA，BCに接する円を描いたものである．この円の半径yを求めなさい．

（04　久留米大付）

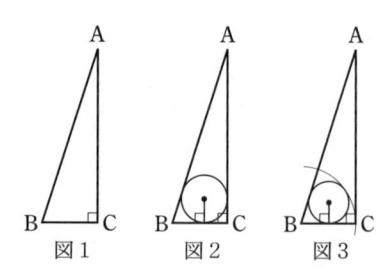

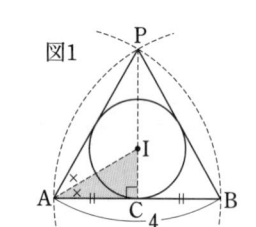

14 扇形に含まれる複数の円

次の各問いに答えなさい．

(ア) 図1のように，半径がすべて r の3つの円 P，Q，R が2つずつ互いに外接し，かつ扇形 OAB に内接している．
 (ⅰ) 線分 OP の長さを r を用いて表しなさい．
 (ⅱ) $r=\sqrt{3}-1$ のとき，扇形の半径 OA の長さを求めなさい． (05 滝)

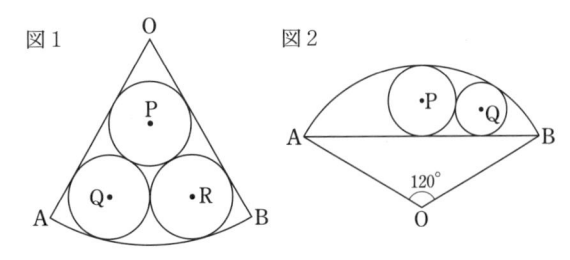

(イ) 図2のように，半径1，中心角 $120°$ の扇形 OAB の弧 AB と弦 AB に接する半径が最大の円 P がある．このとき，円 P と弦 AB と弧 AB に接する円 Q の半径を求めなさい．
 (10 大阪星光学院)

(ア)(ⅱ) 「扇形と円 Q(or 円 R)が接している」という条件を使うために，OQ(or OR)を延長します．

(イ) 複数の直角三角形で三平方を使うことになります．

解 (ア)(ⅰ) △PQR は一辺が $2r$ の正三角形であり，これと，OA∥PQ，OB∥PR より，∠AOB = $60°$ である．
よって，右図の△OHP は $30°$ 定規形であるから，OP = $2r$

(ⅱ) $OQ^2 = OI^2 + IQ^2 = \{(2+\sqrt{3})r\}^2 + r^2 = (8+4\sqrt{3})r^2$
$= 2(4+2\sqrt{3}) \times (4-2\sqrt{3}) = 2\{4^2-(2\sqrt{3})^2\} = 8$
∴ OQ = $2\sqrt{2}$ ∴ OA = OS = $\bm{2\sqrt{2}+\sqrt{3}-1}$

⇦ OI = OH + HI = $\sqrt{3}r + 2r$
 = $(2+\sqrt{3})r$
⇦ $r^2 = (\sqrt{3}-1)^2 = 4-2\sqrt{3}$

(イ) 扇形の半分の右図で，△OBC は $30°$ 定規形であるから，
OC = $\dfrac{OB}{2} = \dfrac{1}{2}$ よって，円 P の半径は，$\left(1-\dfrac{1}{2}\right) \times \dfrac{1}{2} = \dfrac{1}{4}$

このとき，円 Q の半径を r とおくと，PQ = $\dfrac{1}{4}+r$，PH = $\dfrac{1}{4}-r$

また，OQ = $1-r$，OH = $\dfrac{1}{2}+r$ であるから，

$QH^2 = PQ^2 - PH^2 = OQ^2 - OH^2$ より，
$\left(\dfrac{1}{4}+r\right)^2 - \left(\dfrac{1}{4}-r\right)^2 = (1-r)^2 - \left(\dfrac{1}{2}+r\right)^2$

∴ $r = \dfrac{3}{4} - 3r$ ∴ $r = \bm{\dfrac{3}{16}}$

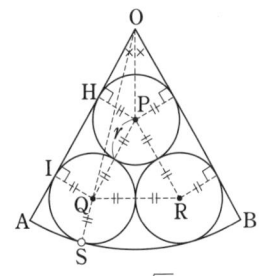

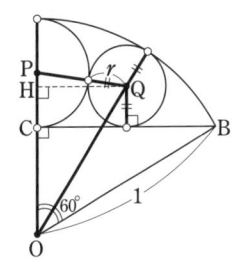

⇦ △PHQ，△OHQ の両方で，三平方．

14★ 演習題 (p.104)

図のように，3つの円 O_1，O_2，O_3 は互いに外接し，また，円 O_1，O_3 は半径6の半円 O に内接しています．円 O_2 は直径 AB に接し，円 O_1，O_2，O_3 が直径 AB と接する点をそれぞれ C，D，O とします．円 O_1 の半径を x とするとき，

(1) OO_1 の長さを x の1次式で表しなさい．
(2) x の値と OC の長さを求めなさい．
(3) 円 O_2 の半径を求めなさい． (09 城西大付川越)

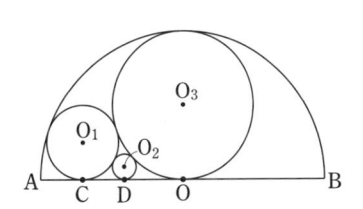

15 傍接円

図のように，BC＝8，CA＝15，∠ACB＝90°の三角形 ABC がある．円 O は辺 AB，BC，CA にそれぞれ接し，円 O′ は辺 CA，CB の延長線および辺 AB にそれぞれ接している．

（1） AB の長さを求めなさい．
（2） ∠AOB の大きさを求めなさい．
（3） 円 O′ の半径を求めなさい．

（10 弘学館）

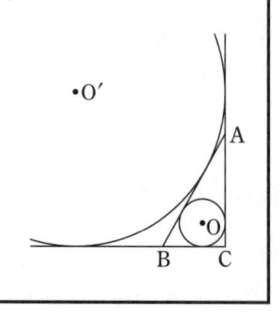

（3） 傍接円の半径は，**面積を経由して求めるのが基本**（☞演習題の解答）ですが，**直角三角形では正方形に着目する**のも明快です．

解 （1） $AB = \sqrt{8^2 + 15^2} = 17$ ……①

（2） AO，BO はそれぞれ∠A，∠B の 2 等分線であるから，右図のようになる．
ここで，○○＋××＋90°＝180°より，

$$\circ + \times = \frac{180° - 90°}{2} = 45° \quad \cdots\cdots ②$$

∴ ∠AOB＝180°－②＝**135°**

（3） 図のように接点 H，I，J を定め，AJ＝AH＝a，BJ＝BI＝b とおく．
$a + b =$ ①より，$a + b = 17$ ……③
CH＝CI より，$15 + a = 8 + b$ ……④ ∴ $b - a = 7$ ……⑤
③，⑤を解いて，$b = 12$（$a = 5$）

よって，円 O′ の半径は，④＝$8 + 12 =$ **20**

▶注 図の網目部も正方形になる……⑥ ので，∠ICO＝∠ICO′＝45°，すなわち，C-O-O′ は一直線上にあると分かります．一般に，CO，CO′ はともに∠C の 2 等分線になり，■■ が言えます（傍接円の半径を求めるときには，基本通り '面積を経由' する解法の他に，この ■■ に着目して '相似を利用' することもできる）．

◁ '傍接円' については，☞p.81．
◁ この辺の事情は，内接円の場合と全く同様（☞演習題 13 番）．
◀ 内心（内接円の中心）O は，3 つの内角の 2 等分線の交点（☞p.81）．
◁ △ABC の内角の和．
◁ △OAB の内角の和．

◀ O′ICH は正方形（これがポイント！）．
◁ ⑥より，円 O の半径は，
$$\frac{CB + CA - AB}{2} = 3 \quad (☞p.80)$$
◁ ☞演習題の**別解**．

15 演習題（p.105）

△ABC の 3 辺の長さが BC＝9，CA＝8，AB＝13，A から BC の延長線に引いた垂線を AH とします．

（1） CH＝x とおきます．
　（i） AH^2 を x の式で 2 通りに表しなさい．
　（ii） AH の長さを求めなさい．
（2） △ABC の面積を求めなさい．
（3） △ABC の 3 辺に接する円の半径を求めなさい．
（4） BC，AB の延長線，AC の延長線に接する円の半径を求めなさい．

（07 徳島文理）

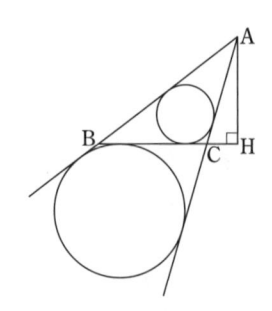

16 四角形の内接円と外接円

次の問いに答えなさい．

(1) 図1のように，円Oに内接する三角形ABCにおいて，BからACに垂線BHをひく．円Oの半径をRとするとき，$R = \dfrac{AB \times BC}{2BH}$ となることを証明しなさい．

(2) 図2のように，AD ∥ BC，AD＝4，BC＝8，AB＝DC を満たす台形ABCDがあり，この台形は円Pに外接し，かつ円Qに内接している．
 (i) 円Pの半径を求めなさい．
 (ii) 円Qの半径を求めなさい．

(10 灘)

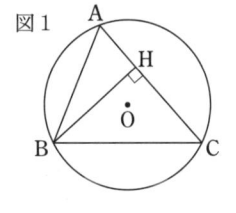

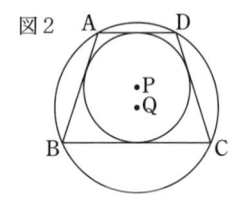

(2) 図形全体は，直線PQに関して対称です．(ii)では，もちろん(1)の式を使いましょう．

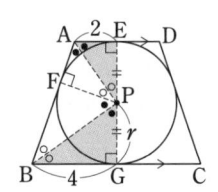

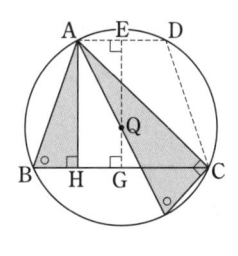

⬇Bを通る直径を引くのが定石．

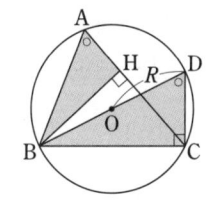

解 (1) 円Oの直径BDを引いた右図で，○同士の角は等しいから，△ABH∽△DBC ∴ AB : BH = DB : BC
∴ AB : BH = 2R : BC ∴ $R = \dfrac{AB \times BC}{2BH}$

(2)(i) 右図のように，接点E，F，Gをとると，○同士の角，●同士の角はそれぞれ等しいから，網目の三角形は相似である．
よって，円Pの半径をrとすると，
$4 : r = r : 2$ ∴ $r^2 = 8$ ∴ $r = 2\sqrt{2}$

(ii) 右図で，AH＝EG＝$2r = 4\sqrt{2}$
BH＝BG－AE＝2
∴ $AB = \sqrt{(4\sqrt{2})^2 + 2^2} = 6$
また，$AC = \sqrt{(4\sqrt{2})^2 + (8-2)^2} = 2\sqrt{17}$
よって，円Qの半径をRとすると，(1)より，$R = \dfrac{AB \times AC}{2AH} = \dfrac{6 \times 2\sqrt{17}}{2 \times 4\sqrt{2}} = \dfrac{3\sqrt{34}}{4}$

⟲(2)(ii) (1)がないときは，次のように解くこともできる．
『右図で，
QA^2
　$= QB^2$
　$= R^2$
より，$2^2 + (2\sqrt{2} + x)^2$
　$= 4^2 + (2\sqrt{2} - x)^2$
∴ $x = \dfrac{3\sqrt{2}}{4}$（以下略）』

16★ 演習題 (p.105)

図の△ABCにおいて，円O_1は，点B，Cを通り辺AB，ACとそれぞれ点P，Qで交わります．円O_2は，辺AB，BC，CAおよび線分PQとそれぞれ点D，E，F，Rで接します．

AB＝9，BC＝6，CA＝8のとき，線分PQの長さを求めなさい．

(08 中大杉並)

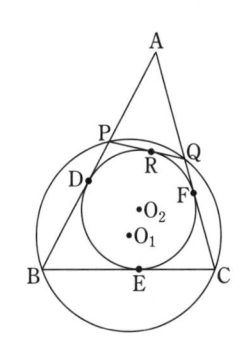

17 長方形の中の2円

AB=5, AD=12 である長方形 ABCD がある．2つの円 O_1, O_2 が，図のように直角三角形 ABC，ADC の3辺にそれぞれ接している．AC が円 O_1, O_2 と接する点をそれぞれ E, F とし，BO_1 を延長した直線と AC との交点を G とする．

(1) 円 O_1 の半径の長さを求めなさい．
(2) AE：EF：FC を最も簡単な整数比で表しなさい．
(3) AG の長さを求めなさい．
(4) 四角形 EO_1FO_2 の面積を求めなさい．
(5) DE の長さを求めなさい． （05 西大和学園）

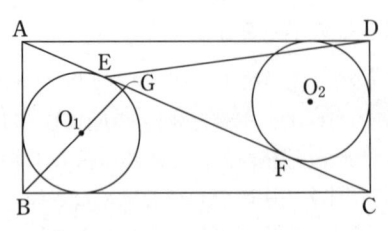

図形の対称性から，すべて△ABC 内でケリがつきます．

解 (1) 図で，□BIO_1H は正方形であるから，円 O_1 の半径を r とすると，
$$r = BH(=BI)$$
$$= \frac{BA+BC-AC}{2}$$
$$= \frac{5+12-13}{2} = \mathbf{2}$$

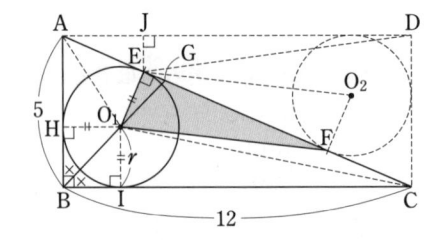

◁ 定石通り '面積を経由' してもよいが，直角三角形の場合は '正方形に着目' するのも明快．

◁ ☞ p.80.

◁ $AC = \sqrt{5^2+12^2} = 13$

(2) (1)より，
AE=AH=5−2=3．対称性より，CF=AE であるから，
AE：EF：FC=3：(13−3×2)：3=**3：7：3**

(3) BG は∠ABC の2等分線であるから，
AG：GC=BA：BC=5：12 ∴ AG $= 13 \times \dfrac{5}{5+12} = \mathbf{\dfrac{65}{17}}$

◁ "角の2等分線の定理"（☞ p.7）を使う．

(4) 対称性より，□EO_1FO_2 = △$O_1FE \times 2$ = $EF \times O_1E$ = $7 \times 2 = \mathbf{14}$

◁ 対称性から，△$O_1FE \equiv \triangle O_2EF$．（□$EO_1FO_2$ は，平行四辺形）

(5) 図で，△AEJ∽△ACD …① であるから，
$EJ = AE \times \dfrac{5}{13} = \dfrac{15}{13}$, $AJ = AE \times \dfrac{12}{13} = \dfrac{36}{13}$ ∴ $DJ = 12 - \dfrac{36}{13} = \dfrac{120}{13}$

∴ $DE = \sqrt{EJ^2+DJ^2} = \sqrt{\left(\dfrac{15}{13}\right)^2 + \left(\dfrac{120}{13}\right)^2} = \mathbf{\dfrac{15\sqrt{65}}{13}}$

◁ ①の3辺比は，5：12：13．

◁ $= \dfrac{15}{13}\sqrt{1^2+8^2}$

17★ 演習題 (p.106)

次の各問いに答えなさい．

(ア) 図1のような1辺が3の正方形 ABCD がある．辺 AD 上の点 P，辺 BC 上の点 Q を中心としてそれぞれ半径1の半円がある．辺 AB 上の点 E と辺 CD 上の点 F を結ぶ線分 EF が S，T で各半円と接している．このとき，線分 AE の長さを求めなさい．
（04 巣鴨）

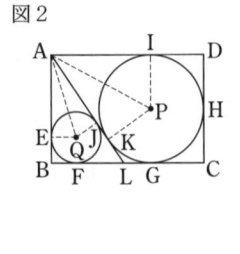

(イ) 図2のように，AB=8, AD=10 である長方形 ABCD がある．円 P は図のように各線分と点 G, H, I, K で接しており，円 Q は図のように各線分と点 E, F, J で接している．このとき，円 Q の半径を求めなさい．
（07 西大和学園）

円（2）
演習題の解答

1 （1） 例題の図1で'×同士の角が等しい'という事実が決め手になります．
（2）「OD∥BA」の条件を，(1)のような角度の条件に翻訳しましょう．

解 （1） $x°$, $y°$ に加えて，右図のように $z°$ とおくと，五角形 PQBCD の内角の和について，
$2(x°+y°+z°+90°)$
$=180°×3=540°$
∴ $x°+y°+z°$
$=180°$
∴ ∠COD $=180°-(x°+z°)=y°$ ……①
$=$∠CBO
よって二角相等で，△CDO∽△COB …②

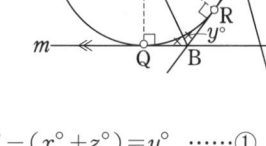

➡注 l∥m より，P-O-Q は一直線上にあります．

（2） OD∥BA（n）のとき，∠COD＝∠OCB すなわち，①＝$z°$ ∴ $y°=z°$

このとき，②はともに二等辺三角形であり，相似比は，DO：OB＝7：6

∴ BC＝OC×$\frac{6}{7}$＝6×$\frac{6}{7}$＝$\frac{36}{7}$ ………③

よって，円 O の半径は，

OR＝$\sqrt{6^2-\left(\frac{3}{2}\right)^2}$＝$\frac{6}{7}×\sqrt{7^2-3^2}$＝$\frac{12\sqrt{10}}{7}$

2 （2） (1)を証明する過程で出てきた等角を利用しましょう．
（3）「$\sqrt{2}$：1」の条件が'45°定規形'に結び付くかどうかがポイントになります．

解 （1） △OAB と△DOC において，
OA＝DO …①
▱OABC は平行四辺形であるから，
AB＝OC …②
また，OC∥AB と①より，右図で，
$p=d=a$ ……③
①〜③より，二辺夾角相等で，
△OAB≡△DOC

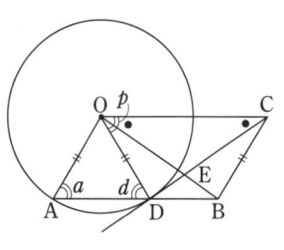

（2） (1)の図で，∠AOD＝180°$-2a$ …④
一方，▱ODBC は等脚台形 …⑤ であるから，図の●の角同士は等しく，また，CD は円 O の接線であるから，∠ODC＝90°…⑥．よって，
∠OED＝2×●＝2×（90°$-p$）
＝180°$-2p$＝180°$-2a$＝④

（3） ⑤より，
DE＝BE であるから，△ODE において，OE：ED＝$\sqrt{2}$：1
これと⑥より，△ODE は45°定規の形である．

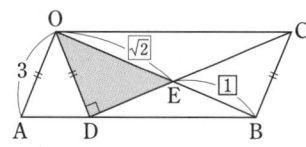

∴ ▱OABC＝2×△ODC
＝2×（1＋$\sqrt{2}$）×△ODE
＝2（1＋$\sqrt{2}$）×$\frac{3^2}{2}$＝9（1＋$\sqrt{2}$）

3 2直線が円の外で直交する場合も，**垂線を下ろして長方形を作る**という基本は変わりません．なお，（3）では，D は定円周上にあることに着目しましょう．

解 （1） 図で，OAPH は長方形であるから，円 P の半径を r とすると，PH＝AO＝1 …①
BH＝OB－OH
＝OB－AP
＝2＋$\sqrt{3}-r$…②

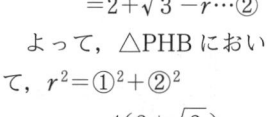

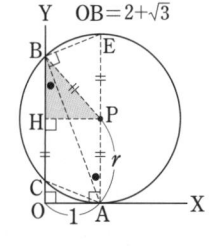

よって，△PHB において，r^2＝①^2＋②^2
∴ $r=\frac{4(2+\sqrt{3})}{2(2+\sqrt{3})}=2$

別解 前ページの図のようにEをとると，
△BEA∽△OAB（二角相等）
∴ AE：AB＝BA：BO
∴ $2r$：AB＝BA：$(2+\sqrt{3})$
∴ $r=\dfrac{AB^2}{2(2+\sqrt{3})}=\dfrac{1^2+(2+\sqrt{3})^2}{2(2+\sqrt{3})}=2$

（2） (1)より，PH：PB＝1：2であるから，△PBH は 30°定規形である．
∴ ∠BAC＝$\dfrac{∠BPC}{2}$＝∠BPH＝**60°**

（3） ∠BDC＝30°を満たす点Dは，下図の点Qを中心とする半径QB（＝BC＝$2\sqrt{3}$）の円周上にある(☞注)から，DはこのQとOXとの交点である． 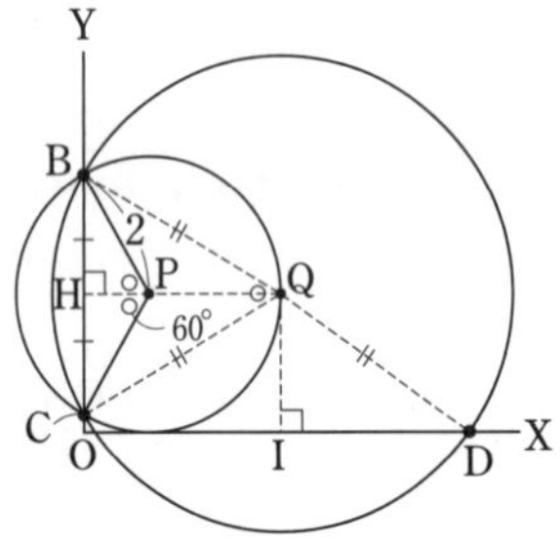
ここで，OIQHは長方形であるから，
OI＝HQ＝3
QI＝HO＝2
∴ ID＝$\sqrt{QD^2−QI^2}$
　　＝$\sqrt{(2\sqrt{3})^2−2^2}=2\sqrt{2}$
∴ OD＝OI＋ID＝$3+2\sqrt{2}$

➡**注** 定線分BCを見込む角が30°(一定)の点は，BCを弦とする定円周上にあり(☞p.56)，その中心は，BCの垂直2等分線上にあって，BCを見込む角が60°(＝30°×2)の点ですから，上図のQとなります（Qは円Pの周上にあって，△QBCは正三角形になっている）．

4 （1） 3辺の長さが分かっている三角形の'高さ'を求める定石に従います．
（2） 例題の前書きにある ▨ の相似を経由して，本問の核心となるもう1つの相似(以下の ▨)が発見できるかどうかが鍵です．

解 （1） BD＝xとおくと，
AD²＝5²−x^2 …①
　　＝7²−(8−x)²
∴ $x=\dfrac{5}{2}$ ……②
これと①より，

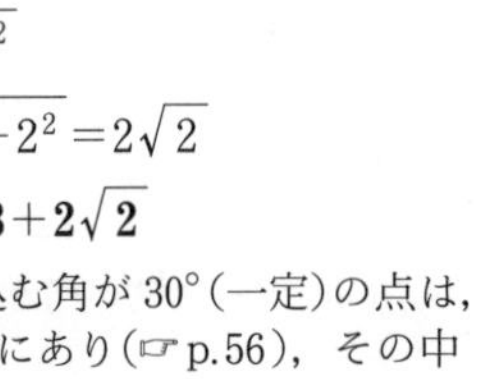

AD²＝$5^2-\left(\dfrac{5}{2}\right)^2=\dfrac{75}{4}$ ……③

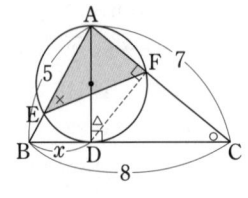

このとき，円の面積は，
$\left(\dfrac{AD}{2}\right)^2 \pi = \dfrac{③}{4}\pi = \dfrac{75}{16}\pi$

➡**注** ②より，AB：BD＝2：1ですから，△ABD は '30°定規形' (∠B＝60°)と分かります．なお，このように「3辺比が5：7：8の三角形では60°が現れる」ことは，覚えておくと便利．

（2） ∠ADC＝∠AFD＝90°より，
△ADC∽△AFD ……………④
∴ ○＝△　これと△＝×より，×＝○
よって，二角相等で，△AFE∽△ABC …⑤
④より，AD：AC＝AF：AD
∴ AF＝$\dfrac{AD^2}{AC}=\dfrac{③}{7}=\dfrac{75}{28}$ ……⑥
これと⑤より，AF：EF＝AB：CB
∴ EF＝$\dfrac{8×⑥}{5}=\dfrac{30}{7}$

5 （2） '45°定規形'に着目します．
（4） "接弦定理"から導かれる相似を利用します．
（5） （2）で求めた△ABDとの比をとります．

解 （1） AB²＝AD²＋DB²＝1²＋3²＝10
よって，円Oの面積は，$\left(\dfrac{AB}{2}\right)^2\pi=\dfrac{5}{2}\pi$

（2） 右図の○印の角はすべて45°であるから，△ADG，△GCB はともに 45°定規形である． 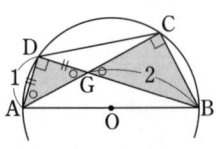
∴ AG＝$1×\sqrt{2}=\sqrt{2}$，GC＝$\dfrac{2}{\sqrt{2}}=\sqrt{2}$
よって，AG＝GCであるから，
▱ABCD＝△ABD×2＝$\dfrac{1×3}{2}×2=3$

（3） △GDC∽△GAB（二角相等）で，相似比は，GD：GA＝1：$\sqrt{2}$ であるから，
DC＝AB×$\dfrac{1}{\sqrt{2}}=\sqrt{10}×\dfrac{1}{\sqrt{2}}=\sqrt{5}$

（4） 接弦定理により，
　　∠FCD
　　＝∠FAC
よって，二角相等で，△FCD
∽△FAC　…①

相似比は，CD：AC＝$\sqrt{5}$：$2\sqrt{2}$
よって，DF＝xとおくと，
　AF＝$\dfrac{2\sqrt{2}}{\sqrt{5}}$CF＝$\dfrac{2\sqrt{2}}{\sqrt{5}}\left(\dfrac{2\sqrt{2}}{\sqrt{5}}x\right)$＝$\dfrac{8}{5}x$

一方，AF＝1＋xであるから，
　　$\dfrac{8}{5}x$＝1＋x　∴　x＝$\dfrac{5}{3}$

（5）　△AEF＝△ABD×$\dfrac{\text{AE}}{\text{AB}}$×$\dfrac{\text{AF}}{\text{AD}}$　……②

①と同様に，△ECB∽△EAC
相似比は，CB：AC＝1：2
　∴　EA＝2EC＝2(2EB)＝4EB　……③
　∴　$\dfrac{\text{AE}}{\text{AB}}$＝$\dfrac{4}{4-1}$＝$\dfrac{4}{3}$

また，（4）より，$\dfrac{\text{AF}}{\text{AD}}$＝$\dfrac{8}{8-5}$＝$\dfrac{8}{3}$

　∴　②＝$\dfrac{3}{2}$×$\dfrac{4}{3}$×$\dfrac{8}{3}$＝$\dfrac{\mathbf{16}}{\mathbf{3}}$

➡注　EB＝yとおくと，③より，EA＝4y，一方，
EA＝y＋$\sqrt{10}$ですから，
　　4y＝y＋$\sqrt{10}$　∴　y＝$\dfrac{\sqrt{10}}{3}$

【類題⑦】　右の図のように，点Aで内接する2円があり，内側の円に点Dに接するように外側の円の弦BCを引くと，ADは∠BACを2等分することを証明しなさい．
（06 慶應志木，解答は☞p.177）

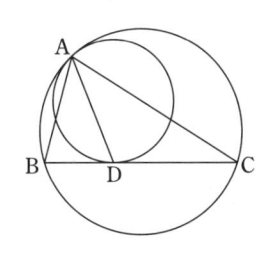

⑥　（2）　接弦定理(☞p.80)を使います．
（4）　ADがからむ，（2）以外の相似を探しましょう．

解　（1）　角の2等分線の定理により，
　　BD：DC
　　＝AB：AC＝3：2
　　∴　BD＝BC×$\dfrac{3}{3+2}$
　　＝25×$\dfrac{3}{5}$＝**15**

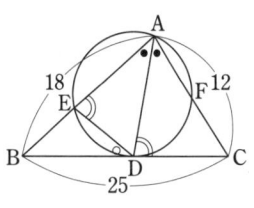

（2）　接弦定理により，○＝●
よって，二角相等で，△ABD∽△DBE

（3）　（2）より，BA：BD＝BD：BE
　　∴　BA×BE＝BD^2　……①
　　∴　BE＝$\dfrac{\text{BD}^2}{\text{BA}}$＝$\dfrac{15^2}{18}$＝$\dfrac{\mathbf{25}}{\mathbf{2}}$　……②

➡注　①は"方べきの定理(接線版)"(☞p.80)です．

（4）　接弦定理により，∠ADC＝∠AED
よって，二角相等で，△ADC∽△AED
　　∴　AD：AC＝AE：AD
　　∴　AD^2＝AC×AE＝12×(18－②)
　　　　　　＝12×$\dfrac{11}{2}$＝66
　　∴　AD＝$\sqrt{\mathbf{66}}$

➡注　例題の注にある公式によると，
AD＝$\sqrt{18\times12-15\times10}$＝$\sqrt{66}$

⑦　（1）　二等辺三角形の内接円の半径は，'面積'経由の他にも，'相似'や'角の2等分線の定理'を利用しても求められます．
（2）　図1と図2の円の半径比が決め手になります．

解　（1）　AM
＝$\sqrt{13^2-5^2}$＝12
△AIH∽△ABM より，
AI：IH＝13：5
内接円の半径をrとすると，
(12－r)：r＝13：5
　∴　r＝$\dfrac{60}{18}$＝$\dfrac{\mathbf{10}}{\mathbf{3}}$　……①

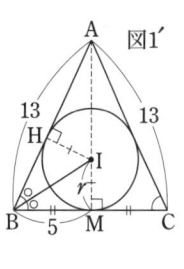

別解　BIは∠Bの2等分線であるから，
AI：IM＝BA：BM＝13：5
　∴　r＝IM＝12×$\dfrac{5}{13+5}$＝$\dfrac{\mathbf{10}}{\mathbf{3}}$

（2） 図2′の△DBCは，図1′の△ABCと相似な二等辺三角形であり，相似比(内接円の半径比)は，

①：5＝2：3

よって，

JK＝NM
　＝$5×\frac{3}{2}-5=\frac{5}{2}$

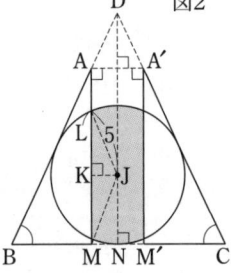

すると，JK：JL＝1：2より，△JKLは30°定規形であるから，求める面積は，

$$\left(\frac{\sqrt{3}}{4}×5^2+5^2π×\frac{60}{360}\right)×2=\frac{25\sqrt{3}}{2}+\frac{25}{3}π$$

8 「PQ＝2」の条件から，以下の☆を見抜くところが第1のポイントです．

（2）では，小さい正方形の4隅の部分を上手に求積しましょう．

解 （1） 円Oの半径は2であり，これとPQ＝2より，△OPQは一辺が2の正三角形である．………☆

よって，右図で，
OI＝$\sqrt{3}$ …①

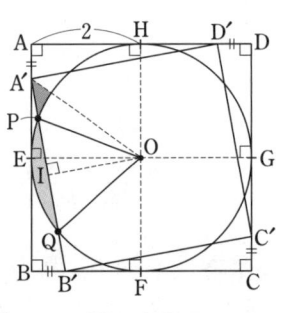

∴ OA′＝OI×$\sqrt{2}$＝①×$\sqrt{2}$＝$\sqrt{6}$ ……②

すると，△OA′Eにおいて，
A′E＝$\sqrt{OA'^2-OE^2}$＝$\sqrt{②^2-2^2}$＝$\sqrt{2}$

∴ AA′＝AE－A′E＝**2－$\sqrt{2}$**

別解 A′I＝B′I＝OI＝$\sqrt{3}$ であり，BB′＝AA′＝xとおくと，A′B＝4－xであるから，△A′BB′において，$(2\sqrt{3})^2=x^2+(4-x)^2$
∴ $x^2-4x+2=0$　$x<2$より，$x=$**2－$\sqrt{2}$**

（2） 図の薄い網目部分の弓形の面積は，
$$2^2π×\frac{60}{360}-\frac{\sqrt{3}}{4}×2^2=\frac{2}{3}π-\sqrt{3}$$ …③

また，濃い網目部分の面積は，
$$\frac{①^2}{2}-\left(\frac{\sqrt{3}}{4}×2^2\right)×\frac{1}{2}-2^2π×\frac{15}{360}$$
$$=\frac{3-\sqrt{3}}{2}-\frac{π}{6}$$ ………………④

よって，求める面積は，

③×4＋④×8＝**12－$8\sqrt{3}$＋$\frac{4}{3}π$**

9 （1）で用いる合同が，（2）でも再利用できます．証明すべき'一直線'を，証明の過程で使ってしまわないように注意しましょう．

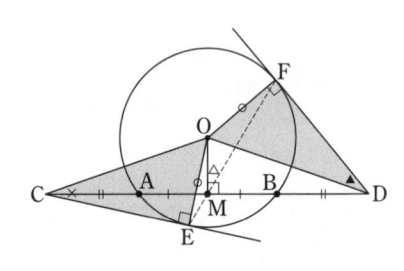

解 （1） 与えられた条件より，CM＝DM
これと，OM⊥CD，OM共通より，二辺夾角相等で，△OCM≡△ODM　∴ OC＝OD
これと，OE＝OFより，斜辺と他の一辺相等で，△OCE≡△ODF
∴ ∠OCE＝∠ODF

（2） ∠OMD＋∠OFD＝180°より，□OMDFは円に内接するから，図で，▲＝△………①
一方，∠OMC＝∠OEC＝90°より，□OCEMも円に内接するから，
×＋∠OME＝180°
（1）と①より，×＝▲＝△であるから，
△＋∠OME＝180°
よって，E-M-Fは一直線上にある．

10 「∠CBC′＝90°」の条件が大きく利いてきます．（3）では，折り目に関する対称性に注目しましょう．

解 （1） 折り返しの条件から，C′B＝CB
これと∠CBC′＝90°…①より，△BCC′は直角二等辺三角形．このとき，
∠BAC
＝∠BC′C＝**45°**……②

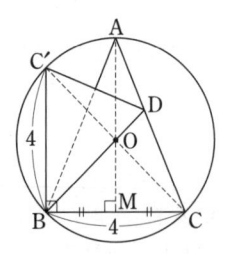

また，∠BC′D＝∠BCD＝$\frac{180°-②}{2}$＝**67.5°**

（2）①より，円の中心 O は，CC′の中点，すなわち CC′と BD との交点である（対称性から，O は図の AM 上にもある）．

このとき，OA＝OC＝$2\sqrt{2}$，OM＝2 であるから，△ABC＝$\frac{1}{2}$×BC×AM

$$=\frac{1}{2}×4×(2\sqrt{2}+2)=\mathbf{4(\sqrt{2}+1)}$$

（3）∠DBC＝45°＝∠BAC より，△BDC は △ABC と相似な二等辺三角形であるから，
　　　　BD＝BC＝4

∴　△BC′D＝$\frac{1}{2}$×□BCDC′

$$=\frac{1}{2}×\frac{CC′×BD}{2}=\frac{4\sqrt{2}×4}{4}=\mathbf{4\sqrt{2}}$$

11　（1）は，例題と同様です．
（2）（i）△BCR の内角に着目しましょう．
（ii）'長方形' が現れます．

解　（1）右図のように H をとると，
PQ＝HO′
＝$\sqrt{OO′^2-OH^2}$
＝$\sqrt{10^2-2^2}$
＝$\mathbf{4\sqrt{6}}$　……①

（2）（i）円周角の定理により，
∠PBA＝$\frac{∠POA}{2}$，∠QCA＝$\frac{∠QO′A}{2}$

よって，右図のようになって，
××＋○○＝180°
より，
×＋○＝90°
であるから，
△BCR の内角について，
∠PRQ＝180°－（×＋○）＝**90°**

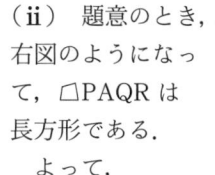

（ii）題意のとき，右図のようになって，□PAQR は長方形である．
よって，
AR＝PQ
＝①＝$\mathbf{4\sqrt{6}}$

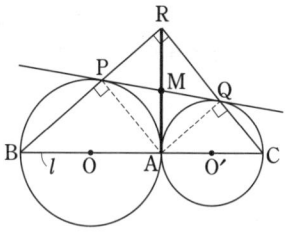

➡注　常に∠PAQ＝90°であることについては，☞例題の（3）．
　なお，上図の点 M は PQ の中点ですから，**AR は 2 円の共通内接線**です（☞例題の（2））．

12　定石通り，**中心と接点を結ぶ**と，'30°定規形' が現れます．なお（1）も（2）も，図形の対称性から，（左）半分だけの図で考えます．

解　（1）BC の中点を M とすると，△ABM は右図のようになって，△BMP は 30°定規形であるから，

$$y=\frac{BM}{\sqrt{3}}=\frac{1}{\sqrt{3}}=\frac{\sqrt{3}}{3}　…①$$

また，BQ＝BP－QP
＝$y×2-(x+y)$
＝$y-x$　………②

$x=\frac{②}{2}$ より，$x=\frac{y}{3}=\frac{①}{3}=\frac{\sqrt{3}}{9}$

（2）BP＝BQ＋QP より，
BM×$\frac{2}{\sqrt{3}}$
＝$x×2+(x+x)$

∴　$4x=\frac{2}{\sqrt{3}}$

∴　$x=\frac{\sqrt{3}}{6}$　……③

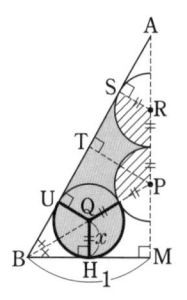

また，図の太線部 2 個と斜線部 2 個の扇形はすべて合同（半径 x，中心角 120°）であるから，

網目部の面積＝五角形 PRSUQ
＝□PQHM×2＝(QH＋PM)×HM
＝(③＋①)×(1－$\sqrt{3}$×③)＝$\frac{\sqrt{3}}{2}×\frac{1}{2}=\frac{\sqrt{3}}{4}$

13 （2） 直角三角形の内接円の半径は，下の図アのように，**正方形に着目する**のが楽です．

（3） 図2と図3に'相似な三角形'が隠れていることに気付けるかどうかが鍵です．

解 （1） $BC = \sqrt{25^2 - 24^2}$
$= \sqrt{(25+24)(25-24)}$
$= \sqrt{49 \times 1} = 7$

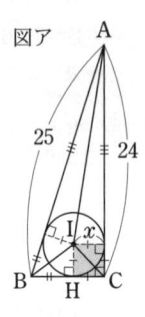

（2） ［右図の網目の四角形は正方形であるから］

$x = \dfrac{CA + CB - AB}{2}$

$= \dfrac{24 + 7 - 25}{2} = 3$

別解 $\triangle ABC = \triangle IAB + \triangle IBC + \triangle ICA$ より，

$\dfrac{7 \times 24}{2} = \dfrac{25 \times x}{2} + \dfrac{7 \times x}{2} + \dfrac{24 \times x}{2}$

$\therefore x = \dfrac{7 \times 24}{25 + 7 + 24} = 3$

（3） 図イのようになって，ここで，網目の三角形は，図アの$\triangle IBH$と相似である．$\triangle IBH$の3辺比は，3：4：5であるから，図イで，

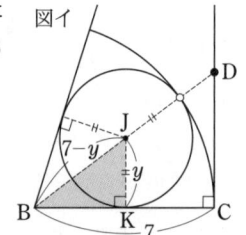

$(7 - y) : y = 5 : 3$

$\therefore y = \dfrac{21}{8}$

➡**注** 図アのBI，図イのBJは，ともに$\angle B$の2等分線ですから，図イの網目の三角形と図アの$\triangle IBH$は'二角相等'で相似です（例題の図1・図2の関係と同様！）．

別解 （3） ['相似'に気付かなかった場合は…]
図イのように，K，Dをとる．
角の2等分線の定理により，

$DC = 24 \times \dfrac{7}{25 + 7} = \dfrac{21}{4}$ ……①

$\triangle BKJ \infty \triangle BCD$ より，

$BK = JK \times \dfrac{BC}{DC} = y \times \dfrac{7}{①} = \dfrac{4}{3}y$ ……②

よって，$\triangle BKJ$において，

$(7 - y)^2 = y^2 + ②^2$

整理して，$16y^2 + 126y - 441 = 0$

$\therefore (8y - 21)(2y + 21) = 0$　$y > 0$ より，$y = \dfrac{21}{8}$

➡**注** ②の時点で'3：4：5'に気付けば，**解**と同様に解けます．

14 （2） 例題の（イ）と同様，2つの三角形で三平方を使います．

（3） （2）で求めたOCの長さにスポット・ライトを当てます．

解 （1） $OO_1 = OE - O_1E = 6 - x$ ……①

（2） 円O_3の半径は3であるから，

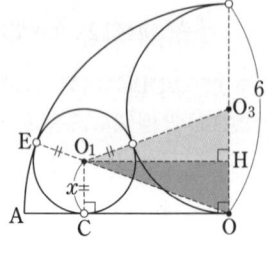

O_1H^2
$= O_1O_3^2 - O_3H^2$
$= OO_1^2 - OH^2$

より，

$(3 + x)^2 - (3 - x)^2$
$= ①^2 - x^2$

$\therefore 12x = 36 - 12x$　$\therefore x = \dfrac{3}{2}$ ……②

このとき，

$OC = O_1H = \sqrt{12x} = \sqrt{12 \times ②} = 3\sqrt{2}$

（3） 円O_2の半径をrとすると，下図で，

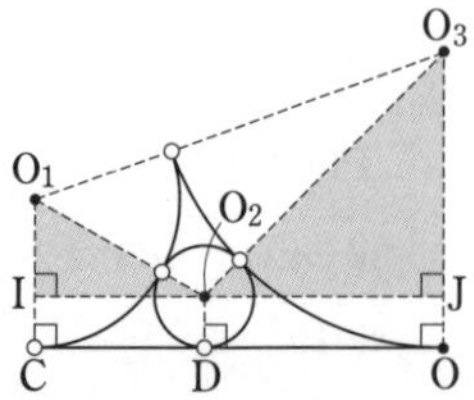

IO_2^2
$= O_1O_2^2 - O_1I^2$
$= (② + r)^2 - (② - r)^2$
$= 4 \times ② \times r = 6r$

O_2J^2
$= O_2O_3^2 - O_3J^2$
$= (3 + r)^2 - (3 - r)^2$
$= 4 \times 3 \times r = 12r$

$IJ = OC$ より，$\sqrt{6r} + \sqrt{12r} = 3\sqrt{2}$ ……③

両辺を2乗して整理すると，$(3 + 2\sqrt{2})r = 3$

$\therefore r = \dfrac{3(3 - 2\sqrt{2})}{(3 + 2\sqrt{2})(3 - 2\sqrt{2})} = 3(3 - 2\sqrt{2})$

■**研究** 一般に，直線ABに接している3円O_1，O_2，O_3が，本問のように互いに外接しているとき，半径をr_1，r_2，r_3とすると，上の③に当たる式は，$2\sqrt{r_1 r_2} + 2\sqrt{r_2 r_3} = 2\sqrt{r_3 r_1}$

この両辺を$2\sqrt{r_1 r_2 r_3}$で割ると，

$\dfrac{1}{\sqrt{r_3}} + \dfrac{1}{\sqrt{r_1}} = \dfrac{1}{\sqrt{r_2}}$　という関係式が得られます．

15 誘導がとても親切なので，(3)までは問題ないでしょう．(4)は，流れからは，基本通り面積を利用するところでしょう（なお，☞ **別解**）．

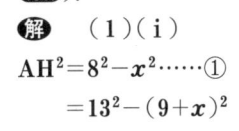

解 (1)(i)
$AH^2 = 8^2 - x^2$ ……①
$= 13^2 - (9+x)^2$

図1

(ii) 整理して，
$18x = 24$ ∴ $x = \dfrac{4}{3}$

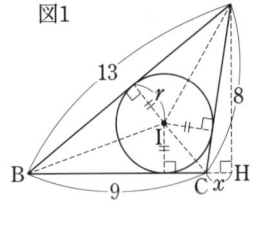

これと①より，
$AH = \sqrt{8^2 - \left(\dfrac{4}{3}\right)^2} = \dfrac{4\sqrt{35}}{3}$ ……②

(2) $\triangle ABC = \dfrac{BC \times ②}{2} = 6\sqrt{35}$ ……③

(3) 内接円の中心を I，半径を r とすると，
$\triangle ABC = \triangle IAB + \triangle IBC + \triangle ICA$
$= \dfrac{13 \times r}{2} + \dfrac{9 \times r}{2} + \dfrac{8 \times r}{2} = 15r$ ……④

④＝③より，$r = \dfrac{2\sqrt{35}}{5}$

➡**注** 一般に，$\triangle ABC$ の3辺を a, b, c，面積を S，内接円の半径を r とすると，
$r = \dfrac{2S}{a+b+c}$ が成り立ちます．

(4) 題意の円の中心を J，半径を R とすると，
$\triangle ABC$
$= \triangle JAB + \triangle JCA$
$\quad - \triangle JBC$
$= \dfrac{13 \times R}{2} + \dfrac{8 \times R}{2}$
$\quad - \dfrac{9 \times R}{2}$
$= 6R$ ……⑤

図2

⑤＝③より，
$R = \sqrt{35}$

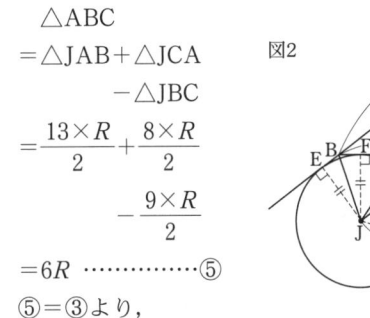

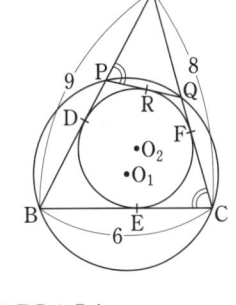

➡**注** 上の注と同様に，一般に，
$R = \dfrac{2S}{b+c-a}$ が成り立ちます．

別解 A-I-J は一直線（∠A の2等分線）上にあることに着目する．
『図2で，$\triangle AID \sim \triangle AJE$ より，
$\quad ID : JE = AD : AE$ ……⑥
ここで，$AD = \dfrac{AB + AC - BC}{2} = 6$ ……⑦
また，$BE + CG = BF + CF = BC$ より，
$AE(= AG) = \dfrac{AB + BC + CA}{2} = 15$ ……⑧
よって，⑥は，$r : R = 6 : 15 = 2 : 5$
∴ $R = \dfrac{5}{2}r = \sqrt{35}$ 』

➡**注** $BF = BE = ⑧ - AB = 2$
$CK = \dfrac{CB + CA - AB}{2} = 2$ ……⑨
となりますが，BF＝CK（BK＝CF）は，一般に成り立ちます（以上の2つの ▨ は，できたら覚えておこう）．
なお，⑦，⑨については，☞ p.80.

16 □PBCQ が円 O_1 に内接することから相似を，また円 O_2 に外接することから '傍接円' についての有名事項（☞注）を，それぞれ想起したいところです．

解 □PBCQ は円 O_1 に内接するから，
$\angle APQ = \angle ACB$
∴ $\triangle APQ \sim \triangle ACB$ ……①

また，$PD = PR$，$QF = QR$ より，
$PD + QF = PQ$
であるから，
$AD(= AF) = \dfrac{AP + PQ + QA}{2}$ ……②

ここで，$AD = \dfrac{AB + AC - BC}{2} = \dfrac{11}{2}$

これと②より，$AP + PQ + QA = 11$ ……③
①より，$AP : PQ : QA$
$\quad = AC : CB : BA = 8 : 6 : 9$
であるから，
$PQ = ③ \times \dfrac{6}{8+6+9} = 11 \times \dfrac{6}{23} = \dfrac{66}{23}$

➡**注** 円 O_2 は，$\triangle APQ$ の傍接円（の1つ）で，このとき②が成り立つことについては，前問の⑧.

17 （ア）「EF が 2 つの半円に接している」という条件をどう使うかがポイント．

（イ）BL(or AL) の長さを求めるのが目標ですが，相似を利用しましょう．

解 （ア）図形の対称性より，EF は正方形の中心(対角線の交点)O を通る．右図のように x, y をおくと，まず，網目の三角形の相似（＊）より，

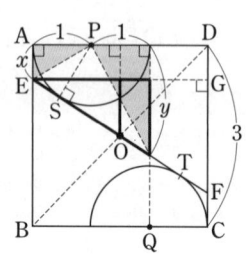

$$x : 1 = 1 : y \quad \therefore \quad xy = 1 \quad \cdots\cdots\text{①}$$

次に，太線の三角形の相似より，

$$\left(\frac{3}{2} - x\right) : (y - x) = \frac{3}{2} : 2 = 3 : 4$$

整理して，$x + 3y = 6$ ……②

①，②より，$x + \dfrac{3}{x} = 6$ ∴ $x^2 - 6x + 3 = 0$

解の公式と $x < 3$ より，$x = \mathbf{3 - \sqrt{6}}$

➡注 （＊）については，☞（イ）の解答の図．
なお上図で，ET(=SF)=AB=3 が成り立つのですが，このことを使うと，△EFG において，
$(3+x)^2 = (3-2x)^2 + 3^2$（以下略）

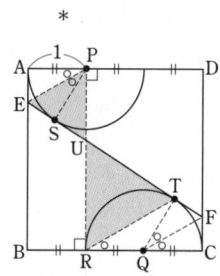

[ET＝AB の証明]
右図の○角の大きさはすべて等しいから，
RT // QF // PE
∴ △URT∽△UPE
これと，UR=UT …㋐
より，UP=UE …㋑
㋐+㋑より，
UR+UP=UT+UE
∴ PR=ET ∴ AB=ET

別解 正方形の中心を O とすると，右図のようになって，

$$PO^2 = \left(\frac{3}{2}\right)^2 + \left(\frac{1}{2}\right)^2 = \frac{10}{4}$$

$$\therefore \quad SO = \sqrt{\frac{10}{4} - 1^2} = \frac{\sqrt{6}}{2}$$

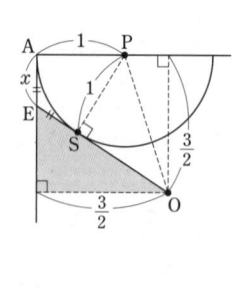

すると，網目の三角形において，

$$\left(x + \frac{\sqrt{6}}{2}\right)^2 = \left(\frac{3}{2} - x\right)^2 + \left(\frac{3}{2}\right)^2$$

$$\therefore \quad (3 + \sqrt{6})x = 3$$

$$\therefore \quad x = \frac{3}{3 + \sqrt{6}} = 3 - \sqrt{6}$$

（イ）角度について右図のようになるから，
△AIP∽△PGL
∴ AI : IP
　　 = PG : GL

よって，GL=x とおくと，

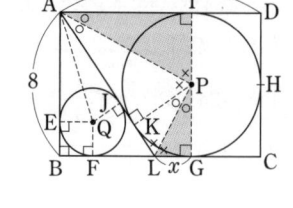

$$6 : 4 = 4 : x$$

$$\therefore \quad x = \frac{8}{3} \quad \therefore \quad BL = 6 - x = \frac{10}{3} \quad \cdots\cdots\text{①}$$

このとき，BL : AB = $\dfrac{10}{3}$: 8 = 5 : 12 …②

であるから，AL = BL × $\dfrac{13}{5} = \dfrac{26}{3}$ …………③

よって，円 Q の半径は，

$$BE = \frac{AB + BL - AL}{2} = \frac{8 + ① - ③}{2} = \frac{4}{3}$$

➡注 ③の後，△ABL の面積に着目してもよい．
なお，②により，△ABL の 3 辺比が 5 : 12 : 13 と分かるので，③のようになります．

別解 右図のように R をとり，RH=RK=y とおくと，△RDA で，

$$(y + 6)^2 = (y + 4)^2 + 10^2$$

$$\therefore \quad y = 20$$

よって，△ABL と △RDA の相似比は，
AB : RD
= 8 : 24 = 1 : 3

∴ （円 Q の半径）
　 = （円 P の半径）× $\dfrac{1}{3} = \dfrac{4}{3}$

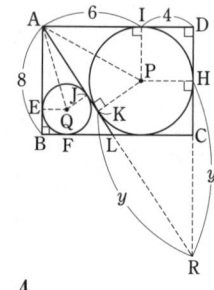

第5章 立体（1）

○ 要点のまとめ ………………………… p.108～109
○ 例題・問題と解答／演習題・問題 … p.110～125
○ 演習題・解答 ………………………… p.126～134

　立体図形のうち，平面のみによって構成される**角柱・角錐**を扱う．本章において，角柱・角錐の問題を通して，立体図形の基本事項を身に付け，次章の応用編（丸い立体）につなげようという流れである．前章までの平面図形から次元が1つ上がって，当然難度もアップしている．高校にもつながる3次元図形の基盤をしっかり整えよう．

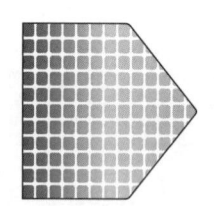

第5章 立体(1)
要点のまとめ

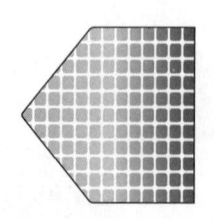

1. 空間での平行・垂直

1・1 平行な平面の切り口
平行な2平面 p, q と平面 r が交わるとき、**交線 l, m は平行である**。よって例えば、直方体をある平面で切ると、向かい合った面の切り口は、平行線になる(そしてそこから、相似形が現れる)。

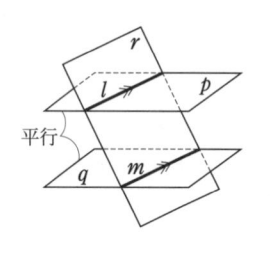

1・2 直線と平面の垂直
直線 n が、平面 p 上の2直線 l, m ($l \not\parallel m$) に対して、

$n \perp l$, $n \perp m$
ならば、$n \perp p$

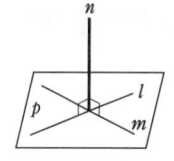

である。このとき、n は、p 上のどんな直線とも垂直となる。

1・3★ 三垂線の定理
点 A から平面 p に下ろした垂線の足を B とし、l を p 上の直線、C を l 上の点とするとき、

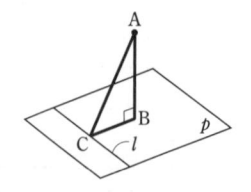

AC$\perp l$ のとき、BC$\perp l$
BC$\perp l$ のとき、AC$\perp l$

である。

2. 角柱・角錐

2・1 2点間の距離
空間の2点 A、B 間の距離は、右図のように、AB を対角線とする直方体を作り、

$$AB = \sqrt{a^2 + b^2 + c^2}$$

として求める。

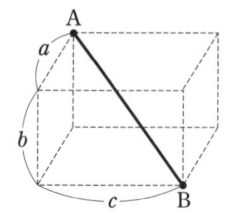

2・2 三角錐の体積比
右図の三角錐 O-ABC と O-PQR の体積比について、

$$\frac{\text{O-PQR}}{\text{O-ABC}} = \frac{p}{a} \times \frac{q}{b} \times \frac{r}{c} = \frac{pqr}{abc}$$

が成り立つ。

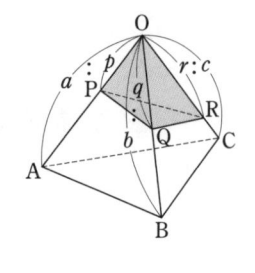

➡注 四角錐などでは、同様のことは成り立たないことに注意しましょう(☞ p.111 の注)。

2・3 正四面体に関する図形量
一辺の長さが a の正四面体 O-ABC において、

高さ(OH)は、$\dfrac{\sqrt{6}}{3}a$

体積は、$\dfrac{\sqrt{2}}{12}a^3$

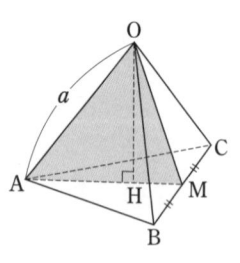

(なお、正四面体の問題では、図の網目の平面 OAM を取り出して議論することが多い。)

2・4 正四面体の埋め込み

立方体の頂点を右図の太線のように結ぶと，正四面体が得られる．すなわち，一辺の長さが a の正四面体は，一辺の長さが $\dfrac{\sqrt{2}}{2}a$ の立方体（正六面体）に埋め込まれている．

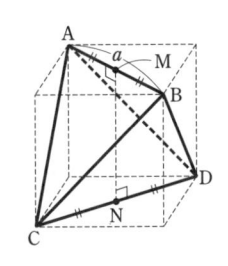

（このイメージは重要である．例えば，**AB⊥CD** を始め，辺 AB，CD の中点を M，N とすると，

$$\text{MN}\perp\text{AB},\quad \text{MN}\perp\text{CD},\quad \text{MN}=\dfrac{\sqrt{2}}{2}a$$

などが，一瞬で分かる！）．

2・5★ 正多面体

上記の正四面体，正六面体の他，正多面体には正八面体，正十二面体，正二十面体があり（全部で5種類），これらの間で **2・4** のような'埋め込み'関係がいろいろ見られる．

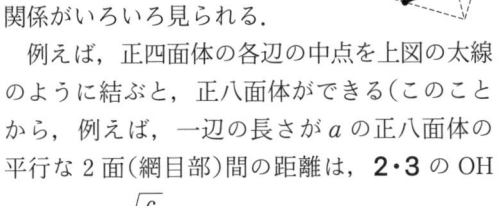

例えば，正四面体の各辺の中点を上図の太線のように結ぶと，正八面体ができる（このことから，例えば，一辺の長さが a の正八面体の平行な2面（網目部）間の距離は，**2・3** の OH に等しく，$\dfrac{\sqrt{6}}{3}a$ であることなどが分かる）．

2・6★ 断頭三角柱の体積

底面積が S の三角柱をいくつかの平面で切断した右図の太線のような立体（'断頭三角柱'と呼ばれることがある）の体積 V は，

$$V=S\times\dfrac{a+b+c}{3}$$

として求められる．

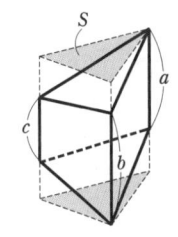

2・7★ 点対称な立体

直方体は，対角線の中点に関して点対称な図形であるから，この対称点を含むどんな平面によっても体積が2等分される．

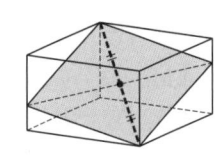

このことは，直方体に限らず，点対称な立体一般について成り立つ．

2・8 面対称な立体

立体図形の問題では，**適切な平面を取り出して，平面図形の問題として処理する**のが基本である．特に**面対称な立体では，その対称面を取り出す**のを鉄則としよう．なぜなら，頂点から対面へ引いた垂線や，内接球・外接球の中心など，様々な情報がこの対称面上に現れるからである．

（左ページの **2・3** で，正四面体の問題で平面 OAM を取り出すのは，この代表例の1つである．）

1 立方体の切断

1辺の長さが3の立方体 ABCD-EFGH の辺 AD, AB, DH 上にそれぞれ点 P, Q, R があり，AP：PD＝1：1，AQ：QB＝1：2，DR：RH＝1：1となっている．
(1) 2直線 PQ と CD の交点を L とするとき，線分 DL の長さを求めなさい．
(2) 2直線 PQ と BC の交点を M，2直線 LR と CG の交点を N とする．線分 BM，GN の長さをそれぞれ求めなさい．
(3) この立方体を3点 P, Q, R を通る平面で切ったとき，切り口の面積を求めなさい．

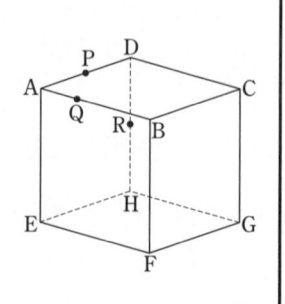

(07 白陵)

(3)の切り口をとらえるために，(1)と(2)のヒントが付いています．

解 (1) 面 ABCD 上では，図1のようになって，△PDL≡△PAQ
∴ DL＝AQ＝1
(2) 同様に，△QBM∽△QAP …①
より，BM＝AP×2＝3 ……②
次に，面 CDHG 上では，図2のようになって，②までと全く同様に，GN＝3
(3) 以上より，切り口は，図3の太線の五角形 PQFSR となって，△LMN を取り出すと，図4のようになる．ここで，図1，図2より，
LM＝LN＝$\sqrt{(3+3)^2+(3+1)^2}$＝$2\sqrt{13}$ …③
LP：PQ：QM＝LR：RS：SN＝1：1：2
また，図3より，MF＝FN＝$3\sqrt{2}$ ……④
$h=\dfrac{LF}{2}=\dfrac{\sqrt{③^2-④^2}}{2}=\dfrac{\sqrt{34}}{2}$ …⑤
よって，求める面積は，
$\triangle FSQ\times\left(1+\dfrac{3}{4}\right)$
$=\dfrac{④\times⑤}{2}\times\dfrac{7}{4}=\dfrac{21\sqrt{17}}{8}$

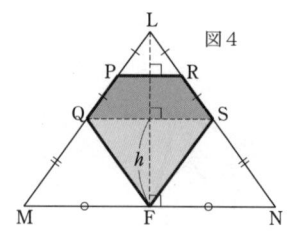

◀立方体の切り口のとらえ方
Ⅰ．同じ面上の2点は結ぶ．
Ⅱ．対面上の切り口は平行線．
Ⅲ．切り口の線を伸ばす．
((1),(2)のヒントはⅢ)

⇦①の相似比は，
QB：QA＝2：1

⇦図2のCLを，図1のCLに重ねると，**2つの図は全く同じになる**ので，HS＝DL＝1
GN＝HR×2＝3

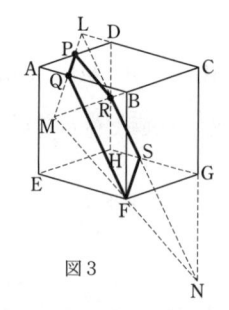

⇧△CMN は直角二等辺三角形だから，MN は F を通る(F は MN の中点).

1★ 演習題 (解答は，☞p.126)

右図のような1辺の長さ2の立方体 ABCD-EFGH がある．辺 BF の中点を L，辺 GH の中点を M とする．
(1) 3点 A, F, M を通る平面でこの立方体を切ったときの切り口の面積を求めなさい．
(2) 3点 A, L, M を通る平面と直線 CE との交点を N とする．
　(ⅰ) このとき，CN：NE を最も簡単な整数の比で表しなさい．
　(ⅱ) AN の長さを求めなさい．

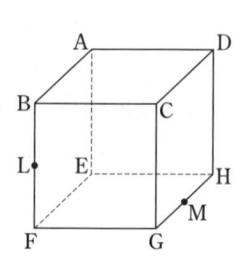

(07 ラ・サール)

2　複数回切る

図のような直方体があり，対角線 AG，BH の交点を P，対角線 EG，FH の交点を Q とする．
(1)　立体 HAEQP の体積を求めなさい．
(2)　立体 ABP-EFQ の体積を求めなさい．

（05　日大鶴ヶ丘）

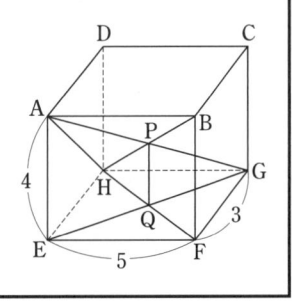

(1)　三角錐の体積比の公式(☞ p.108)に結び付けます．
(2)　四角錐から(1)の立体を除いた図形と見ます．

解　(1)　直方体を面 ABGH で切断してできる三角柱 AEH-BFG は，右図のようになる．

ここで，三角錐 G-AEH, G-PQH の体積をそれぞれ V_1, V_2 とすると，

$$\dfrac{V_2}{V_1} = \dfrac{GP}{GA} \times \dfrac{GQ}{GE} = \dfrac{1}{2} \times \dfrac{1}{2} = \dfrac{1}{4}$$

よって，求める立体(図の網目部)の体積は，$V_1 - V_2 = \dfrac{3}{4}V_1 = \dfrac{3}{4} \times \left(\dfrac{1}{3} \times \dfrac{3 \times 4}{2} \times 5\right) = \dfrac{3}{4} \times 10 = \dfrac{\mathbf{15}}{\mathbf{2}}$ ……①

(2)　求める立体(図の太線部)の体積は，

四角錐 H-ABFE－① $= \dfrac{1}{3} \times 5 \times 4 \times 3 - \dfrac{15}{2} = 20 - \dfrac{15}{2} = \dfrac{\mathbf{25}}{\mathbf{2}}$

➡**注**　(1)と同様に，四角錐 H-ABFE, H-APQE の体積をそれぞれ v_1，v_2 として，$\dfrac{v_2}{v_1} = \dfrac{HP}{HB} \times \dfrac{HQ}{HF} = \dfrac{1}{2} \times \dfrac{1}{2} = \dfrac{1}{4}$

よって答えは，$v_1 - v_2 = \dfrac{3}{4}v_1 = \dfrac{3}{4} \times ① = \dfrac{45}{8}$（??）

などとすると，**見事に間違います！**

なお，'断頭三角柱' の体積公式(☞ p.109)を使うと，

$$\triangle QEF \times \dfrac{PQ + AE + BF}{3} = \dfrac{3 \times 5}{4} \times \dfrac{2 + 4 + 4}{3} = \dfrac{\mathbf{25}}{\mathbf{2}}$$

⇧ 結局，直方体を，面 ABGH，面 AEGC，面 BFHD で(3 回)切っていることになる．

⇦ 問題文の図で考えるより，このような向きから見た図の方が考えやすいだろう（この辺は臨機応変に！）．

⇦ P は GA の，Q は GE の中点．

⇦ P-QHE + P-AHE として求めることもできる．

⇦ (1)の解答中の網目部（三角錐の体積比の公式）と同様の式は，**四角錐では成り立たない**ことに注意．

2★ 演習題 (p.126)

図のように，1 辺の長さが 12 の立方体 ABCD-EFGH がある．辺 AB，BF，AD 上に点 P, Q, R を AP = 3，BQ = 3，AR = 6 となるようにとる．この立方体を，3 点 P, Q, R を通る平面で切ったとき，この平面は辺 CG，DH とそれぞれ点 S, T で交わった．さらに，立方体を 4 点 A, E, G, C を通る平面で切り，AC と PR の交点を U とする．
(1)　線分 CS の長さを求めなさい．
(2)　四角形 PBCU の面積を求めなさい．
(3)　2 回切ってできる立体のうち，頂点 B を含む立体の体積を求めなさい．

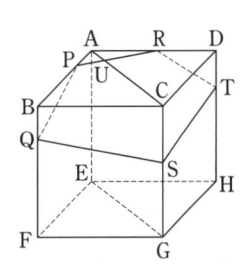

（06　大阪星光学院）

111

3 垂線の長さ

図1の1辺の長さが4の立方体 ABCD-EFGH において，辺 AB，AD の中点をそれぞれ M, N とする．4点 M, F, H, N を通る平面で立方体を切断し，頂点 A を含む立体をさらに3点 A, F, N を通る平面で切断したとき，頂点 E を含む立体が図2である．
（1）△AFN の面積を求めなさい．
（2）図2の立体の体積を求めなさい．
（3）頂点 E から △FHN に下ろした垂線の長さを求めなさい． （07 成城）

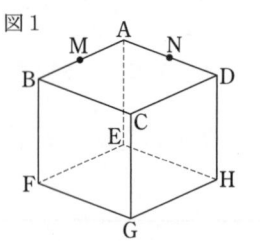

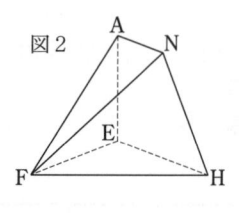

（3）立体図形における垂線の長さは，**体積を経由して求める**のが基本です．

解　（1）∠FAN＝90°であるから，

$$\triangle AFN = \frac{AN \times AF}{2} = \frac{2 \times 4\sqrt{2}}{2} = 4\sqrt{2}$$

（2）$F\text{-}AEHN = \frac{1}{3} \times \triangle AEHN \times FE$

$$= \frac{1}{3} \times \frac{(2+4) \times 4}{2} \times 4 = 16 \quad \cdots\cdots ①$$

（3）F-AEN : F-NEH
＝△AEN : △NEH＝AN : EH＝1 : 2

∴　$F\text{-}NEH = ① \times \frac{2}{1+2} = \frac{32}{3}$ ……③

これと，△NFH＝12（☞右記）より，求める垂線の長さを h とすると，③＝$\frac{1}{3} \times \triangle NFH \times h$　∴　$h = \frac{③ \times 3}{\triangle NFH} = \frac{8}{3}$

別解　MN, BD, FH の中点をそれぞれ P, Q, R とすると，平面 AEGC は右図のようになる．ここで，△ERJ∽△RPQ（右図参照）で，$PR = \sqrt{4^2 + (\sqrt{2})^2} = 3\sqrt{2}$ であるから，

$$h = RQ \times \frac{RE}{PR} = 4 \times \frac{2\sqrt{2}}{3\sqrt{2}} = \frac{8}{3}$$

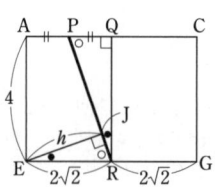

◀もう1つ，面対称な図形においては，**対称面を取り出す**（垂線はその上にある）という有力な手法がある（☞別解）．

◁DA⊥面 ABFE より，DA⊥AF

◁図2の立体は，F を頂点とする四角錐．

◁図4において，
$NI^2 = (2\sqrt{5})^2 - x^2$ ……②
$= 6^2 - (4\sqrt{2} - x)^2$
∴　$x = \sqrt{2}$
これと②より，$NI = 3\sqrt{2}$
∴　$\triangle NFH = \frac{4\sqrt{2} \times 3\sqrt{2}}{2} = 12$

◁上記の，'対称面を取り出す'解法（図3において，立方体と三角錐台 AMN-EFH は，平面 AEGC に関して対称）．

3 演習題（p.127）

右図のように，AB＝6，AD＝3，AE＝8の直方体 ABCD-EFGH がある．辺 CG 上に MG＝2 となる点 M をとり，3点 D, M, F を通る平面 P と辺 AE との交点を N とする．
（1）線分 NE の長さを求めなさい．
（2）この直方体を平面 P で切ってできた2つの立体のうち，頂点 E を含む立体の体積を求めなさい．
（3）頂点 H から平面 P にひいた垂線の長さを求めなさい．
（09 慶應湘南藤沢）

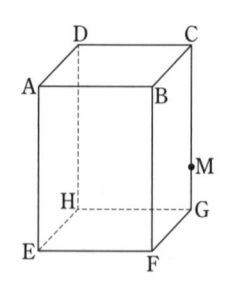

4 柱体から削る

右の図1の立体 ABC-DEF において，上面 ABC と底面 DEF は平行で，どちらも1辺の長さが2の正三角形です．また，この立体の高さは2です．さらに，この立体を真上から見た図2においては，点 A, D, B, E, C, F は同じ円周上に等間隔に並んでいます．

（1） 図1の立体の表面積を求めなさい．
（2） 図1の立体の体積を求めなさい．

（07　豊島岡女子学園）

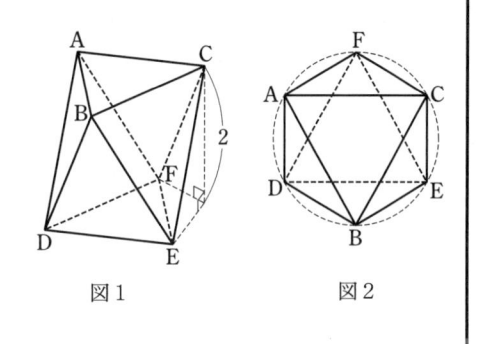

（2） 図1の立体は，正六角柱から合同な三角錐を6個削り取った図形です．

解 （1） 右図で，△C'ME は30°定規形であるから，$C'M = \dfrac{ME}{\sqrt{3}} = \dfrac{1}{\sqrt{3}}$ ……①

∴ $CM = \sqrt{①^2 + 2^2} = \dfrac{\sqrt{39}}{3}$ ……②

∴ $\triangle CEF = \dfrac{2 \times ②}{2} = \dfrac{\sqrt{39}}{3}$ ……③

よって，求める面積は，

$\left(\dfrac{\sqrt{3}}{4} \times 2^2\right) \times 2 + ③ \times 6 = \mathbf{2\sqrt{3} + 2\sqrt{39}}$

◁ △C'EF は，図2の△CEF と合同な，頂角が 120° の二等辺三角形．

◁ 側面の6個の(二等辺)三角形は，すべて合同．

（2） 求める体積は，

　正六角柱 − 三角錐 C-C'EF × 6

$= \dfrac{\sqrt{3}}{4} \times \left(\dfrac{2}{\sqrt{3}}\right)^2 \times 6 \times 2 - \left\{\dfrac{1}{3} \times \dfrac{\sqrt{3}}{4} \times \left(\dfrac{2}{\sqrt{3}}\right)^2 \times 2\right\} \times 6$

$= 4\sqrt{3} - \dfrac{4\sqrt{3}}{3} = \mathbf{\dfrac{8\sqrt{3}}{3}}$

◁ 正六角柱の底面の正六角形の一辺の長さは，① × 2 = $\dfrac{2}{\sqrt{3}}$

（なお，等辺が a の'頂角 120° の二等辺三角形'の面積は，一辺が a の正三角形の面積に等しい(☞ p.28)．)

4★ 演習題（p.127）

図のような5角柱 ABCDE-FGHIJ がある．この5角柱は，1辺が $\sqrt{6}$ の立方体 BCDE-GHIJ と，その立方体のちょうど4分の1の三角柱 ABE-FGJ を張り合わせて作ったものである．この5角柱から，図のように5つの頂点 B, D, E, F, H を選び，この5点を頂点とする立体 V を作る．5頂点から2点を選んで結ぶ線分は10本できるが，そのうち線分 EH を除く9本の線分を立体 V の辺とする．

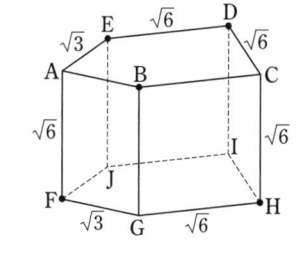

（1） 5角柱 ABCDE-FGHIJ に9本の辺を書き入れて，立体 V の見取り図をかきなさい．また，辺 DF の長さを求めなさい．
（2） この立体 V を △BFD で切断すると2つの四面体に分けることができる．この2つの四面体のうち小さい方の体積を求めなさい．
（3） この立体 V の体積を求めなさい．

（08　久留米大付）

5 正四面体の埋め込み

右の図のように，1辺の長さが4の正四面体 ABCD を水平な面に置く．辺 AB は水平面上にあり，辺 CD が水平面と平行であるとき，次の問いに答えなさい．

(1) 水平面に垂直に光を当てたときにできる正四面体 ABCD の影の面積を求めなさい．

(2) 辺 AB の中点を P，辺 CD の中点を Q とするとき，線分 PQ の長さを求めなさい．

(3) 水平面からの高さが2のところで水平面に平行な平面で正四面体 ABCD を切ったときの切り口の面積を求めなさい．

(08 愛光)

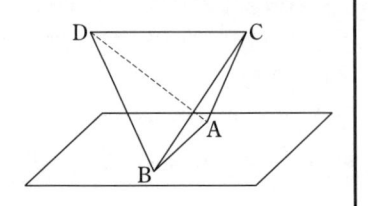

以下のように，**正四面体は立方体の中に埋め込まれますが**，(1) がそれを示唆しているのでしょう．

解 (1) 右図のように，一辺が $2\sqrt{2}$ の立方体の頂点を結ぶと，一辺が4の正四面体 ABCD ができる．

影は，立方体の底面 AD'BC' であるから，その面積は，$(2\sqrt{2})^2 = \mathbf{8}$

(2) PQ＝C'C＝$\mathbf{2\sqrt{2}}$

(3) 正四面体の切り口は，右上図の □EFGH のようになる．

ここで，切断面が立方体の底面と平行であることから，

EF と HG は AB と平行，EH と FG は CD と平行

であり，これと，AB⊥CD より，□EFGH は長方形である．

EF：AB＝DF：DB＝$(2\sqrt{2}-2):2\sqrt{2}$

より，EF＝$\dfrac{4\times(2\sqrt{2}-2)}{2\sqrt{2}}=4-2\sqrt{2}$ ……①

同様に，FG＝$2\sqrt{2}$ …② であるから，

□EFGH＝①×②＝$\mathbf{8(\sqrt{2}-1)}$

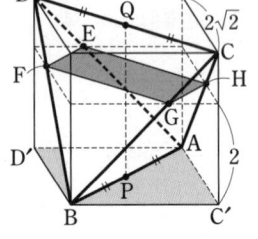

⇦P は立方体の下底面の中心，Q は上底面の中心だから，
PQ＝C'C は明らか．
また，この'埋め込み'のイメージから，同様に，
PQ⊥AB，PQ⊥CD
も明らか！
⇦立方体を真上から見れば，
AB⊥CD も明らか！

⇦FG：DC＝BF：BD＝$2:2\sqrt{2}$
∴ FG＝$\dfrac{4\times 2}{2\sqrt{2}}=2\sqrt{2}$

5 演習題 (p.128)

図1のような一辺が1の立方体において，4つの点 A，C，F，H を結ぶと正四面体 ACFH ができる．

(1) 正四面体 ACFH の体積を求めなさい．

(2) 4つの点 B，D，E，G を結ぶと，2つ目の正四面体 BDEG ができる．正四面体 ACFH と正四面体 BDEG の共通する部分の体積を求めなさい．

(3) 図2のように，立方体の底面の4辺 EF，FG，GH，HE の中点をそれぞれ P，Q，R，S とする．このとき，6つの点 A，C，P，Q，R，S を結んでできる立体と，正四面体 ACFH の共通する部分の体積を求めなさい．

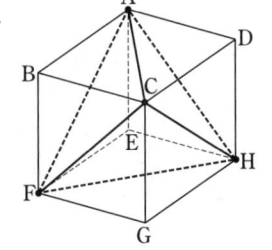

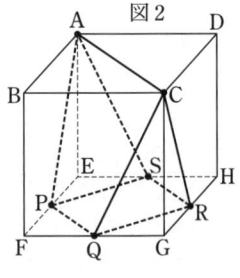

(09 駿台甲府)

6 正四面体から変形

図の立体 ABCD-EFGH は1辺の長さが6の立方体である．辺 CG 上の点を P とし，四面体 PAFH をつくる．
(1) 点 P が頂点 C の位置にあるとき，四面体 PAFH の体積を求めなさい．
(2) CP=2 のとき，点 P と面 AFH の間の距離を求めなさい．

（07 専修大松戸）

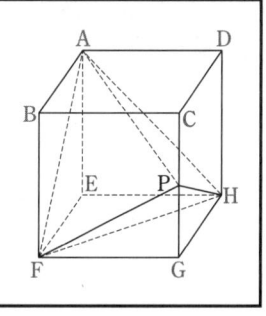

(1)では PAFH は '正四面体' ですが，P が C→G と動くにつれて，少しずつ形を変えていきます(☞注)．

解 (1) P=C のとき，PAFH は正四面体であり，その体積は， ◁左ページ．

立方体 − 三角錐 C-FGH × 4 = $6^3 - \left(\dfrac{1}{3} \times \dfrac{6^2}{2} \times 6\right) \times 4 = \mathbf{72}$

(2) 面 AEGC を取り出すと，右図のようになり，求める距離は図の h である．

ここで，△AMP

$= \dfrac{LM \times AC}{2} = \dfrac{(6-1) \times 6\sqrt{2}}{2} = 15\sqrt{2}$

より， $\dfrac{AM \times h}{2} = 15\sqrt{2}$ ∴ $h = \dfrac{10\sqrt{3}}{3}$

◁図形全体は面 AEGC に関して対称だから，P からの垂線もその上にある(☞p.109)．
◁太線は四面体の切り口(M は FH の中点)．
◁NL=CP÷2=1
◁AM=$\sqrt{6^2+(3\sqrt{2})^2}=3\sqrt{6}$

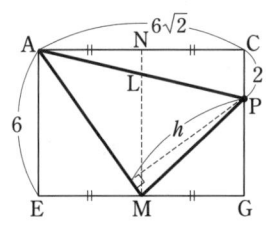

別解 P-AFH=立方体−三角錐 P-FGH−三角錐 A-EFH
　　　　−四角錐 A-CPHD × 2

$= 6^3 - \dfrac{1}{3} \times \dfrac{6^2}{2} \times 4 - \dfrac{1}{3} \times \dfrac{6^2}{2} \times 6 - \left\{\dfrac{1}{3} \times \dfrac{(2+6) \times 6}{2} \times 6\right\} \times 2$

$= 216 - 24 - 36 - 96 = 60$

∴ $\dfrac{1}{3} \times \dfrac{\sqrt{3}}{4} \times (6\sqrt{2})^2 \times h = 60$ ∴ $h = \dfrac{60}{6\sqrt{3}} = \dfrac{10\sqrt{3}}{3}$

◁体積を利用する．

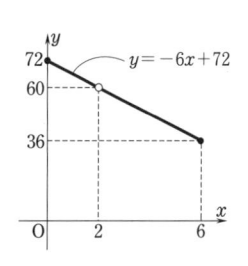

➡**注** CP=x とすると，PAFH の体積 y は，x の1次関数になり(P からの高さが1次関数的に変化するから)，(1)と，$x=6$(P=G)のとき $y=36$ であることから，$x=2$ のとき $y=60$ と分かります(☞右図)．

6★ 演習題 (p.128)

(1) 図1のような1辺5の立方体 ABCD-EFGH において，4点 A, C, F, H のみを頂点とする立体 X を考える．
(i) この立体 X の名称を答えなさい．
(ii) この立体 X の体積を求めなさい．
(2) 図2のような三角錐 O-PQR があり，OP=$5\sqrt{2}$，OQ=12，OR=14，∠POQ=∠QOR=∠ROP=60°である．
(i) 頂点 P から △OQR に下ろした垂線 PH の長さを求めなさい．
(ii) 三角錐 O-PQR の体積を求めなさい．

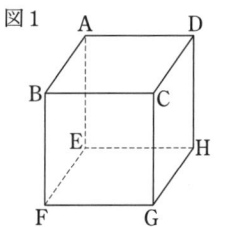

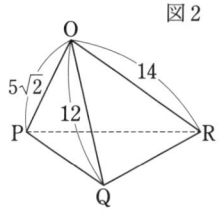

（09 お茶の水女子大付）

7 等面四面体

以下の各問題に答えなさい．

(1) 1辺の長さが6の正方形から，図1のように $AB=\sqrt{29}$，$BC=2\sqrt{13}$，$CA=\sqrt{37}$ の $\triangle ABC$ を作るとき，$\triangle ABC$ の面積 および 点Aと辺BCを含む直線との距離を求めなさい．

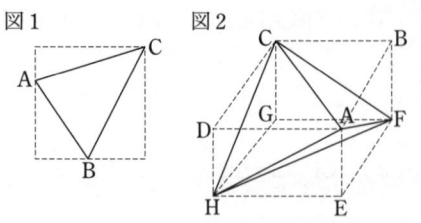

(2) $AB=\sqrt{30}$，$AD=\sqrt{22}$，$AE=\sqrt{7}$ である直方体 ABCD-EFGH から，図2のように四面体 A-CHF を作るとき，四面体 A-CHF の体積および 点Aと $\triangle CHF$ を含む平面との距離を求めなさい．

(10 慶應)

(1)で予行演習をして，(2)で次元を1つ上げる —— という流れですが，さらに，(1)の $\triangle ABC$ が(2)で利用できます．

解 (1) 右図のように a, b を定めると，
$$a=\sqrt{37-6^2}=1 \quad \therefore b=\sqrt{29-(6-1)^2}=2$$
$$\therefore \triangle ABC=6^2-\left(\frac{6\times 1}{2}+\frac{5\times 2}{2}+\frac{6\times 4}{2}\right)=16 \quad \cdots\cdots\text{①}$$

また，求める距離を h_1 とすると，
$$\frac{2\sqrt{13}\times h_1}{2}=\text{①} \quad \therefore h_1=\frac{16\sqrt{13}}{13}$$

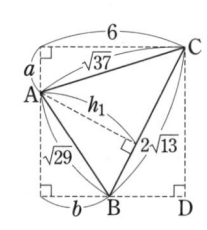

⇧ $\triangle BDC$ についても，
$4^2+6^2=(2\sqrt{13})^2$
が確かに成り立っている．

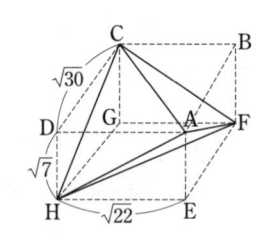

(2) 直方体の3辺を a, b, c とおくと，A-CHF の体積は，
$$abc-\frac{abc}{6}\times 4=\frac{abc}{3}=\frac{\sqrt{30}\times\sqrt{22}\times\sqrt{7}}{3}=\frac{2\sqrt{1155}}{3} \quad \cdots\text{②}$$

また，$CF=\sqrt{29}$，$FH=2\sqrt{13}$，$HC=\sqrt{37}$ より，$\triangle CHF$ は(1)の $\triangle ABC$ と合同であるから，求める距離を h_2 とすると，
$$\frac{\text{①}\times h_2}{3}=\text{②} \quad \therefore h_2=\frac{\sqrt{1155}}{8}$$

■**研究** 四面体 A-CHF の4つの面はすべて合同(三辺相等)ですが，このような四面体を '**等面四面体**' といいます．本問により，**等面四面体は直方体に埋め込まれる**ことが分かります．

7★ 演習題 (p.129)

図1のような，$OA=BC=5$，$OB=CA=\sqrt{31}$，$OC=AB=6$ である四面体 OABC がある．点Oから底面 ABC にひいた垂線と底面との交点を H とする．この四面体を OA, OB, OC で開いて展開し，O が移った点をそれぞれ P, Q, R とすると図2のような $\triangle PQR$ ができる．

(1) $\triangle ABC$ の面積を求めなさい．
(2) 図2に点Hをかき入れたとき，線分 RH と線分 AB の位置関係を述べなさい．
(3) 線分 PH の長さを求めなさい．
(4) 四面体 OABC の体積を求めなさい．

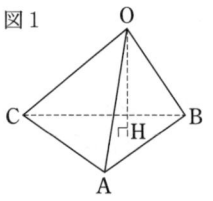

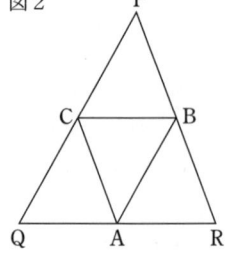

(06 久留米大付)

8 三角錐の切断

一辺6の正四面体 ABCD があり，辺 AB, BC, CD, DA 上に，AE＝2, BF＝4, CG＝2, DH＝4 となるように4点 E, F, G, H をとる．
(1) 四角形 EFGH の面積を求めなさい．
(2) 点 E から辺 AC へ下ろした垂線と AC との交点を I とする．△EHI の面積を求めなさい．
(3) 4点 E, F, G, H を通る平面で，この四面体を2つに分けたとき，辺 AC を含む方の立体の体積を求めなさい．

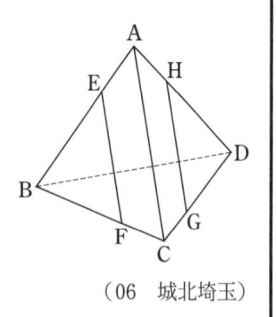

（06　城北埼玉）

(1) □EFGH は，例題 5 番と同様，長方形になります．
(3) (2)を利用して'分割'して求めます（☞注）．

解 (1) 図1のように，正四面体 ABCD を立方体に埋め込んで考える．
AE＝AH＝CF＝CG＝2 より，EFGH は立方体の底面と平行であるから，EF∥HG∥AC，EH∥FG∥BD
これと，AC⊥BD より，EFGH は長方形であるから，その面積は，
$$EH \times EF = 2 \times 4 = \mathbf{8}$$

(2) △EIA, △HIA は合同な 30°定規形（＊）であるから，△EHI は右図のようになる．
$IK = \sqrt{(\sqrt{3})^2 - 1^2} = \sqrt{2}$ より，その面積は，
$$\frac{1}{2} \times 2 \times \sqrt{2} = \sqrt{2} \quad \cdots\cdots\cdots ①$$

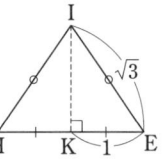

⇦△AHE, △BFE は正三角形．
⇦2つの三角形は，2辺夾角相等で，合同．

(3) (2)の(＊)より，AI⊥△EHI であり，図1のように J をとると，同様に，CJ⊥△FGJ である．
よって，求める立体の体積は，
三角錐 A-EHI × 2 ＋ 三角柱 EHI-FGJ
$$= \left(\frac{1}{3} \times ① \times 1\right) \times 2 + ① \times 4 = \frac{14\sqrt{2}}{3}$$

◀AI⊥IE，AI⊥IH より，AI⊥面 EHI （☞p.108）

⇦A-EHI と C-FGJ は（対称性から）合同．

➡注　'断頭三角柱'の体積公式（☞p.109）を使うと，
$$① \times \frac{EF + HG + AC}{3} = \sqrt{2} \times \frac{4+4+6}{3} = \frac{14\sqrt{2}}{3}$$

8★ 演習題（p.129）

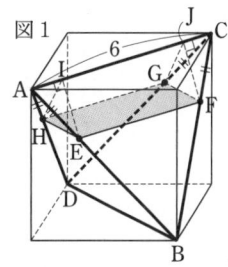

OA＝OB＝OC＝3，∠AOB＝∠BOC＝∠COA＝90°であるような四面体 OABC がある．辺 OA, OB, BC を 2:1 に内分する点をそれぞれ P, Q, R とし，3点 P, Q, R を通る平面を a とする．平面 a は辺 CA と共有点をもつ．この点を S とする．
(1) 四角形 PQRS の面積を求めなさい．
(2) 四面体 OABC は平面 a によって2つに分けられる．この2つの部分のうち頂点 O を含む側の体積を求めなさい．

（08　甲陽学院）

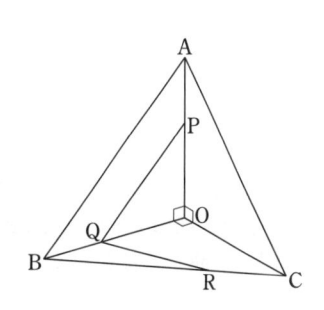

9★ 正四角錐の切断

図のような，どの辺の長さも6の正四角錐O-ABCD があります．辺OA上にOP=4となるように点P，辺OC上にOQ=2となるように点Qをとります．また，平面BPQと辺ODとの交点を点Rとします．

（1）立体B-OPQの体積を求めなさい．
（2）ORの長さを求めなさい．
（3）立体O-PBQRの体積を求めなさい．

（08 鎌倉学園）

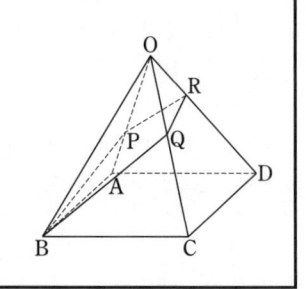

（2）が問題です．以下では，2つの切り口△OACと△OBDに焦点を当ててみます．

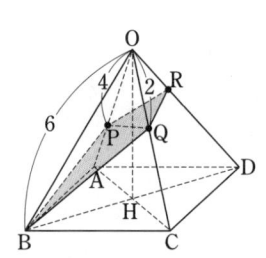

⇐ 本問では，OP≠OQなので，考えにくい．

解 （1）△OAC≡△BAC ………①
より，右図で，OH=BH=$3\sqrt{2}$ ……②

∴ O-PBQ=O-ABC×$\dfrac{OP}{OA}$×$\dfrac{OQ}{OC}$

$=\left(\dfrac{1}{3}×\dfrac{6^2}{2}×②\right)×\dfrac{4}{6}×\dfrac{2}{6}=4\sqrt{2}$ …③

➡注 ■については，☞p.108.

⇐ 三辺相等により，合同．

⇐ **別解** BH⊥△OPQ より，

B-OPQ=$\dfrac{1}{3}$×△OPQ×BH

=$\dfrac{1}{3}$×$\dfrac{4×2}{2}$×②=$4\sqrt{2}$

（①より，∠POQ=90°に注意）

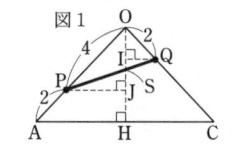

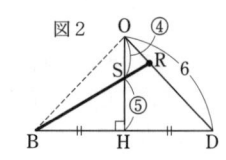

（2）図1で，IS:SJ=IQ:JP=1:2
よって，OI=IJ=JH=3k とおくと，
　　　OS:SH=(3k+k):(2k+3k)=4k:5k=4:5
したがって，図2のようになり，メネラウスの定理(☞p.7)より，

$\dfrac{OR}{RD}×\dfrac{DB}{BH}×\dfrac{HS}{SO}=1$ ∴ $\dfrac{OR}{RD}×\dfrac{2}{1}×\dfrac{5}{4}=1$ ∴ $\dfrac{OR}{RD}=\dfrac{2}{5}$

∴ OR=$6×\dfrac{2}{2+5}=\dfrac{12}{7}$ ………④

（3）（1）と同様に，O-PRQ=O-ADC×$\dfrac{OP}{OA}$×$\dfrac{OR}{OD}$×$\dfrac{OQ}{OC}$

$=\left(\dfrac{1}{3}×\dfrac{6^2}{2}×②\right)×\dfrac{4}{6}×\dfrac{④}{6}×\dfrac{2}{6}=\dfrac{8\sqrt{2}}{7}$ ⑤

∴ O-PBQR=③+⑤=$\dfrac{36\sqrt{2}}{7}$

9★ 演習題（p.130）

右の図の立体O-ABCDは，すべての辺の長さが2の正四角錐で，点P, Q, Rはそれぞれ辺AB, OC, ADの中点である．いま3点P, Q, Rを含む平面で正四角錐を切ったとき，この平面と辺OB, ODとの交点をそれぞれS, Tとする．

（1）ACとPRの交点をMとするとき，MQの長さを求めなさい．
（2）STの長さを求めなさい．
（3）五角形PSQTRの面積を求めなさい．
（4）切断してできる2つの立体のうち，頂点Oを含む立体の体積を求めなさい．

（06 早稲田実業）

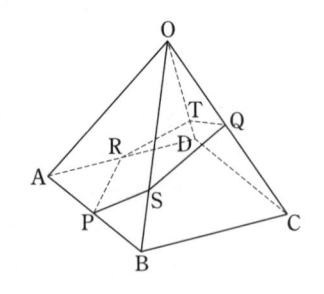

10 正八面体の切断

右図のような1辺の長さが6である正八面体 ABCDEF(各面が正三角形)がある．AB，AC の中点をそれぞれ M，N とするとき，
(1) 正八面体の体積を求めなさい．
(2) 点 M を通って，面 ADE に平行な平面で正八面体を切断したとき，切断面の面積を求めなさい．
(3) 3点 E, M, N を通る平面で正八面体を切断したとき，大きい方の立体の体積を求めなさい．
(08 日大二)

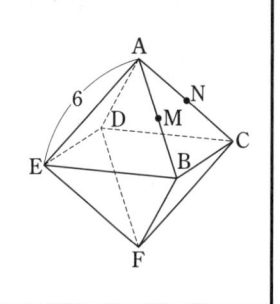

正八面体は，すべての辺の長さが等しい正四角錐を2つ貼り合わせた形をしています．すると例えば(3)は，正四角錐についての頻出問題に帰着されます．

解 (1) $AH(=AF/2)=3\sqrt{2}$ ……①
より，正八面体の体積は．
$$\left(\frac{1}{3}\times 6^2 \times ①\right)\times 2 = \mathbf{72\sqrt{2}} \quad \cdots\cdots ②$$

(2) 切断面(図の太線部) // △ADE …③
より，●はすべて辺の中点であるから，太線部は一辺が3の正六角形である．

よって，その面積は，$\left(\frac{\sqrt{3}}{4}\times 3^2\right)\times 6 = \mathbf{\dfrac{27\sqrt{3}}{2}}$

(3) 切断面(EMND)より上の部分(右図の太線部)の体積は，
A-EMD + A-MND
$= $ A-EBD $\times \dfrac{AM}{AB} + $ A-BCD $\times \dfrac{AM}{AB}\times \dfrac{AN}{AC}$
$= \dfrac{②}{4}\times \dfrac{1}{2} + \dfrac{②}{4}\times \dfrac{1}{2}\times \dfrac{1}{2} = ②\times \dfrac{3}{16}$

よって，求める体積は，
$$② - ②\times \dfrac{3}{16} = ②\times \dfrac{13}{16} = 72\sqrt{2}\times \dfrac{13}{16} = \mathbf{\dfrac{117\sqrt{2}}{2}}$$

⇐ AEFC(ABFD)は，BCDE と同様に，正方形．

⇐ ③より，MP // AE, NQ // AD などとなる．

⬅ 正八面体を，△ADE の真上から見ると，下図のようになる．

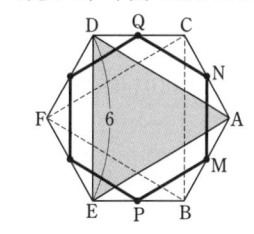

▶ □の公式は三角錐でしか使えない(☞p.108)ので，四角錐 A-BCDE を2つの三角錐に分けて適用する．

10★ 演習題 (p.131)

1辺の長さが6の正八面体 ABCDEF がある．
(1) 正八面体 ABCDEF の体積を求めなさい．
(2) 辺 AB，AC，AD，AE のそれぞれの中点を通る平面で正八面体を切り，頂点 A 側の立体を切り離す．他の頂点 B，C，D，E，F でも同じようにして切り離す．残った立体の表面積と体積を求めなさい．
(3) 辺 AB，AC，AD，AE のそれぞれを 2:1 の比に分ける点を通る平面で正八面体を切り，頂点 A 側の立体を切り離す．他の頂点 B，C，D，E，F でも同じようにして切り離す．残った立体の表面積と体積を求めなさい．

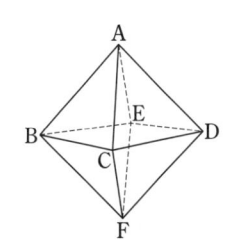

(10 久留米大付)

11 立体の内部の立体

図のように，底面が1辺6の正方形で，$OA=OB=OC=OD=3\sqrt{10}$ の正四角錐 O-ABCD がある．点 M は面 ABCD の対角線の交点である．また，2点 P, Q はそれぞれ辺 OA，線分 OM 上の点である．$BP=6$，$\angle BPQ=90°$ である．

(1) $\angle BPD$ の大きさを求めなさい．
(2) AP の長さを求めなさい．
(3) 点 P から底面に垂線を引き，交点を H とする．PH の長さを求めなさい．
(4) 4点 B, D, P, Q を頂点とする四面体の体積を求めなさい．

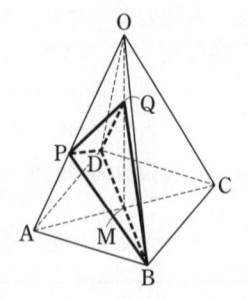

(08 芝浦工大柏)

(4) $PQ\perp\triangle PBD$ に着目して，直接体積を求めてみます．

解 (1) 図形全体は，面 OAC に関して対称…① であるから，$DP=BP=6$
すると，$\triangle PBD\equiv\triangle ABD$ ……②
 ∴ $\angle BPD=\angle BAD=\mathbf{90°}$

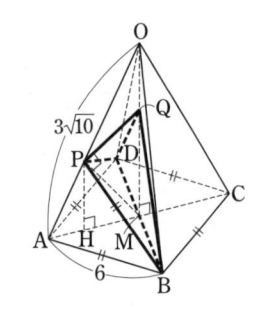

⇦三辺相等により，合同．

(2) $\triangle BAP$ は，$\triangle OAB$ と相似な二等辺三角形であるから，
$$BA:AP=OA:AB$$
 ∴ $AP=\dfrac{6^2}{3\sqrt{10}}=\dfrac{6\sqrt{10}}{5}$ ……③

⇦底角 $\angle A$ が共通．

(3) $AP:PH=AO:OM$ ∴ $PH=\dfrac{③\times 6\sqrt{2}}{3\sqrt{10}}=\dfrac{12\sqrt{2}}{5}$ …④

⇦$OM=\sqrt{(3\sqrt{10})^2-(3\sqrt{2})^2}$
 $=6\sqrt{2}$

(4) $Q\text{-}PBD=\dfrac{1}{3}\times\triangle PBD\times PQ$ …………⑤

⇐$\angle BPQ=90°$と①より，
 $\angle DPQ=90°$ ∴ $PQ\perp\triangle PBD$

ところで，$PH:PM=④:3\sqrt{2}=4:5$
これと，右図の●同士の角が等しいことから，
$$PQ=PM\times\dfrac{3}{4}=3\sqrt{2}\times\dfrac{3}{4}=\dfrac{9\sqrt{2}}{4}$$ ……⑥

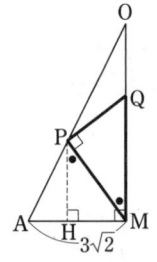

⇐②より，$PM=AM=3\sqrt{2}$
⇐$\triangle PMQ\infty\triangle HPM$ で，これらの3辺比は，3:4:5

 ∴ ⑤$=\dfrac{1}{3}\times\dfrac{6^2}{2}\times\dfrac{9\sqrt{2}}{4}=\dfrac{\mathbf{27\sqrt{2}}}{\mathbf{2}}$ ………⑦

⇐これも，②より，
 $\triangle PBD=\triangle ABD=6^2/2$

➡注 $\dfrac{1}{3}\times\triangle PMQ\times BD=\dfrac{1}{3}\times\dfrac{3\sqrt{2}\times⑥}{2}\times 6\sqrt{2}=⑦$ としてもよい．

⇐$BD\perp$面 OAC より，
 $BD\perp\triangle PMQ$

11★ 演習題 (p.131)

1辺の長さが4の正三角形 ABC の辺 BC, CA, AB の中点をそれぞれ D, E, F とし，$\triangle DEF$ の辺 EF, FD, DE の中点をそれぞれ G, H, I とする．$\triangle GHI$ を $\triangle ABC$ を含む平面に垂直な方向に a だけ平行に移動したものが右図の $\triangle G'H'I'$ であり，$\angle G'AB=\angle H'BA=60°$ となった．
(1) a の値を求めなさい．
(2) 立体 G'H'I'-DEF は，$\triangle DEF$ を下底，$\triangle G'H'I'$ を上底とし，側面は2種類の二等辺三角形でできている．この立体の体積を求めなさい．

(06 ラ・サール)

12★ 2つの図形の共通部分

右の図のように，すべての辺の長さが6である正四角すい O-ABCD がある．辺 OC 上に OP=4，辺 OD 上に OQ=4，辺 BC 上に BR=4，辺 CD 上に CS=2 となる点 P，Q，R，S をとる．

（1） 2点 P，Q を通り，底面に垂直な平面でこの正四角すいを切ったとき，切り口の面積を求めなさい．

（2） 3点 P，R，S を通る平面でこの正四角すいを切ったときにできる2つの立体のうち，頂点 C を含む立体の体積を求めなさい．

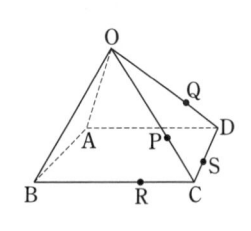

（3） （1）と（2）の切断を同時に行ってできる立体のうち，頂点 C を含む立体の体積を求めなさい．

(07 大阪星光学院)

（3） 立体を複数回切る問題は考えにくいのですが，本問では（1），（2）でそれぞれの切断をとらえているので，助かります．

⇦（3）では，（1）の切断でできる立体と（2）の立体との '共通部分' を求積することになる．

解　（1） 切り口は，図2のような等脚台形になる．図1で，OH=$\frac{6}{\sqrt{2}}$=$3\sqrt{2}$

であるから，PI=$\frac{OH}{3}$=$\sqrt{2}$

よって，求める面積は，
$\frac{(4+6)\times\sqrt{2}}{2}$=**$5\sqrt{2}$**

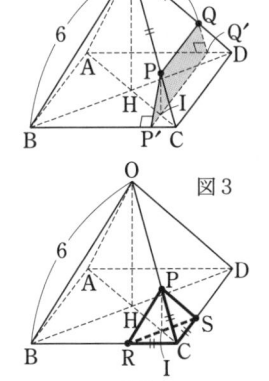

⇦△OBD は，△CBD と合同（三辺相等）な直角二等辺三角形．

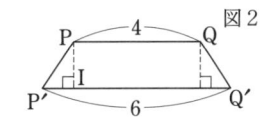

（2） CP=CR=CS=2 であるから，
P-CRS∽O-CBD で，相似比は，
CR：CB=2：6=1：3 である．
よって，求める体積は，
O-CBD×$\left(\frac{1}{3}\right)^3$=$\frac{6^2}{2}\times 3\sqrt{2}\times\frac{1}{3}\times\left(\frac{1}{3}\right)^3$=$\frac{2\sqrt{2}}{3}$ ……①

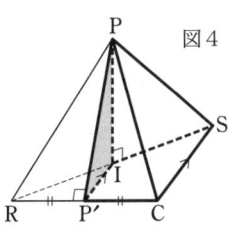

⇦もちろん，直接，$\frac{\triangle CRS\times PI}{3}$
として求めてもよい．
⇦図を拡大して考えよう．

（3） 求積すべき立体は，図4の太線部である．ここで，P'I∥CS（☞図1）
また，P' は RC の中点である（*）から，求める体積は，
①×$\left\{1-\left(\frac{1}{2}\right)^2\right\}$=①×$\frac{3}{4}$=$\frac{\sqrt{2}}{2}$

⇦△PRC は正三角形だから，（*）が言える．

12★ 演習題（p.132）

一辺の長さが $2\sqrt{3}$ の正6角形を底面とし，高さが12の正6角柱 ABCDEF-GHIJKL があります．なお，この6角柱の側面はすべて底面に垂直です．また，線分 GJ，AD の中点をそれぞれ P，Q とします．

（1） △PAC と線分 QH との交点を R とするとき，QR：RH を求めなさい．

（2） 2つの三角すい P-ACE，Q-HJL の共通部分でできる立体を考えます．
　（i） この立体の表面積を求めなさい．
　（ii） この立体の体積を求めなさい．

(10 筑波大付駒場)

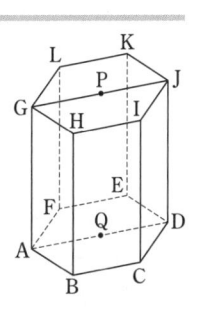

13 空間での折り紙

AB＝3，AD＝4の長方形ABCDを対角線ACを折り目として，直角に折り曲げたとき，BとDを結んでできる四面体BACDについて，次の各問いに答えなさい．
（1） 四面体BACDの体積を求めなさい．
（2） 四面体BACDの辺BDの長さを求めなさい．

（10 渋谷幕張）

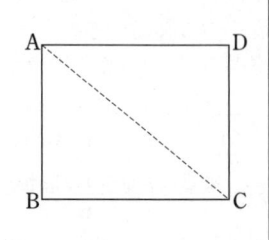

（2） 三平方の定理を活用します．

解 （1） BからACに下ろした垂線の足をHとすると，
$$BACD = \frac{1}{3} \times \frac{3 \times 4}{2} \times BH \cdots ①$$

ここで，△AHB∽△ABCで，これらの3辺比は3：4：5であるから，
$$BH = AB \times \frac{4}{5} = 3 \times \frac{4}{5} = \frac{12}{5} \cdots ②$$

∴ ① $= 2 \times BH = 2 \times ② = \dfrac{24}{5}$

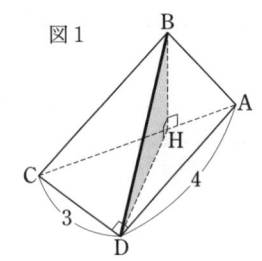

⇦ 面ABC⊥面ACD より，BHが'高さ'となる．

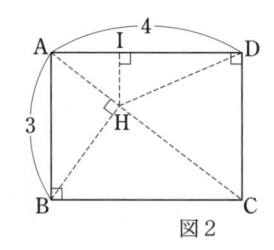

⇦ 直角三角形の中に見られる有名な相似(☞p.6, **2・3**).

（2） 図1で，$BD = \sqrt{BH^2 + DH^2}$ …③
一方，図2で，
$$HI = AH \times \frac{3}{5}$$
$$= \left(AB \times \frac{3}{5}\right) \times \frac{3}{5} = \frac{27}{25} \cdots ④$$
$$DI = 4 - AI = 4 - ④ \times \frac{4}{3} = \frac{64}{25} \cdots ⑤$$

∴ ③ $= \sqrt{②^2 + (④^2 + ⑤^2)} = \sqrt{\dfrac{144}{25} + \dfrac{193}{25}} = \dfrac{\sqrt{337}}{5}$

⇦ BH⊥面ACD より，BH⊥HD

⇦ △AHI∽△ACD（これらの3辺比も，3：4：5）

⇦ 図2で，$DH^2 = HI^2 + DI^2$

➡**注** $④^2 + ⑤^2 = \left(\dfrac{27}{25}\right)^2 + \left(\dfrac{64}{25}\right)^2 = \dfrac{729 + 4096}{25^2}$
$= \dfrac{4825}{25^2} = \dfrac{25 \times 193}{25^2} = \dfrac{193}{25}$

13★ 演習題（p.132）

AB＝$2\sqrt{3}$，BC＝6である長方形ABCDを対角線BDを折り目として折り曲げる．
（1） 辺ADが辺BCと交わるとき，BHの長さを求めなさい．
（2） 頂点Aが辺BCの真上に来るとき，4点A，B，C，Dを結んでできる三角錐A-BCDの体積を求めなさい．
（06 城北）

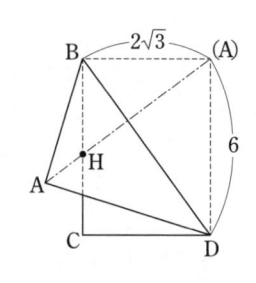

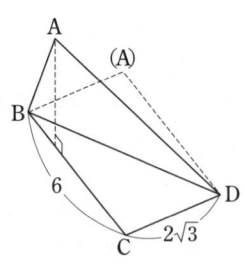

14★ 展開図を組み立てる

次の各問に答えなさい．

(1) (図1)は，1辺の長さが1の正三角形4つによってつくられる立体の展開図である．この立体の体積を求めなさい．

(2) (図2)は，1辺の長さが1の正三角形4つと，1辺の長さが1の正方形1つによってつくられる立体の展開図である．この立体の体積を求めなさい．

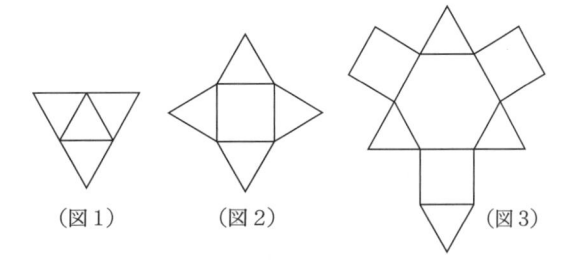

(3) (図3)は，1辺の長さが1の正三角形4つと，1辺の長さが1の正方形3つと，1辺の長さが1の正六角形1つによってつくられる立体の展開図である．この立体の体積を求めなさい．

(06 桐蔭学園)

(図1) (図2) (図3)

(3) (図3)の図形が，(図1)，(図2)の図形に分割できることに気付くかどうかがポイントです．

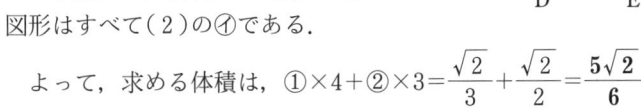

⇦(図3)の図形が，立方体から削り出されることについては，☞p.134．

解 (1) (図1)の立体は，「一辺が1の正四面体…㋐」であるから，その体積は，$\dfrac{\sqrt{2}}{12}\times 1^3 = \dfrac{\sqrt{2}}{12}$ ……………①

⇦①の左辺については，☞p.108．

(2) (図2)の立体は，「すべての辺が1の正四角錐…㋑」であるから，その体積は，$\dfrac{1}{3}\times 1^2 \times \dfrac{\sqrt{2}}{2} = \dfrac{\sqrt{2}}{6}$ ……………②

⇦②の左辺の'高さ'$\dfrac{\sqrt{2}}{2}$については，☞p.118．

(3) (図3)を，正六角形を底面として組み立て，出来た立体を真上から見ると，右図のようになる(Oは正六角形の中心)．

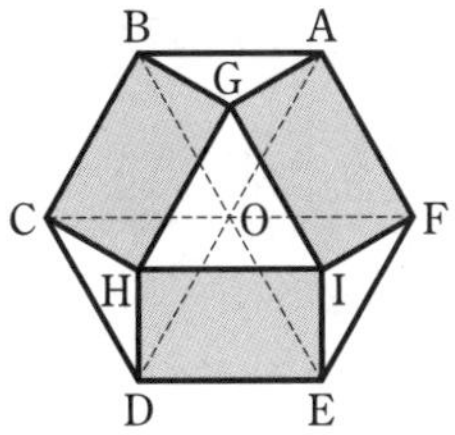

ここで，G-OAB, H-OCD, I-OEF, O-GHI はすべて(1)の㋐であり，また，Oを頂点とし，網目の正方形を底面とする図形はすべて(2)の㋑である．

⇦対称性より，Gは△OABの中心の真上にあり，すると，GO=GA(=GB)=1 (他の3つも同様)

よって，求める体積は，①×4+②×3 $=\dfrac{\sqrt{2}}{3}+\dfrac{\sqrt{2}}{2}=\dfrac{5\sqrt{2}}{6}$

14★ 演習題 (p.132)

いくつかの平面で囲まれた立体 A，B がある．立体 A の面はすべて正五角形であり，右の図はその展開図である．立体 B の面は正五角形または正六角形であり，面の数は全部で32である．

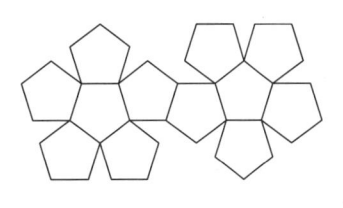

(1) 立体 A の頂点の数と辺の数を求めなさい．

(2) 立体 A において，2つの頂点を結ぶ線分を考える．このような線分で，立体 A の内部を通るものの総数を求めなさい．

(3) 立体 B の面は，どの正五角形にも5つの正六角形がとなり合い，どの正六角形にも3つの正六角形がとなり合っている．立体 B の正五角形の面の数 x と，正六角形の面の数 y を求めなさい．

(09 慶應女子)

15★ 線分の影

AB=3, AC=AD=CD=$\sqrt{6}$, BC=BD=$\sqrt{3}$ の四面体 ABCD が，△BCD を底面として平面 P 上におかれている．

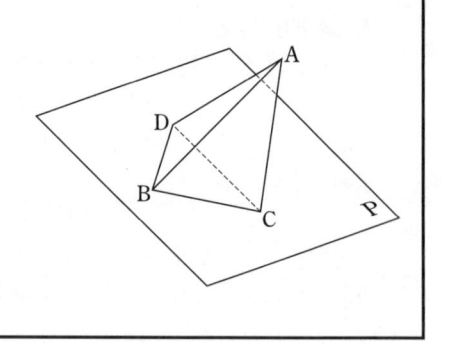

(1) 頂点 A と平面 P との距離を求めなさい．

(2) 2辺 AB, CD のいずれにも垂直に交わる直線を l とする．l に平行な光線を四面体 ABCD にあてたとき，平面 P 上にできる線分 AB の影のうち，△BCD に重ならない部分の長さを求めなさい． (07 筑波大付)

辺の長さの条件から，四面体は面対称と分かります．（1）でも（2）でも，この対称面上が舞台となります．

◀面対称の図形では，対称面を取り出すのが定石(☞p.109).

解 (1) 与えられた辺の長さから，図1のようになって，CD の中点を M とすると，四面体 ABCD は面 ABM に関して対称である（△ACD は正三角形，△BCD は直角二等辺三角形，△ABC と △ABD は合同な直角三角形）．

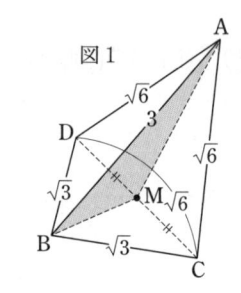

対称面 ABM を抜き出すと図2のようになって，求める距離は AH である．ここで，MH=x とすると，

$$\left(\frac{3\sqrt{2}}{2}\right)^2 - x^2 = 3^2 - \left(\frac{\sqrt{6}}{2}+x\right)^2$$

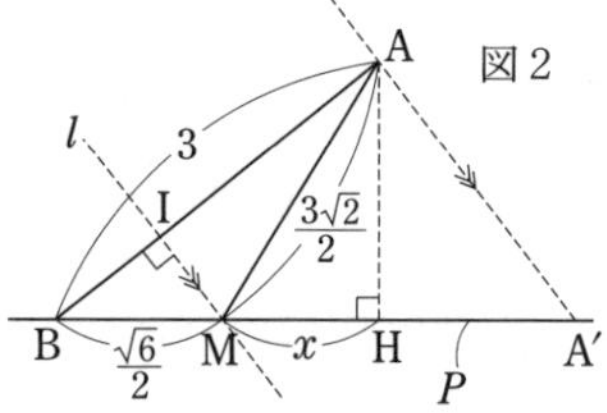

∴ $x=\dfrac{\sqrt{6}}{2}$ これと———より，AH=$\sqrt{3^2-(\sqrt{6})^2}=\sqrt{3}$

◁AH^2 を2通りに表す．

(2) l は図2のようになり，A を通る光線は AA′，影のうち長さを求める部分は MA′ である．

ここで，△BAA′∽△BHA で，相似比は，
BA : BH = 3 : $\sqrt{6}$ (=$\sqrt{6}$: 2) であるから，

BA′=BA×$\dfrac{\sqrt{6}}{2}=\dfrac{3\sqrt{6}}{2}$ ∴ MA′=$\dfrac{3\sqrt{6}}{2}-\dfrac{\sqrt{6}}{2}=\sqrt{6}$

◁l と辺 AB は図2の点 I で直交し，また，面 ABM⊥CD だから，l と辺 CD は点 M で直交している．

● 15★ 演習題 (p.133)

右の図のように，地面に垂直に立つ壁から 12m 離れた地点に高さ 4.5m の電灯(A)がある．

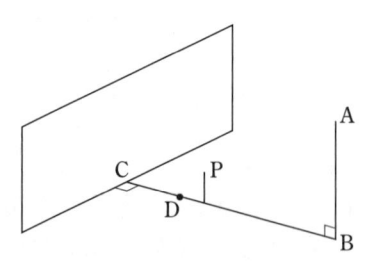

(1) 身長 1.5m の人(P)が電灯の真下の点 B から壁に向かって垂直な方向に毎秒 1m の速さで歩き始めた．歩き始めてからの時間を t 秒とする．P の影の先端が点 C に達するのは $t=$ □ のときである．また，壁に影ができるとき，壁に映る影の先端の地面からの高さを t を用いて表すと □ m である．

(2) BC 上で CD=3m となる点を D とする．(1)の人 P が D を出発して壁に平行に毎秒 1m の速さで歩き始めた．このとき，影の先端は毎秒 □ m の速さで動く．また，影全体の長さが身長の3倍となるのは D を出発してから □ 秒後である．

(05 大阪星光学院)

16★ 座標平面と立体図形

図は, 三角錐 P-OAB の展開図を座標平面上に描いたものである. 直線 AP_2, OB, P_3P_2 の方程式はそれぞれ次の通りである.

$$AP_2 : x=2, \quad OB : y=\sqrt{3}\,x, \quad P_3P_2 : y=\sqrt{3}$$

(1) P_1 の座標を求めなさい.
(2) 三角錐 P-OAB の体積を求めなさい.
(3) △OAB を底面とするときの三角錐の高さを求めなさい.
(4) P から座標平面上におろした垂線の足 H の座標を求めなさい.

（06 那須高原海城）

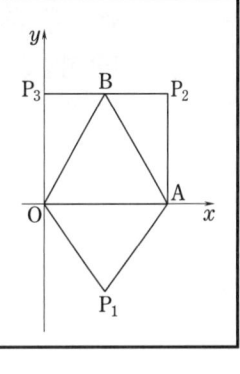

(2) とりあえず, BP を '高さ' と見るのが手早い.
(3)は体積経由, (4)は三平方が普通でしょうが, ともに相似を利用することもできます.

解 (1) 与えられた条件, および,
$P_1O=P_3O=\sqrt{3}$, $P_1A=P_2A=\sqrt{3}$ …①
より, 図1のようになって,
$MP_1=\sqrt{3-1^2}=\sqrt{2}$ より, $P_1(1, -\sqrt{2})$

(2) 三角錐を組み立てた図2で,
$\angle BPO = \angle BPA = 90°$
であるから, $BP \perp △OAP$
よって, 三角錐の体積は,

$$\frac{1}{3} \times △OAP \times BP$$

$$= \frac{1}{3} \times \frac{2 \times \sqrt{2}}{2} \times 1 = \frac{\sqrt{2}}{3} \cdots ②$$

(3) Pから△OABに下ろした垂線の足を H とすると, $\frac{1}{3} \times △OAB \times PH = ②$

$$\therefore PH = \frac{\sqrt{2}}{△OAB} = \frac{\sqrt{2}}{2 \times \sqrt{3}/2} = \frac{\sqrt{2}}{\sqrt{3}} = \frac{\sqrt{6}}{3} \cdots ③$$

(4) (3)より, $MH = \sqrt{2-③^2} = \frac{2\sqrt{3}}{3}$ $\therefore$ $H\left(1, \frac{2\sqrt{3}}{3}\right)$

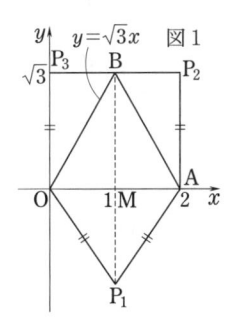

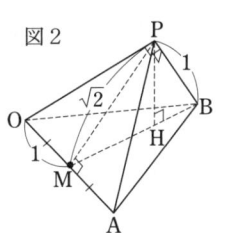

⇦ $BP_2 = BP_3$ より, B の x 座標は 1 で, これと OB…$y=\sqrt{3}\,x$ より, $B(1, \sqrt{3})$ (P_3-B-P_2 は一直線上にある).
また, ①より, P_1 の x 座標も 1 と分かる.

⇦直線と平面の直交については, ☞p.108.

⇦H は, 対称性より, BM 上にある.
⇦△BPH∽△BMP より,
BP : PH = BM : MP
$\therefore$ 1 : PH = $\sqrt{3}$: $\sqrt{2}$
とすることもできる.

⇦MH は, 上と同様に, 相似で求めることもできる.

16★ 演習題（p.134）

xy 平面上にある右図のようなひし形 ABCD を底面とし, P を頂点とする四角すい V がある. O を原点として, 線分 PO は xy 平面に垂直であり, 四角すい V の高さは 10 である. 直線 l を含み線分 PO の中点 M を通る平面と PA, PB, PC, PD との交点をそれぞれ E, F, G, H とする.

(1) PE : PA をできるだけ簡単な整数の比で表しなさい.
(2) 四角形 EFGH を底面とし, P を頂点とする四角すいの体積を求めなさい.

（10 灘）

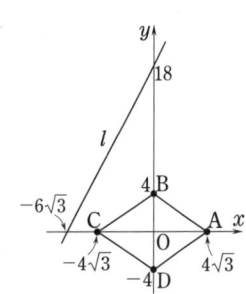

125

立体(1) 演習題の解答

1 (2)が考えにくい.Nの位置を定めるには,平面AEGC上で考えることになりますが,このときキーを握るのは,以下の図*の点Sです.

解 (1) 切り口と辺DHとの交点をPとすると,MP∥FAより,PはDHの中点.よって切り口は,右下図のような等脚台形である.ここで,

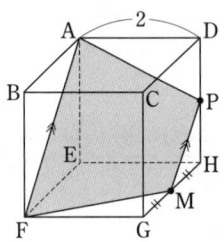

$$PI=\sqrt{(\sqrt{5})^2-\left(\frac{\sqrt{2}}{2}\right)^2}$$
$$=\frac{3\sqrt{2}}{2}\cdots\cdots⑦$$

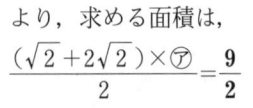

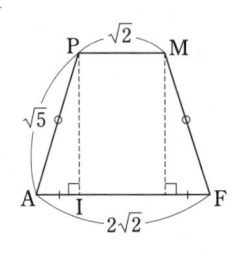

より,求める面積は,

$$\frac{(\sqrt{2}+2\sqrt{2})\times⑦}{2}=\boldsymbol{\frac{9}{2}}$$

(2)(i) 右図のように点Q,R,Sを定めると,QF=ABより,

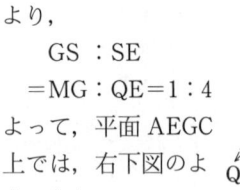

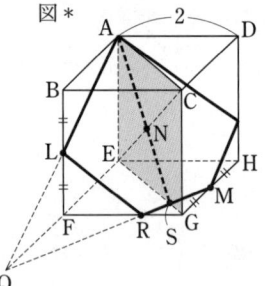

GS:SE
=MG:QE=1:4

よって,平面AEGC上では,右下図のようになり,

CN:NE
=AC:ES=**5:4**

(ii) (i)より,

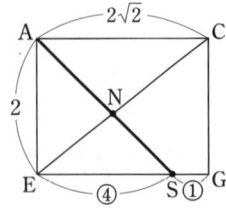

$$AN=\frac{5}{5+4}\times AS$$
$$=\frac{5}{9}\times\sqrt{2^2+\left(2\sqrt{2}\times\frac{4}{5}\right)^2}=\frac{5}{9}\times\frac{2\sqrt{57}}{5}$$
$$=\boldsymbol{\frac{2\sqrt{57}}{9}}$$

2 (1) 切り口の線を伸ばします.
(3) (2)を活かせるように分割しましょう.

解 (1) 右図のように,2直線PR,CDの交点をIとするとき,Iを通ってPQに平行な直線とCGとの交点がSである.

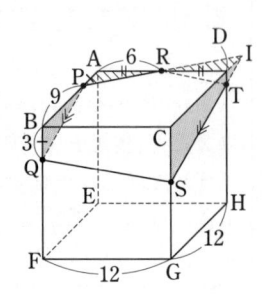

ここで,斜線部同士は合同であるから,
ID=PA=3
網目部同士は相似であるから,

$$CS=BQ\times\frac{CI}{BP}=3\times\frac{12+3}{9}=\boldsymbol{5}$$

(2) ACは∠Aの2等分線であるから,

PU:UR
=AP:AR=1:2
∴ △APU
$$=\triangle APR\times\frac{1}{1+2}$$
$$=\frac{3\times 6}{2}\times\frac{1}{3}=3$$

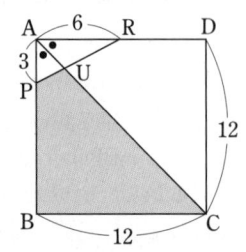

∴ □PBCU=△ABC−3=$\frac{12^2}{2}-3=\boldsymbol{69}$

(3) 求積すべき立体(下図の太線部)を平面BSPで分割すると,

S-PBCU
+S-PBQ
$$=\frac{1}{3}\times 69\times 5$$
$$+\frac{1}{3}\times\frac{9\times 3}{2}\times 12$$
$$=115+54=\boldsymbol{169}$$

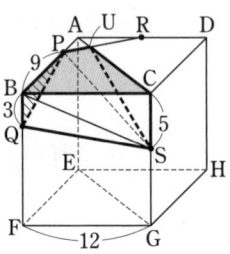

3 (1) '直方体の切り口'についても，例題**1**番(☞p.110)の網目部分がそのまま当てはまります．
(3) 基本通り，体積を利用します．

解 (1) 右図の網目部は合同(*)であるから，
　　AN＝GM＝2
　∴　NE＝8－2＝**6**

➡注　Pによる切り口(太線部)は平行四辺形ですから，(*)が言えます．

(2) Pは直方体の中心(図の○)を通るから，Pによって，直方体の体積は2等分される．
よって答えは，$\dfrac{6 \times 3 \times 8}{2} = $ **72** ……①

➡注　直方体は，○の点に関して点対称な図形ですから，○を通るどんな平面によってもその体積を2等分されます(☞p.109, **2・7**)．

(3) H-DNFM＝①－N-EFH－M-FGH
　　＝$72 - \dfrac{1}{3} \times \dfrac{3 \times 6}{2} \times 6 - \dfrac{1}{3} \times \dfrac{3 \times 6}{2} \times 2$
　　＝72－18－6＝**48** ……②

また，平行四辺形NFMDは右図のようになって(☞注)，
　　MI² ＝ 13－x² ……③
　　　　＝ 61－(6√2－x)²
　∴　x＝√2
これと③より，
　　MI＝√(13－2)＝√11
　∴　□NFMD＝6√2 × √11＝**6√22** ……④
よって，求める垂線の長さをhとすると，
　　② ＝ $\dfrac{1}{3} \times $ ④ $\times h$　∴　$h = \dfrac{② \times 3}{④} = \dfrac{\mathbf{12\sqrt{22}}}{\mathbf{11}}$

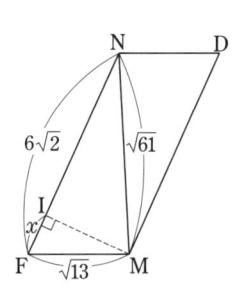

➡注　NMを対角線とする直方体(☞p.108, **2・1**)の3辺は，3, 6, 4(＝8－2×2)ですから，
NM＝$\sqrt{3^2+6^2+4^2} = \sqrt{61}$

4 いろいろと親切な誘導が付いていますが，それでも(3)は難問です．(2)以外の「大きい方の体積」をどう求めるか…？

解 (1) 立体Vの見取り図は，右図の太線部のようになる．

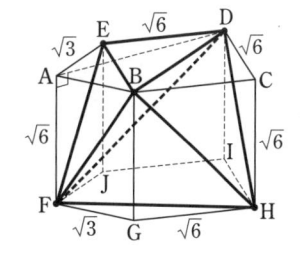

また，右下図のように，CDの中点をMとすると，
　AD²
　＝DM²＋MA²
　＝$\left(\dfrac{\sqrt{6}}{2}\right)^2$
　　＋$\left(\sqrt{6}+\dfrac{\sqrt{6}}{2}\right)^2$
　＝15 ……①
　∴　DF＝$\sqrt{(\sqrt{6})^2+15} = \mathbf{\sqrt{21}}$

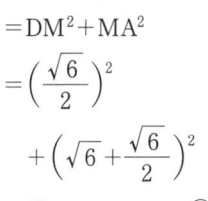

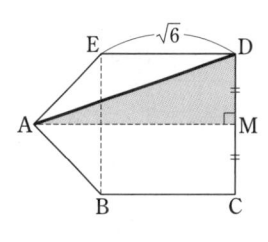

(2) 小さい方の立体は，三角錐 F-BDE であるから，その体積は，
　$\dfrac{1}{3} \times \triangle BDE \times FA = \dfrac{1}{3} \times \dfrac{(\sqrt{6})^2}{2} \times \sqrt{6}$
　＝**√6** ……②

(3) 大きい方の立体(右図の太線部)を，平面AFHCで切断すると，その体積は，
　B-PFH＋D-PFH
　　　　……③
ここで，
　FH＝AD＝√① ＝ √15 であるから，
　△PFH＝$\dfrac{\sqrt{15} \times \sqrt{6}}{2} = \dfrac{3\sqrt{10}}{2}$ ……④

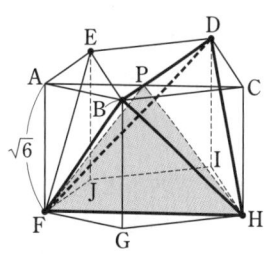

また，B, Dから面PFHまでの高さは，下図の h_1, h_2 である．図の網目の三角形同士は合同であり，これらは△ACMと相似，よってその3辺比は，
　　CM：MA：AC＝1：3：√10

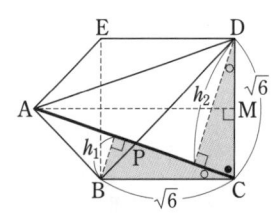

127

$$\therefore\ h_1+h_2=\sqrt{6}\times\left(\frac{1}{\sqrt{10}}+\frac{3}{\sqrt{10}}\right)=\frac{4\sqrt{6}}{\sqrt{10}}$$
$$\cdots\cdots ⑤$$
$$\therefore\ ③=\frac{1}{3}\times④\times⑤=2\sqrt{6}\ \cdots\cdots ⑥$$
$$\therefore\ V=②+⑥=\mathbf{3\sqrt{6}}$$

■研究 立体の等積変形:(2)で,FJ∥上底面より,F-BDE=J-BDE となるのと全く同様に,(3)では,FJ∥BD より **FJ∥平面 BDH** が言えて,**F-BDH=J-BDH** となります.ここで,J-BDH は"立方体に埋め込まれた正四面体"で(☞p.109),その1辺の長さは,
$$\sqrt{6}\times\sqrt{2}=2\sqrt{3}$$
ですから,その体積は,
$$\frac{\sqrt{2}}{12}\times(2\sqrt{3})^3=2\sqrt{6}$$

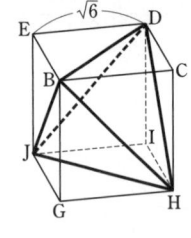

　　　＊　　　＊　　　＊
なお,他にも,
・四角柱 ABCD-FGHI から周りの4つの三角錐を引いて⑥を求める.
という解法なども考えられます.

5 (2),(3) 正四面体 ACFH から除かれる部分をとらえます.その際,対称性にも注意しましょう.

解 (1) 正四面体 ACFH の体積は,
立方体-三角錐 C-FGH×4
$$=1^3-\left(\frac{1}{3}\times\frac{1^2}{2}\times 1\right)\times 4=1-\frac{2}{3}=\frac{1}{3}\ \cdots①$$

(2) 正四面体 ACFH のうち,BDEG の面によって切り取られる部分を考える.頂点Cについては,右図の網目部(ACFH を1/2倍にした正四面体)が除かれ,他の3頂点についても同様である.

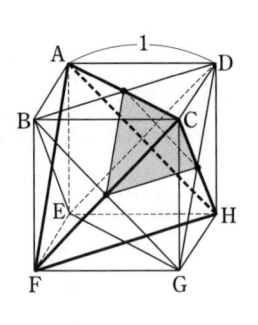

よって,求める共通部分の体積は,
$$①\times\left\{1-\left(\frac{1}{2}\right)^3\times 4\right\}=\frac{1}{3}\times\frac{1}{2}=\frac{1}{6}$$

➡注 共通部分は,一辺が $\sqrt{2}/2$ の'正八面体'です(☞p.109, **2・5**).

(3) 正四面体 ACFH のうち,AC-PQRS の面によって切り取られる部分を考える.頂点Fについては,右図の網目部(三角錐 F-AIC)が除かれ,頂点Hについても同様である.

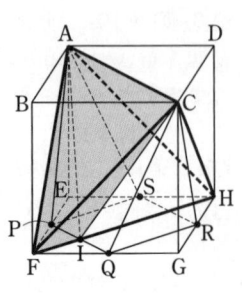

ここで, $\dfrac{\text{F-AIC}}{\text{F-AHC}}=\dfrac{\text{FI}}{\text{FH}}=\dfrac{1}{4}$

であるから,求める共通部分の体積は,
$$①\times\left(1-\frac{1}{4}\times 2\right)=\frac{1}{3}\times\frac{1}{2}=\frac{1}{6}$$

6 (2) (1)のヒントと,(2)の角度の条件から,O-PQR が'正四面体を引き伸ばした図形'と気が付きたい.

解 (1)(ⅰ) X は,**正四面体**である.
(ⅱ) [例題の(1)と同様に]
$$5^3-\left(\frac{1}{3}\times\frac{5^2}{2}\times 5\right)\times 4=\frac{125}{3}\ \cdots\cdots①$$

➡注 正四面体の体積公式(☞p.108)を使って,
$$\frac{\sqrt{2}}{12}\times(5\sqrt{2})^3=\frac{125}{3}\ \text{としてもよい.}$$

(2) 辺 OQ, OR 上に,
OS=OT
$$=5\sqrt{2}\,(=\text{OP})$$
となる点S,Tをとる.
∠POQ=∠QOR
　　=∠ROP=60°
より,三角錐 OPST の面はすべて正三角形であるから,OPST は正四面体である.

(ⅰ) PH は正四面体 OPST の高さであるから,
$$\text{PH}=\frac{\sqrt{6}}{3}\times 5\sqrt{2}=\frac{10\sqrt{3}}{3}$$

➡注 正四面体の高さの公式は,☞p.108.

(ⅱ) O-PQR=O-PST $\times\dfrac{\text{OQ}}{\text{OS}}\times\dfrac{\text{OR}}{\text{OT}}$
$$=①\times\frac{12}{5\sqrt{2}}\times\frac{14}{5\sqrt{2}}=\mathbf{140}$$

7 （2）答えは「垂直」と予想できるでしょうが，説明を加えるとなると….
（3）'三角定規形' を発見できると楽です．
（4）誘導に沿って求積しますが，研究の事実にも注目して下さい．

解（1）図アのように x, h を定めると，
$h^2 = 6^2 - x^2$ ………①
$= (\sqrt{31})^2 - (5-x)^2$
∴ $x = 3$

これと①より，$h = 3\sqrt{3}$

∴ $\triangle ABC = \dfrac{5 \times 3\sqrt{3}}{2}$

$= \dfrac{15\sqrt{3}}{2}$ ………②

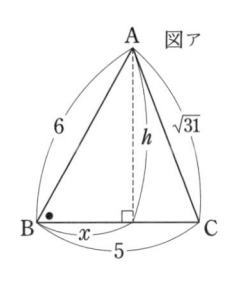

（2）図1'のように，O から AB に垂線 OI を下ろすと，三垂線の定理により，
$HI \perp AB$
よって，展開図2'において，H-I-R は一直線上にあり，**RH⊥AB** である．

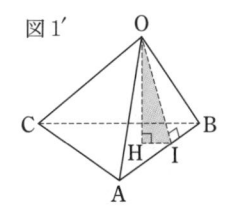

➡**注** 三垂線の定理については，☞p.108．

（3）図2'において，AB∥QP であるから，
$RR' \perp QP$
同様に，$PP' \perp QR$（$QQ' \perp PR$）が成り立つ．
ところで，（1）より，$\angle ABC = \bullet = 60°$ が分かるから，$PP' = 12 \times \dfrac{\sqrt{3}}{2} = 6\sqrt{3}$

$QP' = 12 \times \dfrac{1}{2} = 6$

∴ $RP' = 10 - 6 = 4$

∴ $HP' = 4 \times \dfrac{1}{\sqrt{3}} = \dfrac{4\sqrt{3}}{3}$

∴ $PH = PP' - HP' = 6\sqrt{3} - \dfrac{4\sqrt{3}}{3} = \dfrac{14\sqrt{3}}{3}$

➡**注** H は，$\triangle PQR$ の**垂心**です（☞p.81）．

（4）図2'において，
$RH = HP' \times 2 = \dfrac{8\sqrt{3}}{3}$

$RI = AR \times \dfrac{\sqrt{3}}{2} = \dfrac{5\sqrt{3}}{2}$ ………③

∴ $HI = \dfrac{8\sqrt{3}}{3} - \dfrac{5\sqrt{3}}{2} = \dfrac{\sqrt{3}}{6}$ ………④

すると図1'において，

$OH = \sqrt{③^2 - ④^2} = \dfrac{2\sqrt{42}}{3}$ ………⑤

よって，求める体積は，$\dfrac{1}{3} \times ② \times ⑤ = \mathbf{5\sqrt{14}}$

➡**注** 本問の四面体 OABC も '等面四面体' ですが，図2'において，●＋▲＋△＝180°ですから，P-C-Q などは一直線になり，**等面四面体の展開図は必ず三角形になる**わけですね．

■**研究** 例題の研究にもあるように，等面四面体は直方体の中にピッタリ埋め込むことができます．

本問の場合は右図のようになって，このとき，四面体の体積は，
（直方体）
－（三角錐 OO'AC）×4
$= \dfrac{1}{3} \times \sqrt{10} \times \sqrt{15} \times \sqrt{21} = \mathbf{5\sqrt{14}}$

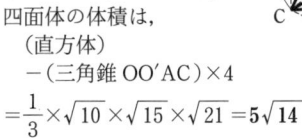

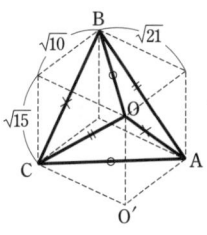

8 （2）の体積計算を見据えて，（1）から図1の点 T を利用してみます．

解（1）図1のように，2直線 QR, OC の交点を T とすると，TP と AC との交点が S である．

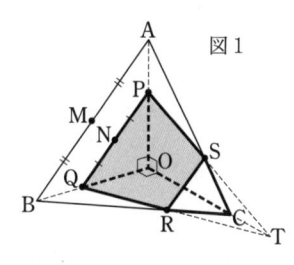

ここで，AB の中点を M とすると，図形全体は平面 OMC に関して対称であるから，$\triangle TPQ$，$\triangle TSR$ は相似な二等辺三角形である．

図2のようにHをとると，
$$RH = \frac{BO}{3} = 1$$
∴ TR : TQ
= RH : QO = 1 : 2
以上により，
□PQRS = △TPQ×$\left\{1-\left(\frac{1}{2}\right)^2\right\}$ ……㋐

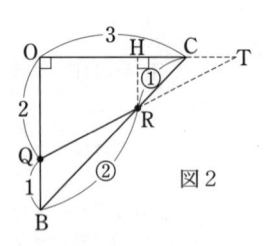

ところで，PQ = $2\sqrt{2}$ であり，PQ の中点を N とすると(☞図1)，
$$TN = \sqrt{TO^2+ON^2} = \sqrt{4^2+(\sqrt{2})^2} = 3\sqrt{2}$$
∴ ㋐ = $\dfrac{2\sqrt{2}\times 3\sqrt{2}}{2}\times\dfrac{3}{4} = \dfrac{9}{2}$

➡注 PQRS は右図のような等脚台形なので，直接面積を求めると，
$h = \sqrt{(\sqrt{5})^2-\left(\dfrac{\sqrt{2}}{2}\right)^2}$
$= \dfrac{3\sqrt{2}}{2}$
より，$\dfrac{(\sqrt{2}+2\sqrt{2})\times h}{2} = \dfrac{9}{2}$

(2) 求める体積は，
T-OPQ − T-CSR
= T-OPQ×$\left(1-\dfrac{TC}{TO}\times\dfrac{TS}{TP}\times\dfrac{TR}{TQ}\right)$
= $\dfrac{1}{3}\times\dfrac{2^2}{2}\times 4\times\left(1-\dfrac{1}{4}\times\dfrac{1}{2}\times\dfrac{1}{2}\right)$
= $\dfrac{8}{3}\times\dfrac{15}{16} = \dfrac{5}{2}$

別解 「O を含まない方の立体」について，'断頭三角柱の体積公式'(☞p.109)を使うと，
『O を含まない方の立体の体積を V とし，RS の中点を L とする．
$MN = OM\times\dfrac{1}{3} = \dfrac{3}{\sqrt{2}}\times\dfrac{1}{3} = \dfrac{1}{\sqrt{2}}$ ……㋑
また，L から面 OAB までの距離は，
$CO\times\dfrac{2}{3} = 3\times\dfrac{2}{3} = 2$ ……㋒

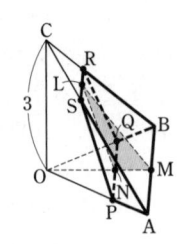

∴ $V = \triangle LMN\times\dfrac{AB+PQ+RS}{3}$
= $\dfrac{㋑\times㋒}{2}\times\dfrac{3\sqrt{2}+2\sqrt{2}+\sqrt{2}}{3}$
= $\dfrac{1}{\sqrt{2}}\times 2\sqrt{2} = 2$

よって答えは，OABC − $V = \dfrac{3^3}{6}-2 = \dfrac{5}{2}$ 』

9 図形全体は，平面 OAC に関して対称です．(4)では，(3)を活かして，立体を2つの図形に分割します．

解 (1) △OAC ≡ △BAC（三辺相等）より，底面の中心を H とすると，OH = BH
よって，△OAC は図1のようになる．
ここで，
$MQ' = \dfrac{AC}{2} = \sqrt{2}$ …①, $QQ' = \dfrac{OH}{2} = \dfrac{\sqrt{2}}{2}$ …②
∴ $MQ = \dfrac{\sqrt{2}}{2}\times\sqrt{5} = \dfrac{\sqrt{10}}{2}$ ………③

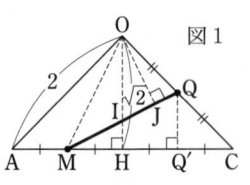

➡注 ①，②より，△MQ'Q の3辺比は，$1:2:\sqrt{5}$ です．

(2) 図1で，
$IH = \dfrac{QQ'}{2} = \dfrac{OH}{4}$
よって，△OBD は図2のようになる．
∴ $ST = BD\times\dfrac{3}{4} = 2\sqrt{2}\times\dfrac{3}{4} = \dfrac{3\sqrt{2}}{2}$ …④

(3) 図1より，$QI = IM = \dfrac{③}{2} = \dfrac{\sqrt{10}}{4}$ …⑤
∴ 五角形 PSQTR = △QTS + □PSTR
= $\dfrac{④\times⑤}{2}+\dfrac{(④+\sqrt{2})\times⑤}{2}$
= $\dfrac{3\sqrt{5}}{8}+\dfrac{5\sqrt{5}}{8} = \sqrt{5}$ …………⑥

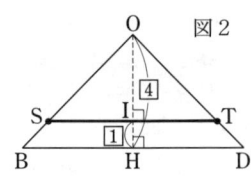

(4) O から(3)の五角形に下ろした垂線の足を J とすると，図形全体が平面 OAC に関して対称であることから，J は図1の位置にある．
ここで，OJ = h とすると，
△OMQ×2 = ③×h

一方，△OMQ×2＝△OMC＝$\dfrac{3}{2}$

∴ $h＝\dfrac{3}{2}×\dfrac{1}{③}＝\dfrac{3\sqrt{10}}{10}$

よって，求める立体の体積は，

三角錐 O-APR＋五角錐 O-PSQTR

$＝\dfrac{1}{3}×\dfrac{1^2}{2}×\sqrt{2}＋\dfrac{1}{3}×⑥×h$

$＝\dfrac{\sqrt{2}}{6}＋\dfrac{\sqrt{2}}{2}＝\dfrac{2\sqrt{2}}{3}$ ……………⑦

➡注　O-ABCD＝$\dfrac{1}{3}×2^2×\sqrt{2}＝\dfrac{4\sqrt{2}}{3}$（＝⑦×2）

よって，**平面 PQR は正四角錐を2等分している**ことになります．

10　(3)「残った立体」の概形をつかめるかどうかがポイントです．とりあえず，△ABC 上で残る部分を探ってみると…．

なお，(1)は，例題の(1)と全く同じなので，解答を省略します（答えは，**$72\sqrt{2}$** …①）．

解　(2)「頂点 A 側の立体」は，正四角錐 A-BCDE を $\dfrac{1}{2}$ に縮小した図形で，それを6つの頂点において切り離すことから，残った立体の体積は，①$-\dfrac{①}{2}×\left(\dfrac{1}{2}\right)^3×6＝\mathbf{45\sqrt{2}}$

また表面積は，右図のように，一辺が3の正方形(新たな切り口)が6個と，一辺が3の正三角形(図の網目部．元の正八面体の表面上に残る)が8個の和であるから，

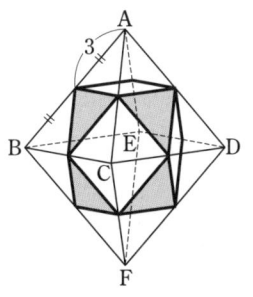

$3^2×6＋\left(\dfrac{\sqrt{3}}{4}×3^2\right)×8＝\mathbf{54＋18\sqrt{3}}$

(3)　△ABC の各辺の3等分点を，右図のように P〜U とする．「頂点 A 側の立体を切り離すと，△ABC 上では△APQ が除かれる．同様に，B,

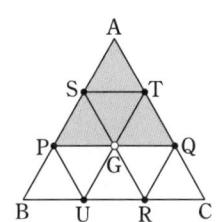

C においても切り離すと，△BRS，△CTU が除かれ(他の3頂点での切り離しは，△ABC には影響しない)，結局，△ABC 上では，点 G（△ABC の中心）だけが残ることになる．

他の7つの面上でも同様であるから，残った立体は，8つの面の中心を結んでできる右図の太線のような立方体である．

その一辺の長さは，

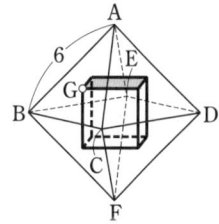

（AF の 1/3 の）$2\sqrt{2}$ であるから，表面積は，

$(2\sqrt{2})^2×6＝\mathbf{48}$，体積は，$(2\sqrt{2})^3＝\mathbf{16\sqrt{2}}$

➡注　上の解答を補足します．下図のように，辺の3等分点 V, W と，各面の中心 H, I, J をとります．

A についての切り離しで生まれる面 PQVW 上において，B について切り離すと，△PGJ が除かれ，C, D, E についても同様ですから，結局，面 PQVW 上においては，正方形 GHIJ （一辺 $2\sqrt{2}$）が残る（他の5つの面においても同様）――というわけです．

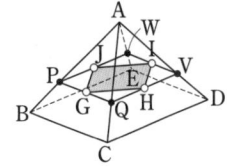

11　(2)　求積する立体は，'三角柱の内部に含まれている' と見ることができます．

解　(1)　G′から AB に下ろした垂線の足を J とすると，

G′J＝AJ×$\sqrt{3}$

　　＝$\dfrac{3\sqrt{3}}{2}$　…①

一方，GJ⊥AB …②

であるから，

GJ＝JF×$\sqrt{3}$

　　＝$\dfrac{\sqrt{3}}{2}$　……③

∴ $a＝\sqrt{①^2－③^2}＝\mathbf{\sqrt{6}}$

➡注　②は，"三垂線の定理"（☞p.108）から言えます．

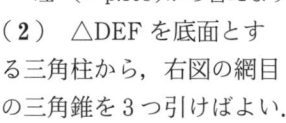

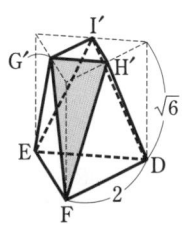

(2)　△DEF を底面とする三角柱から，右図の網目の三角錐を3つ引けばよい．

$$\therefore \quad \frac{\sqrt{3}}{4}\times 2^2\times\sqrt{6}$$
$$-\left(\frac{\sqrt{3}}{4}\times 1^2\times\sqrt{6}\times\frac{1}{3}\right)\times 3$$
$$=3\sqrt{2}-\frac{3\sqrt{2}}{4}=\frac{9\sqrt{2}}{4}$$

12 （1） 面 HBEK を取り出しましょう．
（2） '共通部分' をとらえるのは厄介ですが，対称性に着目して，全体の $\frac{1}{6}$ を考えましょう．

解 （1） AC と BE の交点を M とすると，面 HBEK は，右図のようになる．
$\therefore \quad$ QR：RH
$\quad$ =QM：HP=1：2

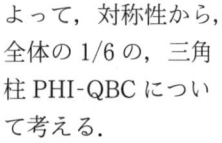

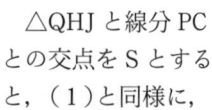

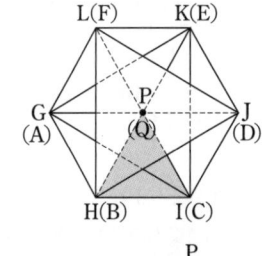

（2） 図形全体を真上から見ると，右下図のようになる．よって，対称性から，全体の 1/6 の，三角柱 PHI-QBC について考える．

△QHJ と線分 PC との交点を S とすると，（1）と同様に，
PS：SC=1：2

共通部分は，右図の太線部のようになる．

（i） △PRS≡△QSR（三辺相等）より，求める表面積は，
（△PRS×2）×6 ……①
PM=$\sqrt{PQ^2+QM^2}$
$\quad$ =$\sqrt{12^2+(\sqrt{3})^2}=7\sqrt{3}$ ………②
$\therefore \quad$ △PMC=$\frac{②\times MC}{2}=\frac{7\sqrt{3}\times 3}{2}=\frac{21\sqrt{3}}{2}$
$\therefore \quad$ ①=$\frac{21\sqrt{3}}{2}\times\frac{2}{3}\times\frac{1}{4}\times 12=\mathbf{28\sqrt{3}}$

（ii） 求める体積は，
P-QRS×6=P-QMC×$\frac{2}{3}\times\frac{1}{4}\times 6$
$=\left(\frac{1}{3}\times\frac{\sqrt{3}\times 3}{2}\times 12\right)\times\frac{4}{3}=\mathbf{8\sqrt{3}}$

13 （1） あちこちに '定規形' があります．
（2） 例題では，頂点が '折り目' の真上にありましたが，本問では斜めの位置にあるので，考えにくい．（1）が有力なヒントなのですが…．

解 （1） B(A)：(A)D=1：$\sqrt{3}$ より，△B(A)D は 30°定規形であるから，右図のようになる．すると，△HB(A) も 30°定規形であるから，
BH=B(A)×$\frac{1}{\sqrt{3}}$
$\quad$ =2 …………①

➡注 A と (A) は折り目 BD に関して対称ですから，M は A(A) の中点で，A(A)⊥BD．

（2） 図1の状態から，折り目 BD を軸として，△ADB を上方に開いていくと，A は M を中心とする半円 A(A) を描く．そしてこのとき，A から底面 BCD に下ろした垂線の足は，図1の線分 A(A) 上を動く．よって，A が辺 BC の真上に来るときの垂線の足は，図1の点 H である．

図2で，
AH=$\sqrt{(2\sqrt{3})^2-①^2}$
$\quad$ =$2\sqrt{2}$ ………②
$\therefore \quad$ A-BCD
$=\frac{1}{3}\times\frac{6\times 2\sqrt{3}}{2}\times②$
$=\mathbf{4\sqrt{6}}$

14 （1） '重なり' を考えます．
（2） 2頂点を結ぶ線分の数から，面上にある線分の数を引きましょう．
（3） 立体 B の面のつながりをおさえてから，その頂点の個数に目を向けましょう．

解 （1） 立体 A の1つの頂点には，正五角形の頂点3つが重なっている（☞右図）から，頂点の数は，$\frac{5\times 12}{3}=\mathbf{20}$（個）

また，立体 A の1つの辺には，正五角形の辺2つが重なっているから，

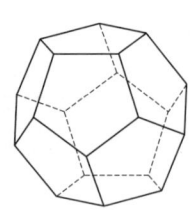

立体 A（正十二面体）

辺の数は，$\dfrac{5\times 12}{2}=30$（本）

（2）立体Aの2つの頂点を結ぶ線分の数は，（1）より，$\dfrac{20\times 19}{2\times 1}=190$（本）

このうち，1つの面上にある辺以外の線分（正五角形の対角線）の数は5本であるから，答えは，$190-(5\times 12+30)=$**100**（本）

（3）立体B（の一部）は，右図のようになる．

よって，その頂点の個数について，

$$x\times 5=\dfrac{y\times 6}{2}$$

∴ $5x=3y$

これと，$x+y=32$ より，$x=$**12**，$y=$**20**

➡注 立体Bは，右図のように，正二十面体の各頂点の部分を（各辺の三等分点をとって）切り落とした図形（≒サッカーボール）です（よって，x，yはそれぞれ正二十面体の頂点，面の個数となる）．

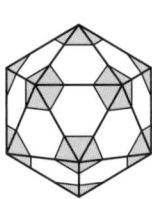

■研究 すべての多面体について，頂点の数をv，辺の数をe，面の数をfとすると，
$v-e+f=2$ が成り立ちます（**オイラーの定理**）．
　立体Aでは，$20-30+12=2$
　立体Bでは，$60-90+32=2$
なお，この定理を前提とすれば，「$x+y=32$」の条件がなくても「$x=12$，$y=20$」と決まります．

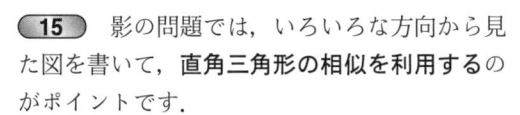

15 影の問題では，いろいろな方向から見た図を書いて，**直角三角形の相似を利用する**のがポイントです．

（2）では，影の先端は，**壁の上を地面に平行に動く**ことを確認しましょう．

㊙（1）Pの足元をQとすると，右図のようになる．
ここで，網目の三角形は相似であり，相似比は，$1.5:(4.5-1.5)=1:2$

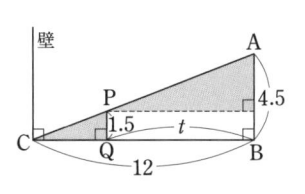

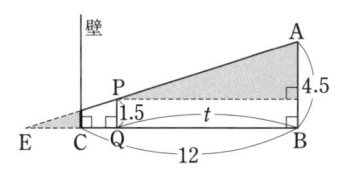

∴ $CQ=\dfrac{t}{2}$ ∴ $CB=\dfrac{3}{2}t=12$

∴ $t=8$

同様に，右図で，

$EB=\dfrac{3}{2}t$

∴ $EC=\dfrac{3}{2}t-12$ ……………①

すると，網目の三角形の相似より，影の高さは，

①$\times\dfrac{3}{t}=\dfrac{9}{2}-\dfrac{36}{t}$（m）

（2）（1）より，$CD=3$（$BD=9$）のとき，壁にできる影の高さは，$\dfrac{9}{2}-\dfrac{36}{9}=\dfrac{1}{2}$（m）…②

一方，真上から見た右図で，

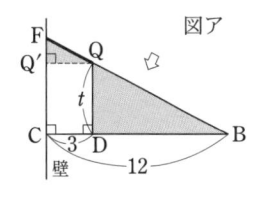

$CF=DQ\times\dfrac{BC}{BD}$
$=t\times\dfrac{12}{9}=\dfrac{4}{3}t$

よって，影の先端は，壁の上を地面と平行に（高さは②），毎秒$\dfrac{4}{3}$mの速さで動く．

また，図アの網目の三角形の相似より，

$$FQ'=t\times\dfrac{3}{9}=\dfrac{t}{3}$$

∴ $FQ=\sqrt{\left(\dfrac{t}{3}\right)^2+3^2}$ …………③

よって，②+③$=1.5\times 3$より，③$=4$

∴ $\left(\dfrac{t}{3}\right)^2=7$ 　$t>0$より，$t=$**$3\sqrt{7}$**（秒後）

➡注 BFに垂直な方向（図アの矢印方向）から見た図は，右のようになります．
ここで，
$(1.5-x):(4.5-x)=1:4$より，$x=0.5$
つまり，壁に映る影の高さは，tの値によらず②です．

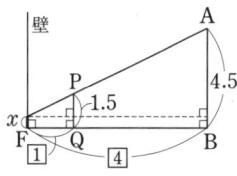

16 （1） 平面 POA を取り出しましょう．
（2）'三角錐の体積比の公式'（☞ p.108）に結び付けます．

解 （1） 平面 POA を取り出す．

ここで，I は，l と x 軸との交点 $(-6\sqrt{3}, 0)$ であり，太線（直線 IM）は，'l を含んで M を通る平面' の切り口である．

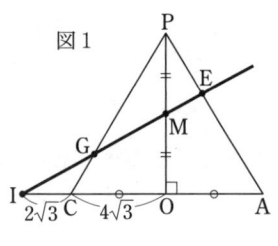

図1

メネラウスの定理により，

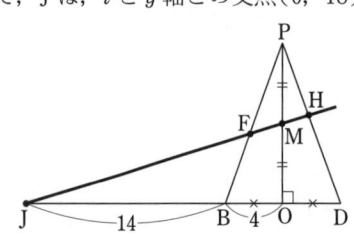

$$\frac{PE}{EA} \times \frac{AI}{IO} \times \frac{OM}{MP} = 1 \quad \therefore \quad \frac{PE}{EA} \times \frac{10}{6} \times \frac{1}{1} = 1$$

$$\therefore \quad \frac{PE}{EA} = \frac{3}{5} \quad \therefore \quad PE : PA = 3 : 8 \quad \cdots\cdots ①$$

➡**注** "メネラウスの定理" については，☞p.7.

（2） 図1で，同様に，

$$\frac{PE}{EA} \times \frac{AI}{IC} \times \frac{CG}{GP} = 1 \quad \therefore \quad \frac{3}{5} \times \frac{10}{2} \times \frac{CG}{GP} = 1$$

$$\therefore \quad \frac{CG}{GP} = \frac{1}{3} \quad \therefore \quad PG : PC = 3 : 4 \quad \cdots\cdots ②$$

次に，平面 POB を取り出す．

図で，J は，l と y 軸との交点 $(0, 18)$ である．

$$\frac{PH}{HD} \times \frac{DJ}{JO} \times \frac{OM}{MP} = 1 \quad \therefore \quad \frac{PH}{HD} \times \frac{22}{18} \times \frac{1}{1} = 1$$

$$\therefore \quad \frac{PH}{HD} = \frac{9}{11} \quad \therefore \quad PH : PD = 9 : 20 \quad \cdots ③$$

$$\frac{PH}{HD} \times \frac{DJ}{JB} \times \frac{BF}{FP} = 1 \quad \therefore \quad \frac{9}{11} \times \frac{22}{14} \times \frac{BF}{FP} = 1$$

$$\therefore \quad \frac{BF}{FP} = \frac{7}{9} \quad \therefore \quad PF : PB = 9 : 16 \quad \cdots ④$$

以上，①～④より，

$$\frac{P\text{-}EFG}{P\text{-}ABC} = \frac{PE}{PA} \times \frac{PF}{PB} \times \frac{PG}{PC} = \frac{3}{8} \times \frac{9}{16} \times \frac{3}{4} \quad \cdots ⑤$$

$$\frac{P\text{-}EGH}{P\text{-}ACD} = \frac{PE}{PA} \times \frac{PG}{PC} \times \frac{PH}{PD} = \frac{3}{8} \times \frac{3}{4} \times \frac{9}{20} \quad \cdots ⑥$$

よって，P-ABCD = V とおくと，

$$P\text{-}EFGH = P\text{-}EFG + P\text{-}EGH$$

$$= ⑤ \times \frac{V}{2} + ⑥ \times \frac{V}{2} = \frac{V}{2} \times (⑤ + ⑥)$$

$$= \frac{1}{2} \times \left(\frac{1}{3} \times \frac{8\sqrt{3} \times 8}{2} \times 10\right) \times (⑤ + ⑥)$$

$$= \frac{160\sqrt{3}}{3} \times (⑤ + ⑥) = \frac{243\sqrt{3}}{16} \quad \cdots\cdots⑦$$

➡**注** $⑤ + ⑥ = \frac{3 \times 3 \times 9}{4 \times 4 \times 8} \times \left(\frac{1}{4} + \frac{1}{5}\right)$

$$= \frac{3 \times 3 \times 9}{4 \times 4 \times 8} \times \frac{9}{20} \quad \cdots\cdots⑧$$

よって，⑦の左辺は，

$$\frac{160\sqrt{3}}{3} \times ⑧ = \frac{3 \times 9 \times 9 \times \sqrt{3}}{4 \times 4} = \frac{243\sqrt{3}}{16}$$

[例題 **14** 番（3）（☞ p.123）の補足]

（3）で得られる立体は，1辺 $\sqrt{2}$ の立方体から削り出すことができます．
「右図のように，各辺の中点を A～I として（p.123の解答の図と頂点を比べてください），正六角形 ABCDEF と，正三角形 ABG, CDH, EFI, GHI で切る．」

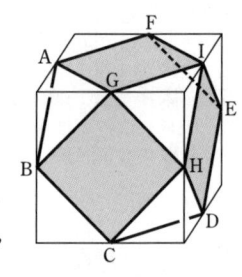

体積は，$\dfrac{(\sqrt{2})^3}{2} - 4 \times \dfrac{(\sqrt{2}/2)^3}{6} = \dfrac{5\sqrt{2}}{6}$

第6章 立体（2）

- 要点のまとめ …………………………… p.136
  - 類題の解答（1） …………………… p.137
- 例題・問題と解答／演習題・問題 … p.138 ～ 153
- 演習題・解答 …………………………… p.154 ～ 160

　　前章の角柱・角錐の問題を通して学んだ立体図形の基本事項を元に，この章では，**曲面を含む図形（円柱・円錐・球）を扱う**．いわば，前章を受けての"立体図形・応用編"である．当然，前章にも増して難問率が高くなる．苦手に感じる人の多い分野であるが，強い気持ちで挑戦しよう．

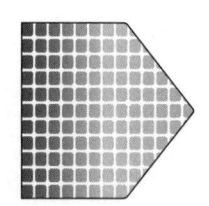

第6章 立体(2)
要点のまとめ

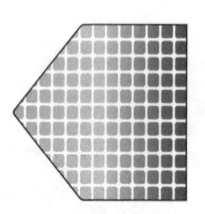

1. 球

1・1 球と平面との交わり
球Oを平面pで切った切り口は，円O'である．

球Oの半径をR，切り口の円O'の半径をr，球Oの中心から平面pまでの距離(OO')をdとすると，
$$R^2 = r^2 + d^2$$
よって，切り口の円O'の面積Sは，
$$S = \pi r^2 = \pi(R^2 - d^2)$$
(dを求めることが目標になる問題が多い．)

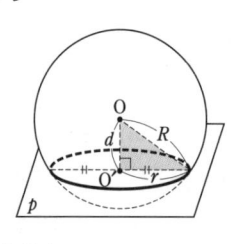

1・2 骨格図
複数の球や球と他の図形が接するような問題では，**球の中心と接点を結んだ線分が主役**となる．この線分(図形全体の'骨格'!)をすべて描いて，その図を中心に問題を考察するようにしよう(具体例は，☞p.148)．

➡注 このような'骨格図'の有用性は，平面図形における円の場合と全く同様です(☞p.95)．

1・3 球の体積と表面積
半径がrの球の，

体積は，$\dfrac{4}{3}\pi r^3$；表面積は，$4\pi r^2$

2. 円錐

2・1 円錐の側面積

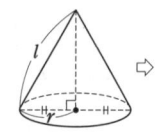

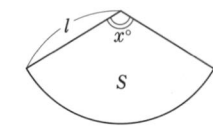

底面の半径がr，母線の長さがlの円錐の側面積をS，側面の展開図(扇形)の中心角を$x°$とすると，
$$x° = 360° \times \frac{r}{l}, \quad S = \pi l^2 \times \frac{x°}{360°} = \pi l r$$

➡注 円錐の側面の展開図(扇形)は，側面積を求めるときの他，円錐の側面上を通る最短経路の長さを求める際によく利用されます(円錐に限らず，立体図形の表面上を通る最短経路の問題では，**展開図上で考える**ことを定石としておこう)．

❖ 類題の解答（1）

1 (問題は，☞p.9)

'平行'の条件を'線分比'の条件に結び付けます．類題を経験していないと，ツライ問題でしょう．

解 右図のように，各線分の長さを $p \sim u$ とおくと，PS∥RU より，
$$p:r=s:u \cdots\cdots ①$$
PT∥QU より，
$$p:q=t:u \cdots\cdots ②$$
①より，$pu=rs$，②より，$pu=qt$
であるから，$rs=qt$ ∴ $q:r=s:t$
よって，QS∥RT が成り立つ．

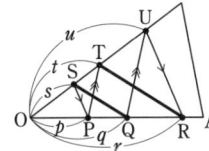

2 (問題は，☞p.22)

正方形の面積が分かるので，(線分の長さではなく)面積を文字でおくことにします．

解 (1) 与えられた面積比より，右図のようにおくことができる．
すると，
$$DF=2s,\ BE=8s$$
であるから，△AEF の面積について，$\dfrac{(1-2s)(1-8s)}{2}=3s$
整理して，$16s^2-16s+1=0$
$4s<\dfrac{1}{2}\ \left(s<\dfrac{1}{8}\right)$ より，$s=\dfrac{2-\sqrt{3}}{4}$

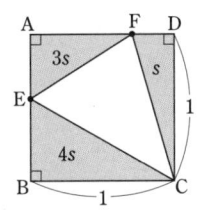

∴ $AF=1-2s=\dfrac{\sqrt{3}}{2}$

(2) △CEF$=1^2-8s=1-2(2-\sqrt{3})=\boldsymbol{2\sqrt{3}-3}$

3 (問題は，☞p.14)

まず，'裏返しの相似'に気付きたい．

解 $AB:BD=6:4=3:2$
$CB:BA=9:6=3:2$
これと∠B共通より，二辺比夾角相等で，
△ABD∽△CBA
よって，右図で，
○=●
すると，二角相等で，△ABD∽△CED

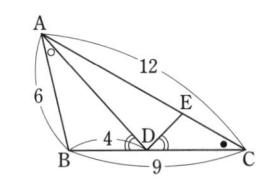

より，△CBA∽△CED
相似比は，$CA:CD=12:(9-4)=12:5$

∴ $CE=CB\times\dfrac{5}{12}=9\times\dfrac{5}{12}=\dfrac{15}{4}$ ……①

∴ $AE=12-①=\dfrac{33}{4}$

4 (問題は，☞p.15)

「二等辺三角形・平行線・角の2等分線(2本)」の条件から，新たな二等辺三角形があちこちに生まれます．

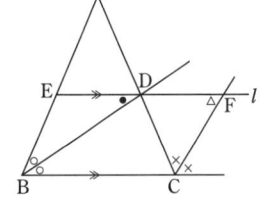

解 l∥BC ……①
より，右図で，
●=○，△=×
よって，
$$\left.\begin{array}{l}ED=EB\\ DF=DC\end{array}\right\} \cdots\cdots ②$$
一方，①より，△AED は△ABC と相似な二等辺三角形であるから，
$$EB=AB-AE=AC-AD=DC \cdots\cdots ③$$
②，③より，ED=DF が成り立つ．

5 (問題は，☞p.45)

例題の解答中の■部の元となった，p.29の②を使うだけでケリがつきます．

解 与えられた条件より，右図のようになって，
$$AC=\sqrt{3^2+1^2}=\sqrt{10}$$
$$AB=3\times\sqrt{2}=3\sqrt{2}$$
である．

N は，直角三角形 APC，CRA の斜辺の中点であるから，
$$PN=NR=\dfrac{AC}{2}=\dfrac{\sqrt{10}}{2} \cdots\cdots ①$$
同様に，$RM=MQ=\dfrac{BC}{2}=\dfrac{4}{2}=2$ ……②

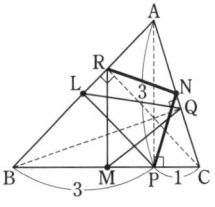

また，$QL=LP=\dfrac{AB}{2}=\dfrac{3\sqrt{2}}{2}$ ……③

よって，求める6線分の長さの和は，
$$①\times2+②\times2+③\times2=\boldsymbol{\sqrt{10}+4+3\sqrt{2}}$$

➡**注** 「6線分の長さの和」＝「△ABC の3辺の長さの和」ということです．

1 球と平面の交わり

図のように AH を直径とする球 S が，平面 α と点 H で接している．平面 α 上に 2 点 B，C があり，AB，AC と球 S の表面との交点をそれぞれ，D，E とする．∠DHB＝60°，EH＝$\sqrt{2}$，BC＝$2\sqrt{2}$，AH＝2 のとき，次の問いに答えなさい．

（1） ∠ADH の大きさを求めなさい．
（2） AB，AC の長さをそれぞれ求めなさい．
（3） 四面体 HABC の体積を求めなさい．

（07 常総学院）

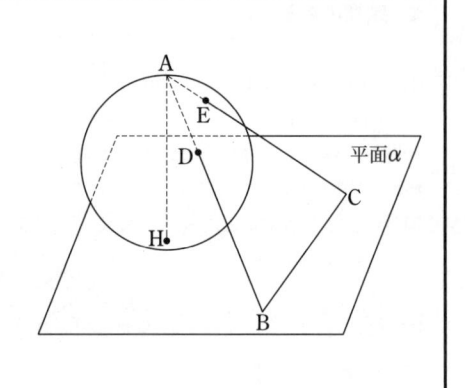

（1），（2） 適切な断面をとると，ともに '定規形' が現れます．

解 （1） 面 AHB は図 1 のようになり，ここで，AH は球 S の切り口の円の直径であるから，∠ADH＝**90°**

（2） 図 1 で，∠B＝30° であるから，
　　AB＝AH×2＝**4**

同様に，面 AHC は図 2 のようになり，ここで，AH：HE＝$\sqrt{2}$：1 より，∠A＝45° であるから，
　　AC＝AH×$\sqrt{2}$＝**$2\sqrt{2}$**

（3） 図 1，図 2 より，
　　HB＝AH×$\sqrt{3}$＝$2\sqrt{3}$，
　　HC＝AH＝2
よって，△HBC は右図のようになる．
ここで，HB^2＝HC^2＋BC^2 が成り立つから，∠C＝90° である
以上により，四面体 A-HBC の体積は，
　　$\dfrac{1}{3}×\triangle\text{HBC}×\text{AH}＝\dfrac{1}{3}×\dfrac{2×2\sqrt{2}}{2}×2＝\dfrac{4\sqrt{2}}{3}$

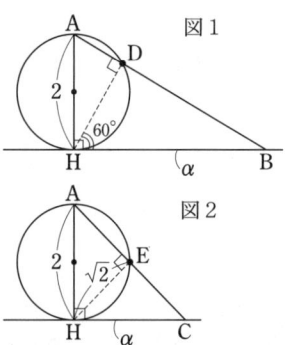

⇦球を平面で切った切り口は円なので，例えば本問の △ABC と球の交わりである DE は，**円弧** になる（本問を解く上では関係ないが…）．

⇦△HDB，△AHB は，ともに '30°定規形'．

⇦△AHE，△ACH は，ともに '45°定規形'．

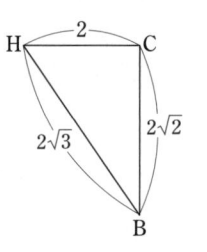

⇦三平方の定理の逆（☞p.28）．

⇦AH⊥平面 α，すなわち，AH⊥△HBC

● 1★ 演習題 （解答は，☞p.154）

右の図のように，半径 2 の球が，点 T で平面 P に接している．点 T を通り平面 P に垂直な直線と球の表面が交わる T 以外の点を A とする．
　　TA＝TB＝TC，∠ATB＝∠BTC＝∠ATC＝90°
となるように平面 P 上に 2 点 B，C をとる．
（1） 球の中心から △ABC を含む平面に下ろした垂線の長さを求めなさい．
（2） 球を △ABC を含む平面で切ったときの切り口と，△ABC との共通部分の面積を求めなさい．

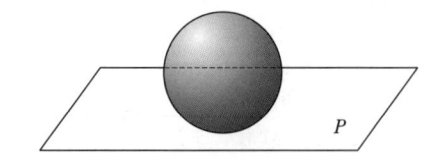

（09 渋谷幕張）

2 立方体内の球の断面積

右の図のように，1辺が6の立方体に内接する球がある．立方体を次に与えられた各平面で切断するとき，それぞれの球の断面積を求めなさい．

(1) 四角形 BDHF
(2) 三角形 ACF
(3) 三角形 ACM（ただし，点 M は辺 BF の中点である．）

(04　城北)

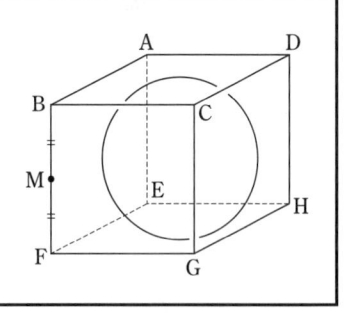

(1)〜(3)とも，対称面 BDHF 上が舞台になります．

解 (1) 球の中心 O は，四角形 BDHF 上にあるから，球の断面は大円で，その面積は，$\pi \times 3^2 = \mathbf{9\pi}$

◁図形全体は，平面 BDHF に関して対称．

◁球の半径は，$6 \div 2 = 3$.

(2) AC, EG の中点をそれぞれ L, N とすると，平面 BDHF は，右図のようになる

ここで，△ACF の断面は LF であるから，それによる球の切り口は，図の LI を半径とする円である．

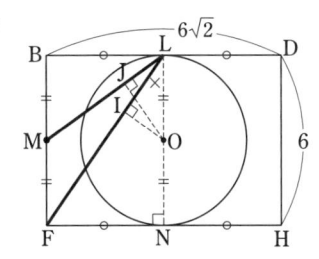

△LIO∽△LNF で，これらの3辺比は，$1 : \sqrt{2} : \sqrt{3}$ ………①

であるから，$LI = LO \times \dfrac{\sqrt{2}}{\sqrt{3}} = 3 \times \dfrac{\sqrt{2}}{\sqrt{3}} = \sqrt{6}$ ………②

よって，求める面積は，$\pi \times (\sqrt{6})^2 = \mathbf{6\pi}$

◁I は，O から平面 ACF に下ろした垂線の足で，球の切り口は，I を中心とする半径 LI の円となる(☞p.136).

◁FN : NL = $3\sqrt{2}$: 6 = 1 : $\sqrt{2}$
だから，FN : NL : LF
$= 1 : \sqrt{2} : \sqrt{3}$

➡注　断面の円は，**正三角形 ACF の内接円**になっているので，これからも②が得られます．

(3) △ACM の断面は LM であるから，それによる球の切り口は，図の LJ を半径とする円である．

△LJO∽△MBL で，これらの3辺比も①であるから，

$LJ = LO \times \dfrac{1}{\sqrt{3}} = 3 \times \dfrac{1}{\sqrt{3}} = \sqrt{3}$

よって，求める面積は，$\pi \times (\sqrt{3})^2 = \mathbf{3\pi}$

◁∠BML = ∠JLO より二角相等．
また，MB : BL
$= 3 : 3\sqrt{2} = 1 : \sqrt{2}$

2★ 演習題（p.154）

1辺の長さが4の立方体 ABCD-EFGH において，辺 AE の中点を M，対角線 FH の中点を N とする．

(1) MN⊥NC であることを証明しなさい．
(2) ∠MCN = ∠GCN であることを証明しなさい．
(3) MN⊥平面 CFH であることを証明しなさい．
(4) △CFH のうち，CM を直径とする球の内部にある部分の面積を求めなさい．

(08　灘)

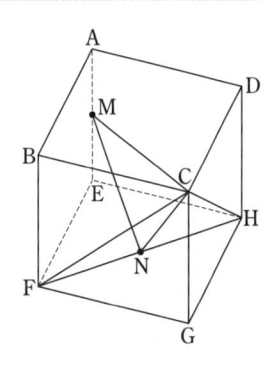

3★ 角柱・角錐の外接球

半径6の球に立方体が内接している．
（1）この立方体の一辺の長さを求めなさい．
（2）この図形をある平面で切ったら，図のような断面が現れた．ここで，AB＝CD＝9，AD∥BC，AD：BC＝1：10 である．この平面により切り分けられた，立方体の小さい方の部分の体積を求めなさい．

（05　ラ・サール）

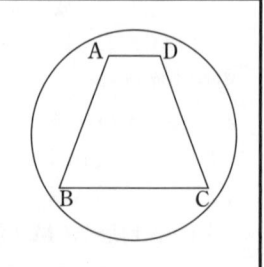

（1）立方体の対角線（の1つ）に着目します．
（2）問題文の図から，立方体をどう切ったのかを的確に判断しましょう．

解 （1）立方体の対角線（図1の鎖線）は，外接球の直径であるから，立方体の一辺の長さを a とすると，
$\sqrt{3}a = 6\times 2$　∴　$a = 4\sqrt{3}$

（2）立方体の切り口の頂点 A〜D は，図1のような位置にあるとしてよく，このとき，求積すべき立体は，図2のようになる．

ここで，PA＝PD＝QR＝b とすると，QB＝QC＝$10b$．よって，CR＝$9b$
∴ $(9b)^2 = 9^2 - (4\sqrt{3})^2 = 33$　∴　$b^2 = \dfrac{11}{27}$

また，$VP = PQ \times \dfrac{1}{9} = \dfrac{4\sqrt{3}}{9}$ ……㋐

以上により，求める立体の体積は，
$V\text{-}PAD \times (10^3 - 1^3) = \dfrac{1}{3} \times \dfrac{b^2}{2} \times ㋐ \times 999$
$= \dfrac{1}{6} \times \dfrac{11}{27} \times \dfrac{4\sqrt{3}}{9} \times 999 = \dfrac{814\sqrt{3}}{27}$

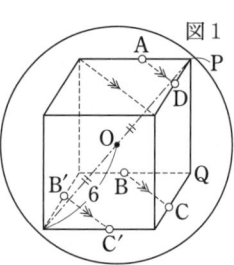

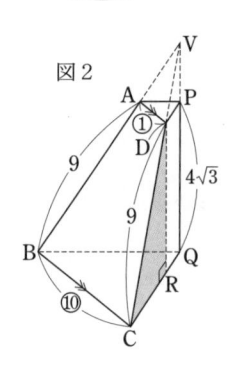

⇦問題文の図の□ABCD は，'等脚台形'．
⇦対称性より，立方体の中心（対角線の中点）と球の中心は一致する．
⇦対角線の長さは，
$\sqrt{a^2+a^2+a^2} = \sqrt{3}a$

◀「AD∥BC」より，AD と BC は平行な面上にあるから，AD は上底面，BC は下底面にあるとしてよい．そして他の条件から，A〜D が図1のような位置にあることが分かる（例えば，BC が B'C' の位置にあるとすると，切り口は六角形になってしまう！）．

⇦求積する立体は，三角錐台．

3★ 演習題（p.154）

（1）一辺の長さが $2\sqrt{3}$ の正三角形 ABC に外接する円の半径を求めなさい．

（2）図1のように DA＝DB＝DC＝3 で，AB＝BC＝CA＝$2\sqrt{3}$ の四面体 D-ABC がある．頂点Dから底面に下した垂線の足をHとするとき，DHの長さを求めなさい．

（3）図2のように半径が3である球面上に，4つの点 E，A，B，C がのっている．△ABC は一辺の長さが $2\sqrt{3}$ の正三角形である．このとき，四面体 E-ABC の体積が最大になるとき，その体積を求めなさい．

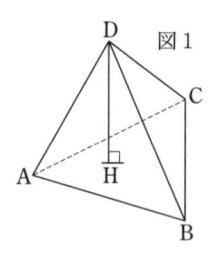

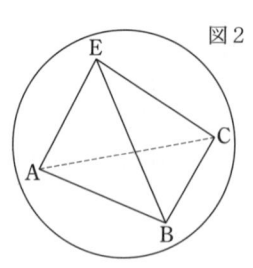

（08　武蔵工大付）

4 四面体を含む角柱の外接球

半径 3 の球面上に 4 点 A, B, C, D をとって，四面体 ABCD をつくったところ，AB＝CD＝4，AC＝BC＝AD＝BD となった．
(1) 辺 AB, CD の中点をそれぞれ E, F とするとき，線分 EF の長さを求めなさい．
(2) 辺 AC の長さを求めなさい．
(3) 四面体 ABCD の体積を求めなさい．

(09　筑波大付)

図形の対称性を活用しましょう．なお，研究の事実にも注目！

解　(1) 図形の対称性より，球の中心 O は EF の中点で，右図のようになる．ここで，
$$EF = 2EO = 2\sqrt{3^2 - 2^2} = 2\sqrt{5}$$

(2) $AF^2 = 2^2 + (2\sqrt{5})^2 = 24$
∴ $AC = \sqrt{24 + 2^2} = 2\sqrt{7}$

(3) CD⊥面 ABF より，求める体積は，
$$\frac{1}{3} \times \triangle ABF \times CD = \frac{1}{3} \times \frac{4 \times 2\sqrt{5}}{2} \times 4 = \frac{16\sqrt{5}}{3}$$

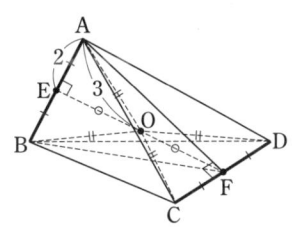

⇦研究の図で，球の中心 O は，四面体 ABCD が埋め込まれている直方体の中心で，この点は EF の中点になっている．

⇦△AEF で，三平方．

⇦△ACF で，三平方．

⇦CD⊥AF, CD⊥BF より，CD⊥面 ABF

■**研究**　本問のように，4 つの面がすべて合同な四面体を**等面四面体**といいますが，**等面四面体は直方体に埋め込まれる**ことが知られています．
本問の場合，直方体の 3 辺の長さを右図のように $a \sim c$ とすると，
$a^2 + b^2 = 4^2$, $a^2 + c^2 = b^2 + c^2 \cdots$ ㋐, $a^2 + b^2 + c^2 = (2 \times 3)^2$
より，$a = b = 2\sqrt{2}$, $c = 2\sqrt{5}$ となります．
すると，EF＝$c = 2\sqrt{5}$, AC＝$\sqrt{㋐} = 2\sqrt{7}$
また，体積は，直方体から三角錐を 4 つ引いて，
$$abc - \frac{abc}{6} \times 4 = \frac{abc}{3} = \frac{16\sqrt{5}}{3}$$

⇦'等面四面体' は p.116 でも現れている．

⇦最後の式は，
直方体の対角線＝外接球の直径
を表している．

4★ 演習題 (p.155)

右図の立体 ABCD-EFGH は，底面 ABCD が ∠DAB＝60°かつ 1 辺の長さ a のひし形で，4 つの側面がすべて合同な長方形であるような四角柱である．辺 DH 上に点 I があり，∠BIG＝90°かつ BI＝GI である．
(1) この四角柱の高さを求めなさい．
(2) 四面体 BEGI の体積を求めなさい．
(3) 4 点 B, E, G, I を通る球(四面体 BEGI の外接球)の半径を求めなさい．また，この球の中心と平面 BEG の距離を求めなさい．

(07　灘)

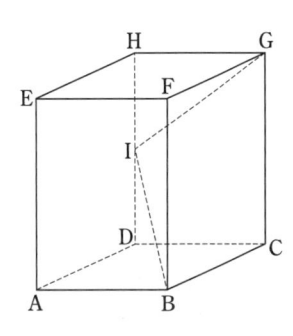

5 角錐に内接する球

図のように，1辺の長さが6の正四面体 O-ABC のすべての面に接する球 P がある．
（1） 正四面体 O-ABC の表面積，体積をそれぞれ求めなさい．
（2） 球 P の半径を求めなさい．
（3） 正四面体 O-ABC の面と球 P が接する4つの点を頂点とする四面体の体積を求めなさい．

(05 日大二)

正四面体の基本的な図形量は，公式として覚えておきましょう．

解 （1） 表面積は，$\left(\dfrac{\sqrt{3}}{4}\times 6^2\right)\times 4 = 36\sqrt{3}$ ……①

また，BC の中点を M，O から面 ABC に下ろした垂線の足（△ABC の中心）を H とすると，図1のようになって，△BMH は 30°定規形であるから，$BH = BM \times \dfrac{2}{\sqrt{3}} = 3 \times \dfrac{2}{\sqrt{3}} = 2\sqrt{3}$ ……②

$\therefore\ OH = \sqrt{OB^2 - BH^2} = \sqrt{6^2 - ②^2} = 2\sqrt{6}$ ……③

よって，体積は，$\dfrac{1}{3}\times\left(\dfrac{\sqrt{3}}{4}\times 6^2\right)\times ③ = 18\sqrt{2}$ ……④

（2） 図1の面 OAM を取り出すと，図2のようになる（P は球の中心）．ここで，角の2等分線の定理により，

OP : PH = MO : MH = 3 : 1 ……⑥

よって，球の半径は，

$PH = ③\times\dfrac{1}{3+1} = 2\sqrt{6}\times\dfrac{1}{4} = \dfrac{\sqrt{6}}{2}$

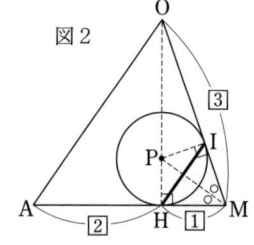

（3） 題意の四面体は，図2の HI を一辺とする正四面体である．

ここで，MI : MO = MH : MA = 1 : 3 であるから，$HI = \dfrac{AO}{3}$

よって，求める体積は，$④\times\left(\dfrac{1}{3}\right)^3 = \dfrac{2\sqrt{2}}{3}$

➡注 一般に，一辺が a の正四面体の内接球・外接球の半径をそれぞれ r, R とすると，$r = \dfrac{\sqrt{6}}{12}a$, $R = \dfrac{\sqrt{6}}{4}a$ ($r : R = 1 : 3$)

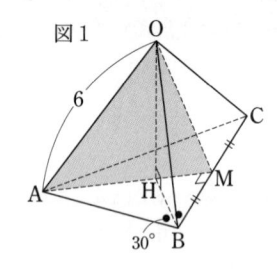

◀1辺が a の正四面体の
　高さ $\dfrac{\sqrt{6}}{3}a$ …⑤，体積 $\dfrac{\sqrt{2}}{12}a^3$

◀図形全体は面 OAM に関して対称だから，その対称面を取り出す．

◁H は，△ABC の '重心' なので，AH : HM = 2 : 1 （☞p.81）

別解 O-ABC
　　　= P-OAB + P-OBC
　　　　+ P-OCA + P-ABC
より，球の半径を r とすると，
$④ = \dfrac{①\times r}{3}$ $\therefore\ r = \dfrac{④\times 3}{①} = \dfrac{\sqrt{6}}{2}$

[さらに，図2で，
△OPI ∽ △OMH
に着目することもできる．]

◁図2で，r は PH，R は OP．これと⑤，⑥より分かる．

5 演習題 (p.155)

図のような正四角錐 O-ABCD があり，$OA = 10\sqrt{3}$，$AB = 20$ である．
（1） 正四角錐 O-ABCD に内接する球の半径を求めなさい．
（2） （1）の球と正四角錐 O-ABCD の側面との4つの接点を結んでできる四角形の面積を求めなさい．
（3） （1）の球と正四角錐 O-ABCD との5つの接点を結んでできる立体の体積を求めなさい．

(06 京都成章)

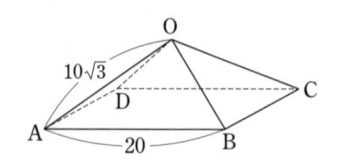

6 角柱切断形に内接する球

一辺の長さが4の立方体 ABCD-EFGH について，立方体 ABCD-EFGH 内で，平面 DEG，平面 AEFB，平面 BFGC，平面 EFG のすべてに接する球の半径を求めなさい．

（07 徳島文理）

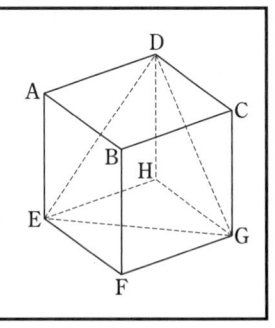

体積を利用するか，それとも断面を取り出すか….

解 立方体から，三角錐 H-DEG を除いた立体を V とすると，V の体積は，$4^3 - \dfrac{1}{3} \times \dfrac{4^2}{2} \times 4 = \dfrac{160}{3}$ ……①

球の中心 O と V の各頂点を結んで，V を4つの三角錐と3つの四角錐に分割する．球の半径を r とすると，V の体積は，

$$\dfrac{1}{3} \times \dfrac{\sqrt{3}}{4} \times (4\sqrt{2})^2 \times r + \dfrac{1}{3} \times \dfrac{4^2}{2} \times r$$
$$+ \left\{ \dfrac{1}{3} \times \dfrac{4^2}{2} \times (4-r) \right\} \times 2 + \left(\dfrac{1}{3} \times 4^2 \times r \right) \times 2 + \dfrac{1}{3} \times 4^2 \times (4-r) \cdots ②$$

①＝②を整理すると，$(\sqrt{3}+1)r = 4$ ∴ $r = \dfrac{4}{\sqrt{3}+1} = 2(\sqrt{3}-1)$

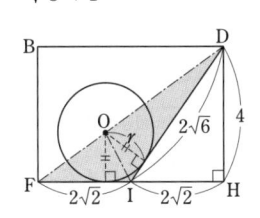

⇦内接球の半径（垂線の長さ）を求める2つの大筋（☞p.112）．

⇦三角錐 O-DEG，O-EFG
　　　O-ADE，O-CDG
　四角錐 O-AEFB，O-BFGC，
　　　O-ABCD

⬅V の各面を底面とすると，球が接している面までの高さは r，接していない面（上記の〜〜〜）までの高さは $4-r$．

別解 平面 BFHD を取り出すと，右図のようになる（I は EG と FH の交点）．
△DFI＝△OFI＋△OID より，
$2\sqrt{2} \times 4 = 2\sqrt{2} \times r + 2\sqrt{6} \times r$
∴ $(\sqrt{3}+1)r = 4$ …③（以下略）
［角の2等分線の定理を使って，
FO：OD＝IF：ID からも，③が導ける．］

⇦対称面 BFHD を取り出す．
⬅球 O は頂点 F に集まる3つの面に接している（球 O を F を中心に拡大すると立方体の内接球になる）から，O は対角線 FD 上にある（ここが難しい！）．

6★ 演習題 (p.156)

図1のような底面が正六角形である角柱があり，1つの底面と6つの側面に半径3の球が内接している．この角柱を，辺 HI を通り，球に接する平面で切る．切断後の立体は，図1の矢印の方向（AD に平行な向き）から見ると図2のように見え，面 BHIC と切断面のつくる角は45°である．

（1）底面の正六角形の面積を求めなさい．
（2）辺 BH の長さを求めなさい．
（3）切断後の立体の側面積と切断面の面積をそれぞれ求めなさい．
（4）切断後の立体の体積を求めなさい．

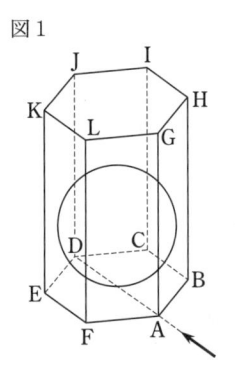

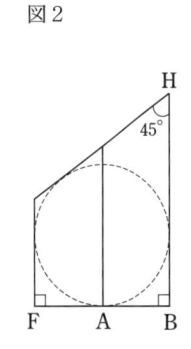

（07 久留米大付）

7 容器に水を入れる

1辺の長さが1の立方体の容器ABCD-EFGHがある．図のように，この容器の中に点Eを中心とする半径1の球の $\frac{1}{8}$ の部分が入っている．

（1） 線分CEが球の表面と交わる点をPとする．このとき，線分CPの長さを求めなさい．

（2） 線分AGが球の表面と交わる点をQとする．このとき，線分AQの長さを求めなさい．ただし，点Qは点Aと異なる点である．

（3） 図の状態で，容器の高さの半分まで水を入れた．このとき，水面の面積を求めなさい．ただし，球の内側に水は入らないものとする．

（08　西南学院）

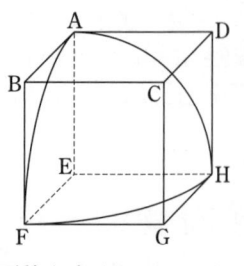

（1），（2）　平面AEGCを取り出します．
（3）　水面の高さでの球の切り口（円）の半径を求めます．

◀立体図形の問題では，**適切な平面を取り出して，平面図形の問題に帰着させて考える**のが基本．

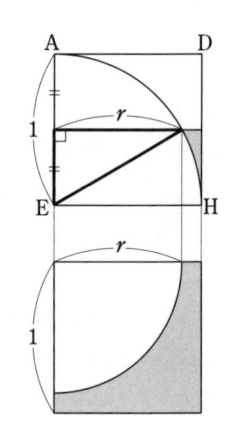

解　（1）　平面AEGCを取り出すと，右図のようになる．ここで，
$CE = \sqrt{1^2 + (\sqrt{2})^2} = \sqrt{3}$ であるから，
$CP = CE - EP = \sqrt{3} - 1$

（2）　右図のように，垂線EIを下ろす．
△AEI∽△AGE で，相似比は，
AE：AG ＝ 1：$\sqrt{3}$ であるから，
$AI = AE \times \frac{1}{\sqrt{3}} = \frac{\sqrt{3}}{3}$　∴　$AQ = AI \times 2 = \frac{2\sqrt{3}}{3}$

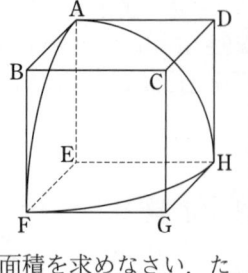

◀円の中心から弦に下ろした垂線の足は，弦の中点（☞p.57）．

別解　右上図のようにJをとり，また，JKを円の直径とすると，方べきの定理（☞p.57）により，GQ×GA＝GJ×GK
∴　$(\sqrt{3} - AQ) \times \sqrt{3} = (\sqrt{2} - 1) \times (\sqrt{2} + 1)$　∴　$AQ = \frac{2\sqrt{3}}{3}$

（3）　水面の高さでの球の切り口（円）の半径を r とし，面AEHD，および，水面の高さでの切り口を図示すると，右のようになる．

ここで，太線の三角形は30°定規形であるから，$r = \frac{\sqrt{3}}{2}$

よって，求める水面（右下図の網目部分）の面積は，
$1^2 - \pi r^2 \times \frac{1}{4} = 1 - \frac{3}{16}\pi$

7 演習題（p.156）

底面が，一辺の長さが6の正三角形で，高さが8の正三角錐の物体と，水がいっぱいに入っている半径4の半球の容器がある．この物体を，図のように，底面の3頂点が容器に接するまで鉛直方向に静かに入れる．ただし，正三角錐の物体の底面は水平面に平行である．

（1）　この三角錐の体積を求めなさい．
（2）　水面から三角錐の底面までの深さを求めなさい．
（3）　流出した水の量を求めなさい．

（08　慶應志木）

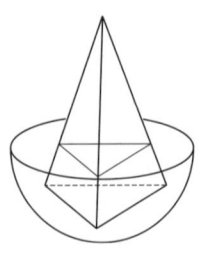

8 球と円錐

底面の半径 2,母線の長さ 4 の直円すいと,半径 $\sqrt{3}$ の球が同一平面上にあり,直円すいと球は図のように点 P で接している.直円すいの頂点を A,底面の中心を H,また球の中心を O,球と平面との接点を Q とする.
(1) 直円すいの体積を求めなさい.
(2) 線分 HQ の長さを求めなさい.
(3) 線分 AP の長さを求めなさい.
(4) 球面上の点で直円すいの頂点 A からの距離がもっとも短くなる点を X とする.線分 AX の長さを求めなさい.

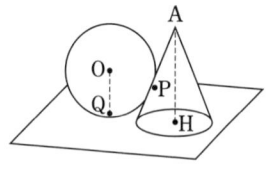

(10 ラ・サール)

(2)~(4)は,平面図形の問題として処理できます. ⇦定石通り,適切な断面を取り出す.

解 (1) $AH=\sqrt{4^2-2^2}=2\sqrt{3}$
より,直円すいの体積は,
$\frac{1}{3}\times 2^2\pi\times 2\sqrt{3}=\dfrac{8\sqrt{3}}{3}\pi$

(2)(3) AH, OQ を含む平面による切り口は,右図のようになる.
ここで,△ABC は正三角形であるから,図の● $=60°$,よって,△OBQ,△OBP は 30°定規形.
∴ BQ=BP=1 ∴ **HQ**=HB+BQ=2+1=**3**
AP=AB-BP=4-1=**3** ………①

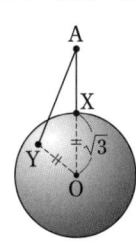

⇦球の場合は中心を含む平面,円錐の場合は軸を含む平面を取り出す(本問では,OQ // AH だから,OQ と AH は同一平面上にある).

(4) AO と球面との交点が X(上図の位置)であるから(☞注),①より, $AX=AO-XO=\sqrt{(\sqrt{3})^2+3^2}-\sqrt{3}$
$=2\sqrt{3}-\sqrt{3}=\sqrt{3}$

➡**注** 厳密に言うと,球面上の点 Y について,
AY+YO≧AO より,
AY≧AO-YO=AO-$\sqrt{3}$ (定数)
ここで等号が成立するのは,A, Y, O が一直線上(Y=X)のときである――ということです.

⇦△AOP の 3 辺比は,
$\sqrt{3}:2\sqrt{3}:$①$=1:2:\sqrt{3}$
だから,これも '30°定規形'.

⇦p.163, **2・2** の 3 次元版.

8★ 演習題 (p.157)

底面の半径が 3,母線の長さが 9 である円すいが 3 つある.図のように,これらの円すいを底面が互いに接するように平面上におき,これらの円すいの上方から球をのせる.
(1) [図1]のように,球が 3 つの円すいの頂点で接するとき,球の半径の最小値を求めなさい.
(2) [図2]のように球が 3 つの円すいの側面と接し,球の最上部が円すいと同じ高さとなるとき,球の半径を求めなさい.

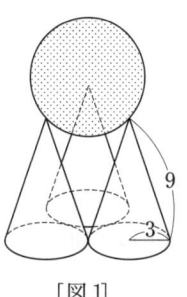

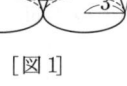

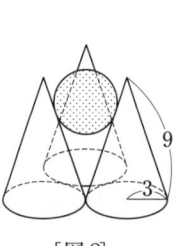

(08 桐蔭学園)

[図1]　　[図2]

145

9 柱に内接する2球

直径24，高さ27の円柱形の容器に大きい球を入れた．次に，大きい球の半分の半径の小さい球を入れてふたを閉めたところ，図のように2つの球は互いに接し，ちょうどこの容器にぴったりと入った．大きい球は下の底面と側面に接し，小さい球は容器のふたと側面に接している．小さい球の半径を求めなさい．

（09　立教新座）

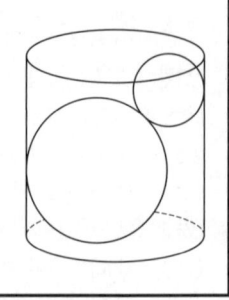

図形全体を真上から見ると，図1のようになっています．当然，対称面である太線の平面を取り出します．

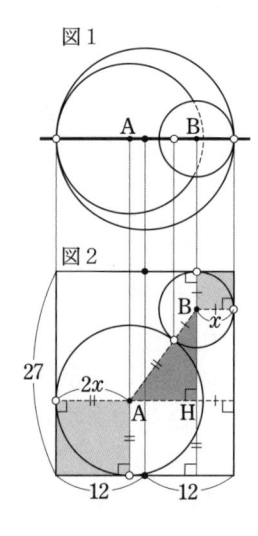

◀太線の平面は，中心（●），接点（○）のすべてを含んでいる．

解 図1の太線の平面を取り出すと，図2のようになる

ここで，小球の半径をx，大球の中心をA，小球の中心をBとし，また図のようにHを定めると，
$$AB = 2x + x = 3x$$
$$AH = 24 - (2x + x) = 24 - 3x$$
$$BH = 27 - (x + 2x) = 27 - 3x$$
よって，△ABHで，
$$(3x)^2 = (24 - 3x)^2 + (27 - 3x)^2 \quad \cdots ①$$
両辺を$9 (= 3^2)$で割ると，
$$x^2 = (8 - x)^2 + (9 - x)^2$$
展開して，整理すると，
$$x^2 - 34x + 145 = 0$$
$$\therefore (x - 5)(x - 29) = 0$$
$x < 24$ より，$x = 5$

◁図の薄い網目の四角形は，ともに，正方形．

◀図2のように，長方形に複数の円が内接しているような構図では，△ABHで三平方を使うのが定石．

◁最初に①の両辺を9で割っておくと，大きい数を扱わずに済む．

◁「$x = 29$」を排除すればよいのだから，「$x < 24$」で十分．

9★ 演習題 (p.157)

図のように，1辺の長さが21である正三角形を底面とする三角柱ABC-DEFの中に，半径が$3\sqrt{3}$の球O_1と半径が$2\sqrt{3}$の球O_2が互いに接して入っている．さらに球O_1は面DEF，面BEFC，面ADFCに，球O_2は面ABC，面ABED，面BEFCにそれぞれ接している．

(1) 球O_1，O_2の中心から面DEFに下ろした垂線と面DEFの交点をそれぞれH_1，H_2とするとき，線分H_1H_2の長さを求めなさい．

(2) 辺BEの長さを求めなさい．

（09　市川）

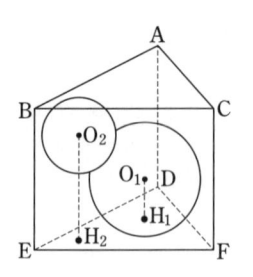

10 正四面体の内部の球

次の各問に答えなさい．
（1） 1辺の長さが2の正三角形の外接円の半径を r_1 とするとき，r_1 の長さを求めなさい．
（2） 1辺の長さが2の正四面体に外接する球の半径を r_2 とするとき，r_2 の長さを求めなさい．
（3） 右図のように，互いに外接する半径2の4つの球があり，それらはいずれも半径 r_3 の1つの球に外接しているという．このとき，r_3 の長さを求めなさい．　　　　　　（06　桐蔭学園）

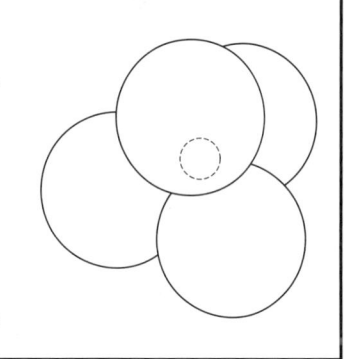

（3） 4つの大球の中心を結ぶと，正四面体となります．（2）と同様の切断面で考えましょう．

解　（1） 図1で，網目の三角形は30°定規形であるから，$r_1 = 1 \times \dfrac{2}{\sqrt{3}} = \dfrac{2\sqrt{3}}{3}$

（2） 図2の網目の三角形（Mは辺CDの中点，Hは△BCDの中心，Oは外接球の中心）を取り出すと（BH=r_1 などから），図3のようになる．ここで，AH=$\sqrt{2^2-\left(\dfrac{2\sqrt{3}}{3}\right)^2}=\dfrac{2\sqrt{6}}{3}$

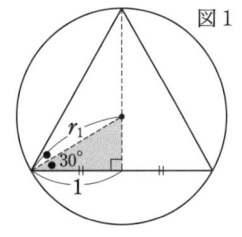

であるから，図3の網目の三角形において，

$r_2{}^2 = \left(\dfrac{2\sqrt{3}}{3}\right)^2 + \left(\dfrac{2\sqrt{6}}{3} - r_2\right)^2$ ∴ $r_2 = \dfrac{3}{\sqrt{6}} = \dfrac{\sqrt{6}}{2}$

➡**注**　AH : r_2 = 4 : 3 となることについては，☞ p.142.

（3）半径2の4つの球の中心を結ぶと，一辺の長さが4の正四面体ができ，これを（2）と同様に切ると，図4のようになる．

ここで，小球の中心Pは，図3のOの位置にあるから，

$r_3 = PQ - 2 = 2r_2 - 2 = \sqrt{6} - 2$

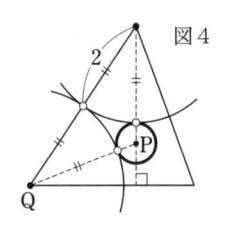

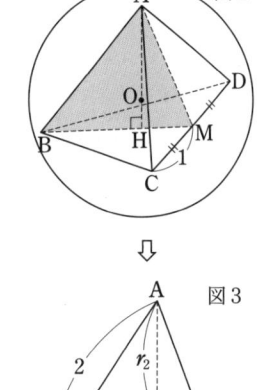

⇦（2）の正四面体を2倍に拡大した図形．
⇦対称性から，Pは正四面体の中心となる．
⇦ PQ = $r_2 \times 2 = \sqrt{6}$

10★ 演習題（p.158）

一辺の長さが6の正四面体ABCDがある．頂点Aから底面BCDへ垂線を下ろし，その交点をHとする．また，直線BHと線分CDとの交点をMとする．いま，半径 r の球が4個あって，どの球も他の3個の球と接しており，正四面体ABCDはこの4個の球を内部に含み，どの面も3個の球と接しているという．

（1） 線分AHの長さを求めなさい．
（2） $\dfrac{AM}{MH}$ の値を求めなさい．
（3） r を求めなさい．　　　　　　　　（05　海城）

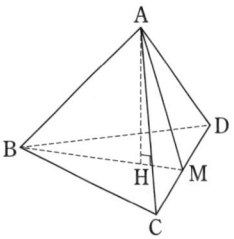

11 複数の球が接する／骨格図

右図のように，半径1の3つの球が互いに接するように平面上に置かれていて，その3つの球の上に半径 $\sqrt{2}-1$ の球を，4つの球が互いに接するように置いた．
(1) 4つの球の中心を頂点とする三角錐の体積を求めなさい．
(2) 平面から，最後に置かれた球の最高位置までの高さを求めなさい．

(04 郁文館)

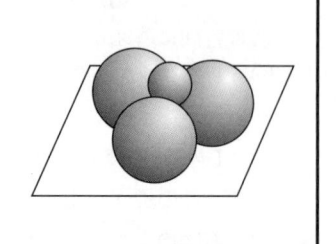

複数の球が接する問題では，**球の中心や接点を結んだ線分が形作る立体**が主役になります．

解 (1) 題意の三角錐は，右図のS-PQRのようになる．ここで，対称性より，Hは正三角形PQRの中心であるから，

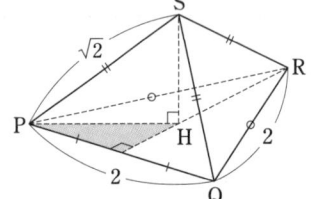

$$PH = 1 \times \frac{2}{\sqrt{3}} = \frac{2}{\sqrt{3}}$$

∴ $SH = \sqrt{(\sqrt{2})^2 - \left(\frac{2}{\sqrt{3}}\right)^2} = \frac{\sqrt{6}}{3}$ ……①

∴ $S\text{-}PQR = \frac{1}{3} \times \left(\frac{\sqrt{3}}{4} \times 2^2\right) \times ① = \frac{\sqrt{2}}{3}$

別解 3つの側面はすべて，3辺比が $1:1:\sqrt{2}$ であるから，45°定規の形である．よって，
$\angle RSQ = \angle RSP = 90°$ ∴ $RS \perp \triangle SPQ$

∴ $R\text{-}SPQ = \frac{1}{3} \times \triangle SPQ \times RS = \frac{1}{3} \times \frac{(\sqrt{2})^2}{2} \times \sqrt{2} = \frac{\sqrt{2}}{3}$

(2) 下の平面から△PQRまでの高さは1，また，Sから最高位置までの高さは $\sqrt{2}-1$ であるから(⇨右図)，答えは，

$1 + ① + (\sqrt{2}-1) = \dfrac{\sqrt{6}}{3} + \sqrt{2}$

⇦前2問についても言えること．
⇦本問では，(1)がその方向への誘導になっている．
⇦$SP = SQ = SR$
$= (\sqrt{2}-1) + 1 = \sqrt{2}$

⇦図の網目部分は30°定規の形．

⬇本問で主役となるのは，下図のような骨組み(●は球の中心，○は接点)で，このような図を'骨格図'と呼ぶことがある．

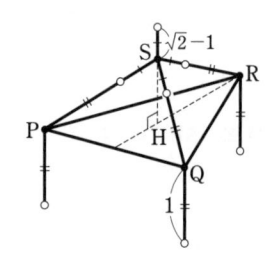

● 11 演習題 (p.158)

半径が4の球が9つある．この球を，底面が一辺16の正方形である四角柱の容器に1つずつ入れていく．4個入れたところ，どの球も容器の底と側面に接して納まった．さらに，球を1個，4個の球全てに接するように入れた．図1は，球を5個入れた状態を上から見たものであり，図2は同じものを斜め上から見た図である．

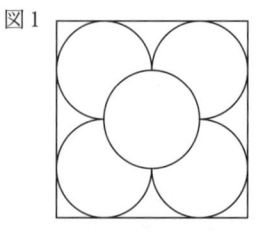

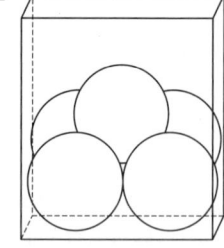

(1) 最初の4個の中心を結んでできる正方形の面積を求めなさい．
(2) 5個の球の中心を結ぶと，四角錐が出来る．この四角錐の体積を求めなさい．
(3) 残る4つの球を容器に入れてふたをすると，入れた4つの球も，側面とふた，5つ目の球に接して納まった．この容器の容積を求めなさい．

(07 共栄学園)

12 空間での折れ線の最小

AB=2，AD=2，AE=4である直方体ABCD-EFGHにおいて，辺BF上にBP=3となる点Pをとる．点Qは辺EF上を動き，点Rは平面CDEF上を動く．
（1） AQ+QPの最小値を求めなさい．
（2） AR+RPの最小値を求めなさい．

（07　青雲）

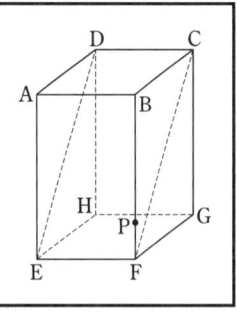

（2）動点が**定平面上を動く**タイプです．定点A(orP)の，その**定平面に関する対称点**をとります．

解（1）EFに関するPの対称点をP'とすると，
$$AQ+QP=AQ+QP' \geq AP' \cdots\cdots ①$$
等号は，A-Q-P'が一直線（Q=Q_0）のときに成り立つから，求める最小値は，①$=\sqrt{2^2+(4+1)^2}=\sqrt{29}$

（2）平面CDEFに関するPの対称点をP''とすると，
$$AR+RP=AR+RP'' \geq AP'' \cdots\cdots ②$$
等号は，A-R-P''が一直線（R=R_0）のときに成り立つ．

ところで，拡大図(*)で，△FIP，△P''JPはともに△FBCと相似で，3辺比は$1:2:\sqrt{5}$であるから，

$$PP''=PI\times 2=PF\times\frac{1}{\sqrt{5}}\times 2 = \frac{2}{\sqrt{5}}$$

∴ $PJ=\frac{2}{\sqrt{5}}\times\frac{1}{\sqrt{5}}=\frac{2}{5}$ ……③，$JP''=\frac{2}{5}\times 2=\frac{4}{5}$ ……④

よって，求める最小値は，

$$②=\sqrt{(3+③)^2+2^2+④^2}=\sqrt{\left(\frac{17}{5}\right)^2+2^2+\left(\frac{4}{5}\right)^2}=\frac{9\sqrt{5}}{5}$$

◀ **対称点をとって，折れ線を一直線に帰着させる**という定石は，2次元版と変わらない．
◁ (1)は，p.162 の **2・1** にある2次元版．
▷ △PQF≡△P'QF（二辺夾角相等）より，QP=QP'
◁ △PRI≡△P''RI（二辺夾角相等）より，RP=RP''

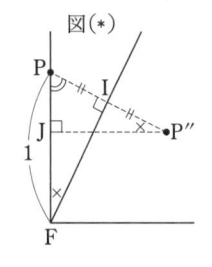

図(*)

▶ ━━ では，②を対角線とする直方体をイメージして，その対角線の長さを計算している（☞p.108）．

12★ 演習題（p.158）

図1に示した△OPQを，OPを軸として回転させて出来る図2の円すいがある．図3は，AB=6，AD=12の長方形ABCDに，辺CDの中点O'を中心とする半径6の円を書き加えた平面図形である（Mは辺ABの中点）．図4は，図2の円すいを，図3の図形の上に，図2のOと図3のO'を一致させるように置いた場合を表している．

線分BE上にある点をRとする．点Pと点R，点Mと点Rをそれぞれ結ぶ．線分PRの長さと線分MRの長さの和が最も短くなるとき，線分BRの長さを求めなさい．

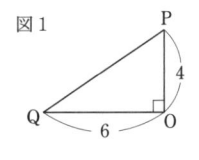

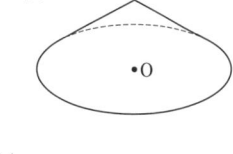

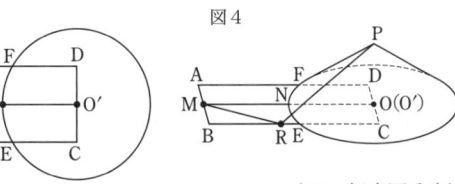

（06　都立国分寺）

13★ 円錐にひもをかける

∠APB=90°である△ABPを，直線APを軸として180°回転してできた図のような立体がある．直線APを軸として点Bを90°回転してできる点をQ，180°回転してできる点をCとする．この立体の体積をV，△ABPの面積をSとして，$V=\dfrac{4}{3}\pi$，$S=2\sqrt{2}$ であるとき，

（1） BPの長さrとAPの長さhを求めなさい．
（2） 次の2通りの方法（ア），（イ）で，線分AB，AC上の点（線分の両端を除く）を通るように，この立体の表面にひもをかける．
　　方法（ア）：点Pからはじまり，点Pにもどる
　　方法（イ）：点Qからはじまり，点Qにもどる
　　方法（ア），（イ）でもっとも短くなるひもの長さをそれぞれa，bとするとき，$a:b$を求めなさい． （07 慶應女子）

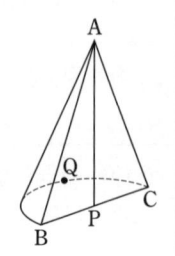

題意の立体は，'円錐の半分'です．（2）では，a，bの長さをそれぞれ求めようとしてはダメ！（☞注）

解　（1） $S=\dfrac{rh}{2}=2\sqrt{2}$　∴　$rh=4\sqrt{2}$　…①

$V=\dfrac{\pi r^2 \times h}{3} \times \dfrac{1}{2} = \dfrac{4}{3}\pi$　∴　$r^2 h = 8$　……②

②÷①より，$r=\sqrt{2}$　∴　$h=4$

（2） （1）より，AB$=\sqrt{r^2+h^2}=3\sqrt{2}$

ところで，∠BAP=∠CAP=●

また，側面の展開図の扇形で，∠BAQ=∠CAQ=○

とすると，（ア）と（イ）の最短経路は，それぞれ図の太線のようになる．ここで，△APP'と△AQQ'は，頂角の等しい二等辺三角形であるから，相似である．

∴　$a:b=$AP:AQ$=4:3\sqrt{2}$

➡**注**　扇形の中心角は，$360° \times \dfrac{BP}{AB} \times \dfrac{1}{2} = 60°$ ですから，○=30°です
（一方，直角三角形APBの3辺比は，$1:2\sqrt{2}:3$ なので，●の角度の大きさは求められません！）．

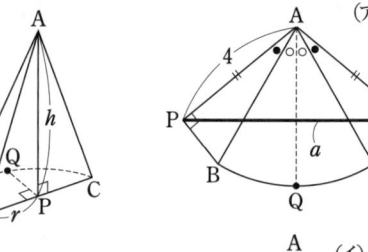

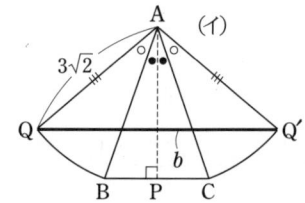

⇐BP : PA : AB
 $=\sqrt{2}:4:3\sqrt{2}$
 $=1:2\sqrt{2}:3$

13★ 演習題 (p.159)

図1のように，底面の半径$\sqrt{2}$，高さ4の2つの円錐を片方を逆さまにして母線に沿ってくっ付けた立体図形がある．上面と底面の図の位置に2点P，Qをとるとき，
（1） 図2のように，底面から高さ1だけ上に離れた所を通って，底面に平行に糸をまきつける．このとき，糸の長さを求めなさい．
（2） 立体の側面上で，点Pから点Qまでの最短距離を求めなさい． （09 清風南海）

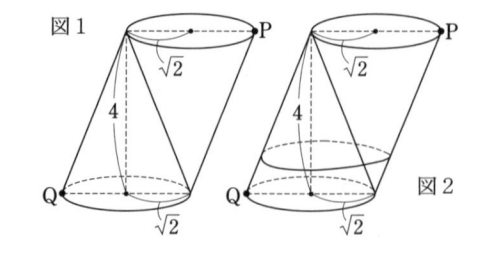

14★ 円柱にテープを巻きつける

母線が底面に垂直な円柱を「直円柱」という．幅 5，長さ x の長方形のテープと，底面の周の長さが 11，高さが h である直円柱がある．いま，図 1 のようにテープの両端から 2 つの合同な三角形（網かけ部分）を切り落とし（ただし，BC＜CE），直円柱に隙間なくだぶらないように貼り付けたら，図 2 のようにピッタリ巻きついた．ただし，線分 PQ は直円柱の母線である．

(1) 図 1 の △ABC と △DEF の面積の和を S とする．S を求めなさい．
(2) h, x を求めなさい．

(07　開成)

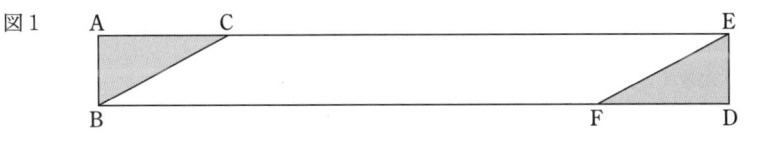

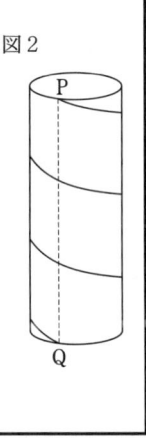

図 1 と図 2 をよく見比べて，長さの分かる部分，長さの等しい部分などを少しずつ探っていきましょう．

解　(1) まず，図 2′ の上底面の周が図 1′ の BC であるから，
$$AC = \sqrt{11^2 - 5^2} = 4\sqrt{6} \quad \cdots\cdots ①$$
∴ $S = 2\triangle ABC = 5 \times ① = 20\sqrt{6}\quad \cdots②$

(2) 図 2′ のように R，S をとると，PQ⊥底面 であることなどから，図 1′ のようになる．

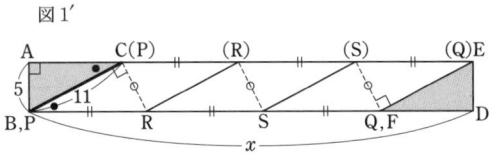

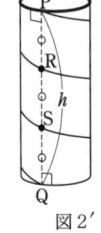

ここで，△ABC∽△CRB（二角相等）であるから，

⇦ 相似比は，AC：CB ＝ $4\sqrt{6}$：11

$$CR = AB \times \frac{11}{4\sqrt{6}} = 5 \times \frac{11\sqrt{6}}{24} = \frac{55\sqrt{6}}{24} \quad\cdots\cdots③$$

$$BR = CB \times \frac{11}{4\sqrt{6}} = 11 \times \frac{11\sqrt{6}}{24} = \frac{121\sqrt{6}}{24} \quad\cdots\cdots④$$

∴ $h = ③\times 3 = \dfrac{55\sqrt{6}}{8}$，$x = ④\times 3 + ① = \dfrac{153\sqrt{6}}{8}$

➡**注**　図 1 の白い部分の面積が，図 2 の円柱の側面積に等しいことから，$5x - S = 11h$　という関係式が成り立っています．

● 14★ 演習題 (p.159)

右の図 1 のような長方形の紙 ABCD があり，辺 AD の中点を E とする．この紙を図 2 のように，底面の半径が 3 である円柱の側面に，紙が重ならないようにすき間なく，辺 AD と辺 BC の一部が接するように斜めに巻きつけたところ，紙は円柱の側面を 1 周し，2 点 A，D は円柱の同じ母線上にきてその間の距離は 6 となった．

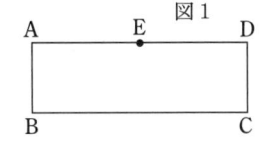

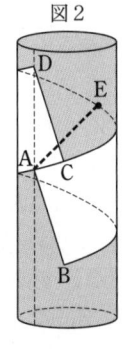

(1) 図 2 の円柱において，2 点 A，E 間の距離を求めなさい．
(2) 長方形の紙 ABCD の面積を求めなさい．

(05　神奈川県)

15 正四面体を回す

右図のような一辺の長さが2の正四面体ABCDがあり，2辺AB，CDの中点を各々M，Nとする．
（1） 線分MNの長さを求めなさい．
（2） 辺ABを軸として，三角形ABCを一回転したときにできる立体の体積を求めなさい．
（3） 辺ABを軸として，辺CDを一回転したときにできる図形の面積を求めなさい．
（05　香川県大手前）

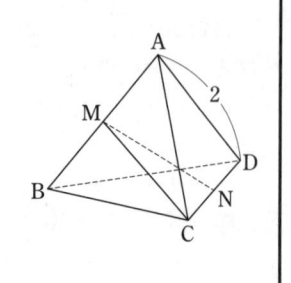

（1），（3）を解く上では，p.114で扱った'正四面体の立方体への埋め込み'のイメージが大きく力を発揮します．

解（1）一辺の長さが$\sqrt{2}$の立方体の頂点を右図の太線のように結ぶと，一辺の長さが2の正四面体ABCDができる．

よって，MN（＝BE）＝$\sqrt{2}$

別解（埋め込まないとすると）
MC＝MD＝$\sqrt{3}$より，MN⊥CDであるから，MN＝$\sqrt{MC^2-CN^2}$
　　　＝$\sqrt{(\sqrt{3})^2-1^2}$＝$\sqrt{2}$

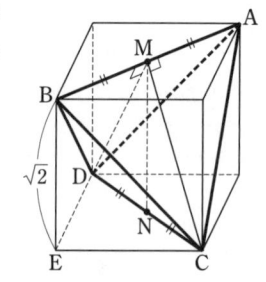

⇦埋め込むことにより，
MN＝BEが明らかとなる！
⇦Nは，二等辺三角形MCDの底辺CDの中点．

（2）題意の回転体は，CMを半径とする円を底面として，A，Bを頂点とする合同な円錐を2つ重ねた図形である．

MC＝$\sqrt{3}$などから，その体積は，
$\left\{\dfrac{1}{3}\times(\sqrt{3})^2\pi\times1\right\}\times2=\boldsymbol{2\pi}$

（3）AB⊥平面MCD…①　より，題意の図形は，平面MCD上で，点Mのまわりに線分CDを一回転してできる右図の網目部のような'ドーナツ形'である．その面積は，
$\pi MC^2-\pi MN^2=\pi(MC^2-MN^2)$
$=\pi CN^2=\pi\times1^2=\boldsymbol{\pi}$

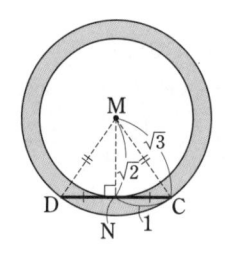

⇦①も，埋め込みより，明らか．

⇦'ドーナツ'の外周は，線分CD上でMから最も遠い点C(D)の軌跡，内周は，Mから最も近い点Nの軌跡．

⇦MN＝0でも，MN＝100でも，'ドーナツ'の面積は等しい！

➡**注**──により，この'ドーナツ形'の面積は（CNの長さによるだけで）**MNの長さにはよらない**ことが分かります．

● 15 演習題（p.160）

1辺の長さが2である正四面体ABCDにおいて，辺ADの中点をP，辺BCの中点をQとおく．
（1） AQ，PQの長さをそれぞれ求めなさい．
（2） △AQDを直線PQを軸として1回転させてできる立体の体積を求めなさい．
（3） △AQDと△BPCを直線PQを軸として1回転させてできる立体の体積を求めなさい．
（08　芝浦工大柏）

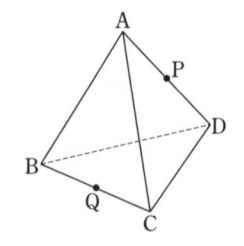

16　三角錐を回す

三角錐 ABCD が △BCD を底面にして，机の上におかれている．辺の長さは AB=1，AC=$\sqrt{2}$，AD=$\sqrt{5}$，BD=$\sqrt{6}$ であり，また ∠BAC=∠CBD=90° とする．

（1）　DC の長さを求めなさい．

（2）　A から辺 CD に垂線 AH をひく．線分 AH の長さを求めなさい．

（3）　三角錐 ABCD の体積を求めなさい．

（4）　BH は CD に垂直になるという．いま，三角錐 ABCD を辺 CD を軸に頂点 A が机につくまで回転させる．このとき，△ABH が通過する部分の面積を求めなさい．

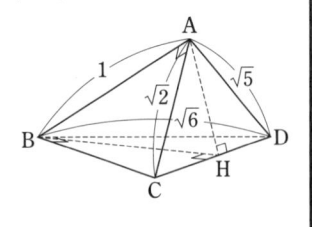

（04　お茶の水女子大付）

（3）'どの面を底面と見るべきか'を的確に判断しましょう．

（4）1回転ではないので，'円の一部'が現れます．

⇦言い換えれば，どの線分が'高さ'となるか？

解　（1）　△ABC において，BC=$\sqrt{1^2+(\sqrt{2})^2}=\sqrt{3}$
すると，△BCD において，DC=$\sqrt{(\sqrt{3})^2+(\sqrt{6})^2}=3$

⇦2つの「直角」の条件を活かし，BC→DC の順に求める．

（2）　△ACD において，CH=x とおくと，
AH^2=$(\sqrt{2})^2-x^2=(\sqrt{5})^2-(3-x)^2$
∴　$x=1$　これと〜〜〜より，AH=1

⇦$1^2+(\sqrt{5})^2=(\sqrt{6})^2$

（3）　△ABD において，AB^2+AD^2=BD^2
が成り立つから，∠BAD=90°
これと，∠BAC=90° より，BA⊥平面 ACD …………①
∴　B-ACD=$\frac{1}{3}$×△ACD×BA=$\frac{1}{3}$×$\frac{3\times 1}{2}$×1=$\frac{1}{2}$

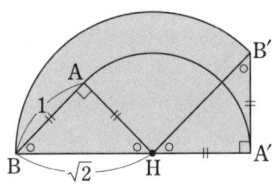

⇦"三平方の定理"の逆（☞p.28）．

（4）　BH⊥CD …②，AH⊥CD より，CD⊥平面 ABH
よって，題意のとき，△ABH は，平面 ABH 上で，右図の網目部分を通過する．
その面積は，扇形 BHB′+△A′B′H
=$\pi\times(\sqrt{2})^2\times\frac{135}{360}+\frac{1^2}{2}=\frac{3}{4}\pi+\frac{1}{2}$

⇦①より，BA⊥AH．これと，AB=AH=1 より，△ABH は 45°定規形で，BH=$\sqrt{2}$ …③

➡ **注**　②は，"三垂線の定理"（☞p.108）から言えることですが，△HCB≡△ABC からも分かります．

⇦③などから，三辺相等．

16★ 演習題（p.160）

図の三角すい O-ABC において，AB=$5\sqrt{3}$，AC=11，∠BAC=90°，OA=OB=OC=25 である．

（1）　点 O から平面 ABC へ垂線をひき，平面 ABC との交点を H とする．このとき HA=HB=HC であることを証明しなさい．

（2）　線分 OH および線分 HA の長さを求めなさい．

（3）　三角すい O-ABC を直線 OH を軸として 1 回転してできる立体の体積を求めなさい．

（08　ラ・サール）

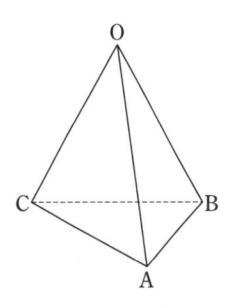

153

立体（２） 演習題の解答

1 （１） 対称面を取り出しましょう．
（２） 球の切り口は，（１）の垂線の足を中心とする円（の一部）になります．

解 （１） BCの中点をMとすると，図形全体は平面 ATM に関して対称であるから，球の中心Oから平面 ABC に下ろした垂線の足 H は AM 上にある．

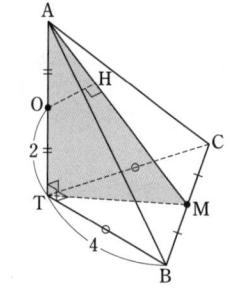

ここで，
△AHO∽△ATM
で，△ATM の３辺比は，
$$AT : TM : MA = \sqrt{2} : 1 : \sqrt{3}$$
であるから，
$$OH = AO \times \frac{1}{\sqrt{3}} = 2 \times \frac{1}{\sqrt{3}} = \frac{2\sqrt{3}}{3}$$

（２） 球の切り口は，H を中心とする円であり，その半径は，
$$HA = OH \times \sqrt{2}$$
$$= \frac{2\sqrt{6}}{3} \quad \cdots ①$$

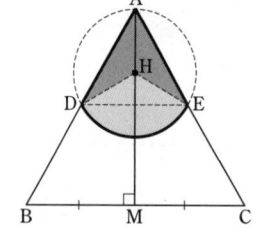

ところで，△ABC は（１辺が $4\sqrt{2}$ の）正三角形であるから，図の △ADE も正三角形であり，その１辺は，
$$① \times \sqrt{3} = 2\sqrt{2} \quad \cdots\cdots ②$$

よって，求める部分（図の太線部）の面積は，
$$△ADE \times \frac{2}{3} + (扇形 HDE)$$
$$= \left(\frac{\sqrt{3}}{4} \times ②^2\right) \times \frac{2}{3} + (\pi \times ①^2) \times \frac{120}{360}$$
$$= \frac{4\sqrt{3}}{3} + \frac{8}{9}\pi$$

2 例題と同様に，対称面 AEGC を活用しましょう．（４）では，求積すべき部分を的確にとらえたい．

解 （１） 面 AEGC を取り出した下図で，
ME : EN
= NG : GC = 1 : $\sqrt{2}$
よって，二辺比夾角相等で，
△MEN∽△NGC
∴ ○ = △
∴ ○ + ▲ = △ + ▲ = 90° ∴ MN⊥NC

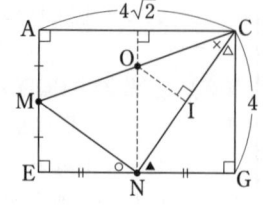

別解 $MN^2 = 2^2 + (2\sqrt{2})^2 = 12$
$NC^2 = (2\sqrt{2})^2 + 4^2 = 24$
$CM^2 = (4\sqrt{2})^2 + 2^2 = 36$
よって，$MN^2 + NC^2 = CM^2$ が成り立つから，三平方の定理の逆により，MN⊥NC

（２） MN : NC (= $2\sqrt{3} : 2\sqrt{6}$) = 1 : $\sqrt{2}$
これと（１）より，△MNC∽△NGC
よって，× = △ である．

（３） N は二等辺三角形 MFH の底辺の中点であるから，MN⊥FH
これと（１）より，MN⊥平面 CFH

（４） 球の中心は上図の点 O であり，球を面 CFH で切った切り口の円の中心（O から面 CFH に下ろした垂線の足）I は，CN の中点である．また，OC = OM = ON より，切り口の円は C, N を通るから，求積すべき部分は右図の網目部である．

ここで，△CFH は正三角形であり，図の ● = 30° であるから，求める面積は，
$$\left\{\frac{\sqrt{3}}{4} \times (\sqrt{6})^2\right\} \times 2 + (\sqrt{6})^2 \pi \times \frac{1}{3}$$
$$= 3\sqrt{3} + 2\pi$$

3 （１）→（２）→（３）と親切な流れがつけられています．（３）では，△ABC を底面と見て，'高さ'が最大になる場合を考えましょう．

解 （1） 外接円の中心をH，半径をrとすると，右図のようになって，網目部が30°定規形であることから，$r=\sqrt{3}\times\dfrac{2}{\sqrt{3}}=2$

➡注　△HCA が '頂角 120°の二等辺三角形' であることに着目して，$r=2\sqrt{3}/\sqrt{3}=2$ とすることもできます（☞p.28）．

（2） 直角三角形 DAH において，（1）より，
$DH=\sqrt{DA^2-AH^2}$
$=\sqrt{3^2-2^2}=\sqrt{5}$ …①

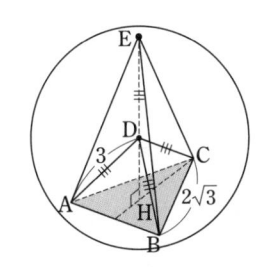

（3） 球面の中心をDとすると，
$DA=DB=DC=3$
より，右図のようになる．ここで，球面上の点 E に対して，四面体 E-ABC の底面を △ABC と見ると，高さが最大になるのは，E が HD の延長と球面との交点のときであるから，求める最大値は，
$\dfrac{1}{3}\times\dfrac{\sqrt{3}}{4}\times(2\sqrt{3})^2\times(①+3)=\sqrt{15}+3\sqrt{3}$

4 （2） 図形の対称性を活用して，直角や等辺を見つけていくと，四面体 BEGI の '正体' が分かり，その発見は，（3）を解く大きな助けにもなってくれます．

解 （1） 与えられた条件より，右図のようになって，
△GHI≡△BDI
（斜辺と他の一辺相等）
∴ IH=ID
ところで，△IBG は直角二等辺三角形であるから，$BG=\sqrt{2}$ IG　∴ $BG^2=2IG^2$
よって，GC=x とおくと，
$a^2+x^2=2\left\{a^2+\left(\dfrac{x}{2}\right)^2\right\}$　∴ $x=\sqrt{2}\,a$

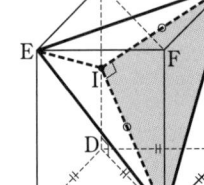

（2） 図形全体は，平面 BDHF に関して対称であるから，IE=IG
また（1）より，BG=$\sqrt{3}\,a$=EG であるから，三辺相等で，△IGE，△IEB はともに△IBG と合同な直角二等辺三角形である．

よって，四面体 BEGI は，1辺の長さが，
$IG=\dfrac{\sqrt{3}\,a}{\sqrt{2}}=\dfrac{\sqrt{6}}{2}a$
の立方体の一部（右図の太線部）である．したがって，その体積は，
$\dfrac{1}{6}\times\left(\dfrac{\sqrt{6}}{2}a\right)^3=\dfrac{\sqrt{6}}{8}a^3$

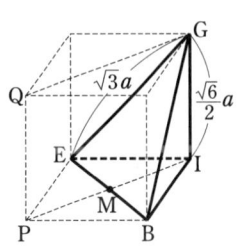

（3） （2）より，四面体 BEGI の外接球は，立方体の外接球に等しいことが分かるから，その半径は，立方体の対角線 PG の半分，すなわち，
$\left(\sqrt{3}\times\dfrac{\sqrt{6}}{2}a\right)\times\dfrac{1}{2}=\dfrac{3\sqrt{2}}{4}a$ ……①

また，面 IGQP による切り口は図のようになって（O は球の中心），
MI：IG＝IG：GQ
より，
△MIG∽△IGQ
よって，角度について図のようになり，
∠GRI＝180°−（○＋●）＝90°
したがって，求める距離は，
$OR=OI\times\dfrac{1}{3}=①\times\dfrac{1}{3}=\dfrac{\sqrt{2}}{4}a$

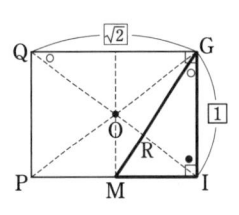

➡注　OR：RI＝OM：GI＝1：2 です．

5 （1） 例題の解と同様，切断面を取り出す方が楽です．

（2） 接点を結んでできる四角形は，底面 ABCD と相似な正方形です．

（3） 求積すべき立体は，（2）の四角形を底面とする（正）四角錐です．

解 （1） AD，BC の中点をそれぞれ M，N とすると，
$OM=ON=\sqrt{(10\sqrt{3})^2-10^2}=10\sqrt{2}$

155

よって，平面 OMN は右図のようになる．

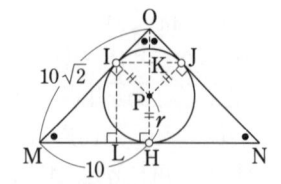

ここで，△OMH などは 45°定規形であるから，図の●の角は 45°である．よって，内接球の半径を r とすると，OH＝OP＋PH より，$10=\sqrt{2}r+r$

∴ $r=\dfrac{10}{\sqrt{2}+1}=10(\sqrt{2}-1)$ ……①

別解 OIPJ は正方形であるから，
r＝OI＝OM－MI＝OM－MH
　＝$10\sqrt{2}-10=$**$10(\sqrt{2}-1)$**

（2）接点を結んでできる四角形は，上図の IJ を対角線とする正方形である．

IJ＝$\sqrt{2}\times$①$=10\sqrt{2}(\sqrt{2}-1)$ より，その面積は，$\dfrac{IJ^2}{2}=$**$100(3-2\sqrt{2})$** ……②

（3）右上図で，HK＝LI＝$\dfrac{MI}{\sqrt{2}}=\dfrac{10}{\sqrt{2}}=5\sqrt{2}$

であるから，求める立体（正四角錐）の体積は，

$\dfrac{1}{3}\times$②$\times 5\sqrt{2}=\dfrac{\mathbf{500(3\sqrt{2}-4)}}{\mathbf{3}}$

6 （3）同じ長さの線分がどこに現れるかなど，必要な線分の長さを的確にとらえたい．
（4）柱体の対称性（☞p.109）を利用します．

解 （1）図 1 を真上から見ると，右図のようになるから，正六角形の一辺の長さ a は，

$a=3\times\dfrac{2}{\sqrt{3}}=2\sqrt{3}$

よって，その面積は，

$\dfrac{\sqrt{3}}{4}a^2\times 6=$**$18\sqrt{3}$**

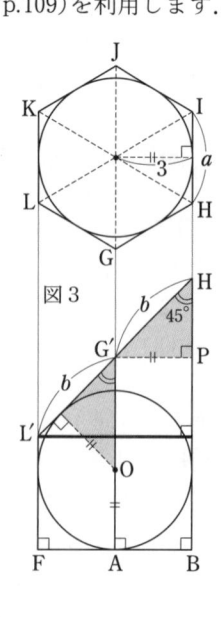

（2）右図の網目部はともに 45°定規形であるから，

BH＝AG′＋PH
　＝$3+3\sqrt{2}+3$
　＝**$6+3\sqrt{2}$** ……①

（3）（2）より，AG′$=3+3\sqrt{2}$ ……②
　　　　　　　FL′$=$②$-3=3\sqrt{2}$ ……③

よって，切断後の立体の側面積は，

□BHIC＋□EK′L′F
　＋△AG′HB$\times 2$＋△AG′L′F$\times 2$
＝①$\times a$＋③$\times a$
　＋（①＋②）$\times a$＋（②＋③）$\times a$
＝2（①＋②＋③）$\times a=2(9+9\sqrt{2})\times a$
＝**$36(\sqrt{3}+\sqrt{6})$**

次に，切断面は右図のようになるから（a，bについては，☞図3），その面積は，

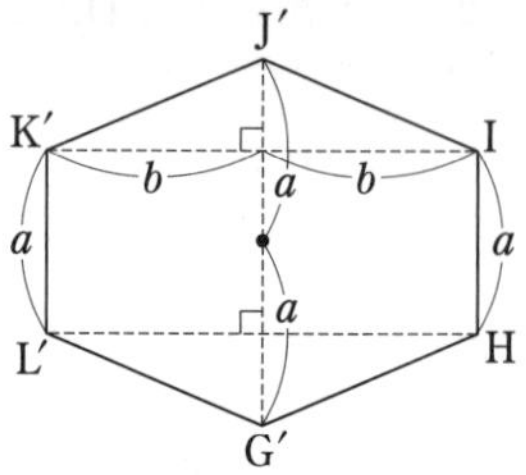

$(a+2a)\times b$
$=3ab=3\times 2\sqrt{3}\times 3\sqrt{2}=$**$18\sqrt{6}$**

（4）図3 の太線で表された平面より上の部分については，切断によって体積は 2 等分されるから，切断後の立体の体積は，

$18\sqrt{3}\times 6\times\dfrac{1}{2}+18\sqrt{3}\times$③
$=18\sqrt{3}\times(3+3\sqrt{2})=$**$54(\sqrt{3}+\sqrt{6})$**

7 （2）三角錐の底面の外接円をとらえます．
（3）三角錐の相似に着目しましょう．

解 （1）三角錐の体積は，

$\dfrac{1}{3}\times\left(\dfrac{\sqrt{3}}{4}\times 6^2\right)\times 8=$**$24\sqrt{3}$** ……①

（2）一辺が 6 の正三角形の外接円の半径は，

$\dfrac{6}{\sqrt{3}}=2\sqrt{3}$ ……②

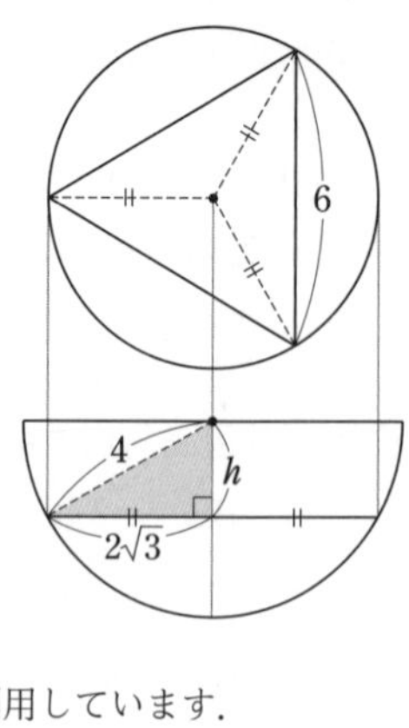

よって，右図のようになり，網目の三角形は 30°定規形であるから，求める深さ h は，

$h=$**2**

➡ **注** ②では，'頂角が 120°の二等辺三角形'の辺比（☞p.28）を利用しています．

（3） 以上より，右図の太線の立体の体積を求めればよく，

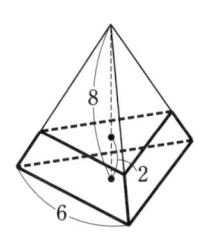

$$①×\left\{1-\left(\frac{8-2}{8}\right)^3\right\}$$
$$=24\sqrt{3}×\frac{37}{64}=\frac{111\sqrt{3}}{8}$$

8 （1）（2）とも，例題と同様，球の中心と円すいの軸を含む平面を取り出します．

解 図形全体を真上から見ると，図アのようになる．ここで，●は円すいの頂点，○は球の中心である．以下，図アの太線で示された断面をとって考える．

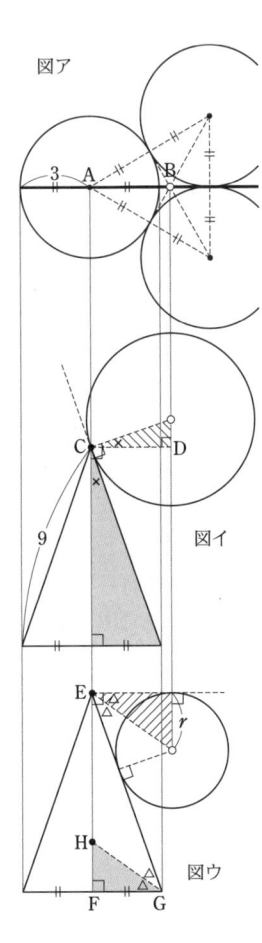

（1） 球の半径が最小なのは，図イのように，球の切り口の円が円すいの頂点で母線に接する場合である．

ここで，×同士の角が等しいことから，斜線部と網目部は相似で，それらの3辺比は，$1:3:2\sqrt{2}$
また，CD＝AB
$$=3×\frac{2}{\sqrt{3}}=2\sqrt{3}$$
　　　　……①

よって，球の半径は，
$$①×\frac{3}{2\sqrt{2}}=\frac{3\sqrt{6}}{2}$$

（2） 図ウにおいて，∠EGF の2等分線と EF との交点を H とすると，△同士の角がすべて等しいことから，斜線部と網目部は相似である．よって，球の半径を r とすると，
$$①:r=3:FH \quad\cdots\cdots②$$

ここで，角の2等分線の定理により，
$$FH:HE=GF:GE=1:3$$
$$\therefore\ FH=EF×\frac{1}{1+3}=6\sqrt{2}×\frac{1}{4}=\frac{3\sqrt{2}}{2}$$

これと②より，$r=①×\dfrac{3\sqrt{2}}{2}÷3=\sqrt{6}$

9 球 O_1 は面 ABED に接していないので，例題とは違って，真上から見た図は '対称' ではありません．どの断面を取り出すのかを，慎重に判断しましょう．

解 （1） 図形全体を真上から見ると，図1のようになる．ここで，斜線部分はともに 30°定規形であるから， 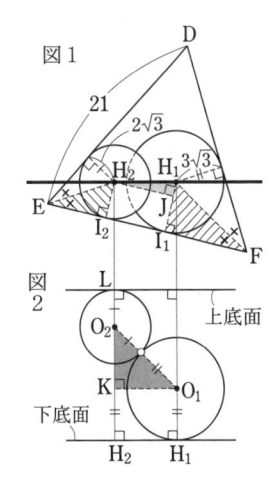
$$FI_1=3\sqrt{3}×\sqrt{3}=9$$
$$EI_2=2\sqrt{3}×\sqrt{3}=6$$
$$\therefore\ JH_2=I_1I_2$$
$$=21-(9+6)=6$$
また，H_1J
$$=3\sqrt{3}-2\sqrt{3}$$
$$=\sqrt{3}$$
$$\therefore\ H_1H_2=\sqrt{6^2+(\sqrt{3})^2}=\sqrt{39}\quad\cdots\cdots①$$

（2） 図1の太線の平面を取り出す（☞注）と，図2のようになる．ここで，
$$O_1K=H_1H_2=①,\ O_1O_2=3\sqrt{3}+2\sqrt{3}=5\sqrt{3}$$
$$\therefore\ O_2K=\sqrt{(5\sqrt{3})^2-(\sqrt{39})^2}=6\quad\cdots\cdots②$$
$$\therefore\ BE=LH_2=2\sqrt{3}+②+3\sqrt{3}$$
$$=6+5\sqrt{3}$$

➡**注** 取り出すべき平面は，**球の中心 O_1，O_2 を含み，底面に垂直な平面**（球と平面との接点が現れる）ですから，図2のようになります．

10 (3) 難問です．例題と同様の断面をとりましょう（4個の球のうちの2個の中心は，その平面上にある）．

解 （1） M は CD の中点であるから，

$AM = 6 \times \dfrac{\sqrt{3}}{2} = 3\sqrt{3}$

また，△CMH は 30°定規の形であるから，

$MH = 3 \times \dfrac{1}{\sqrt{3}} = \sqrt{3}$

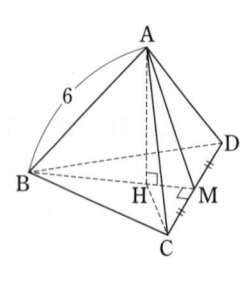

∴ $AH = \sqrt{(3\sqrt{3})^2 - (\sqrt{3})^2} = 2\sqrt{6}$ …①

（2） （1）より，$\dfrac{AM}{MH} = \dfrac{3\sqrt{3}}{\sqrt{3}} = 3$ ………②

（3） 図形全体を平面 ABM で切った切り口は，右図のようになる（太線は，球の中心 P, Q, R, S を結んでできる正四面体の切り口．N は RS の中点）．

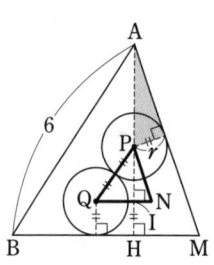

ここで，網目の三角形は △AHM と相似であるから，②より，$AP = 3r$

また，$PI = PQ \times \dfrac{AH}{AB} = 2r \times \dfrac{①}{6} = \dfrac{2\sqrt{6}}{3}r$

∴ $3r + \dfrac{2\sqrt{6}}{3}r + r = 2\sqrt{6}$

∴ $r = \dfrac{6\sqrt{6}}{12 + 2\sqrt{6}} = \dfrac{3(\sqrt{6}-1)}{5}$

11 （1），（2）が'骨格図'を示唆しています．（3）では，その図を上に伸ばしましょう．

解 （1） 最初の4個を上から見ると，図3のようになって，網目部の面積は，$8^2 = \mathbf{64}$ …①

（2） 5個の球の中心を結ぶと，図4のような，すべての辺が8の正四角錐が出来る．

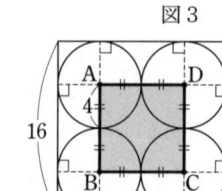

ここで，

△EAC ≡ △BAC（三辺相等）より，

$EH = BH$

$= \dfrac{8}{\sqrt{2}} = 4\sqrt{2}$ …②

よって，求める体積は，

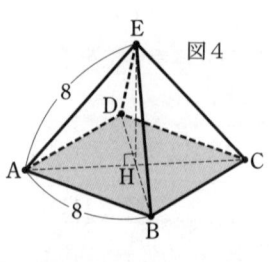

$\dfrac{① \times ②}{3} = \dfrac{\mathbf{256\sqrt{2}}}{\mathbf{3}}$

（3） 図4の点 E から容器の四角柱の下底面までの距離は，

$EH + (球の半径) = 4\sqrt{2} + 4$ ……③

E から上底面までの距離も③であるから，四角柱の高さは，$③ \times 2 = 8(\sqrt{2}+1)$ ………④

よって，その容積は，

$16^2 \times ④$

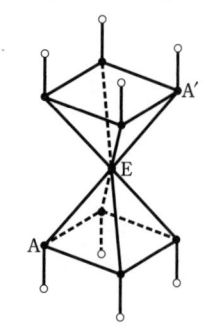

$= \mathbf{2048(\sqrt{2}+1)}$

➡ 注 球の中心を●，球と底面との接点を○として'骨格図'を書くと，右のようになります（図形全体は，点 E に関して点対称なので，例えば，3点 A, E, A' は一直線上にあります）．

12 動点が**定直線上を動く**タイプです．例題の（1）とは違って，その定直線と 2 定点 M, P は同一平面上にはありませんから，M (or P) を**回転して同一平面上にのせる**ことになります．

解 平面 OPC 上で，C を中心として P を回転させ，平面 OMBC の交点（BC に関して O と反対側）を P' とする．

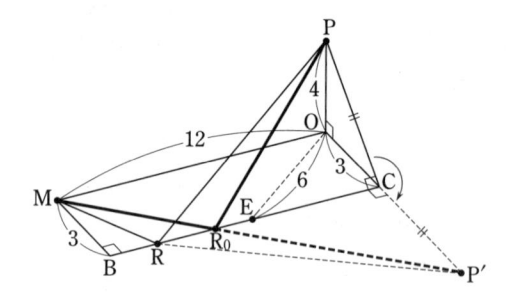

$PR + MR = P'R + MR \geq P'M$ ……①

等号は，P'-R-M が一直線（$R = R_0$）のときに成り立つ．

$CP'=CP=\sqrt{3^2+4^2}=5$ より，
$BR_0 : CR_0 = BM : CP' = 3 : 5$
∴ $BR_0 = 12 \times \dfrac{3}{3+5} = \dfrac{9}{2}$

➡注 $CR_0 = \dfrac{15}{2} > 3\sqrt{3} = CE$ なので，R_0 は確かに線分 BE 上にあります．
なお，PR+MR の最小値は，
① $=\sqrt{OM^2+OP'^2}=\sqrt{12^2+(3+5)^2}=4\sqrt{13}$

13 （1） 2つの円錐の切り口（ともに円）を書きましょう．
（2） 最短経路は，2つの円錐がくっついている母線を通る'くびれた'曲線ですが，定石通り**展開図**上で考えれば，やはり**一直線に帰着**されます．

解 （1） 糸をまきつけた平面による切り口は右図のようになり（太線が糸），ここで，大円 O，小円 O′ の半径の比は，$\sqrt{2}\times\dfrac{3}{4} : \sqrt{2}\times\dfrac{1}{4}=3:1$

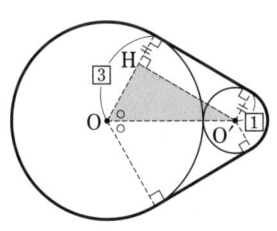

すると，図の網目の直角三角形において，
$OO' : OH = (3+1) : (3-1) = 2 : 1$
であるから，図の ○ の角は 60° である．
よって，求める糸の長さは，
$\left(2\pi\times\dfrac{3\sqrt{2}}{4}\right)\times\dfrac{240}{360}+\left(2\pi\times\dfrac{\sqrt{2}}{4}\right)\times\dfrac{120}{360}$
$\qquad +\left(\dfrac{2\sqrt{2}}{4}\times\sqrt{3}\right)\times 2$
$=\sqrt{2}\,\pi+\dfrac{\sqrt{2}}{6}\pi+\sqrt{6}=\dfrac{7\sqrt{2}}{6}\pi+\sqrt{6}$

（2） 円錐の母線の長さは，
$\sqrt{(\sqrt{2})^2+4^2}=3\sqrt{2}$ であるから，側面を展開した扇形の中心角は，
$360°\times\dfrac{\sqrt{2}}{3\sqrt{2}}=120°$
よって，2つの円錐の側面を半分ずつ展開した図は，右のよ

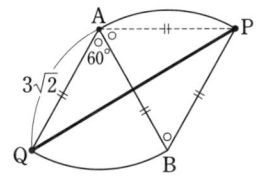

うになる（AB は，円錐がくっついている母線）．
ここで，P から Q までの最短経路は，図の太線であり，その長さは，$3\sqrt{2}\times\sqrt{3}=\mathbf{3\sqrt{6}}$

➡注 △AQP は '頂角が 120° の二等辺三角形' ですが，この図形の 3 辺比については，☞ p.28.

14 図 2 の点 A を通って円柱の底面に平行な切り口が，図 1 上にどのように現れるか，を探ることが解決へのキーになります．

解 （1） 図 2 において，A から D までは円柱の側面上を等しい勾配で上っていくから，図 1 における AD の中点 E は，図 2 においては，母線 AD の中点 M と同じ '高さ' にある．さらに，円柱の真上から見ると，AE (or DE) が円の直径と重なることから，ME は，底面に平行な切り口の円の直径である．

よって，右図のようになり，$AE = \sqrt{3^2+6^2}$
$\qquad = \mathbf{3\sqrt{5}}$

（2） 図 2 の点 A を通って円柱の底面に平行な切り口は，それが母線 DA に垂直であることに注意すると，図 1 上では右図の A(A) のようになる．
ここで，
D(A) = 6
$A(A) = 2\pi\times 3 = 6\pi$
であることから，
□ABCD $= 2\triangle A(A)D = 6\times 6\pi = \mathbf{36\pi}$

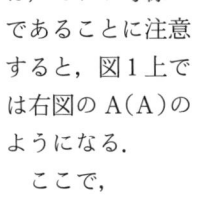

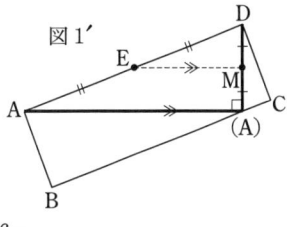

➡注 E を通って円柱の底面に平行な切り口は，図 1′ 上では，E を通って A(A) に平行な線分として現れます．このことからも 'E と M は同じ高さ' が分かります．

15 （3）円錐の体積を足し引きすることになりますが，相似比を利用しましょう．

解 （1）AQ
$= AB \times \dfrac{\sqrt{3}}{2} = \sqrt{3}$

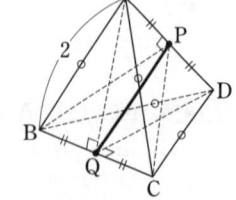

また，PQ
$= \sqrt{AQ^2 - AP^2}$
$= \sqrt{(\sqrt{3})^2 - 1^2} = \sqrt{2}$

（2）△AQD の回転体は，AP を半径とする円を底面として，Q を頂点とする円錐 U であるから，その体積は，

$\dfrac{1}{3} \times \pi AP^2 \times PQ = \dfrac{1}{3} \times \pi \times \sqrt{2} = \dfrac{\sqrt{2}}{3}\pi$ …①

（3）△BPC の回転体は，BQ を半径とする円を底面として，P を頂点とする円錐 V（U と合同）であるから，右図のようになる．

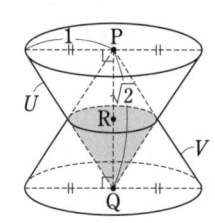

ここで，R は PQ の中点であるから，網目の円錐と U の相似比は 1：2，よって，求める立体の体積は，

$① \times \left\{ 1 - \left(\dfrac{1}{2}\right)^3 \right\} \times 2 = \dfrac{\sqrt{2}}{3}\pi \times \dfrac{7}{8} \times 2 = \dfrac{\mathbf{7\sqrt{2}}}{\mathbf{12}}\pi$

16 （1）が強力なヒント——これによって H の位置が確定し，（2），（3）が解き易くなっています．

解 （1）△OHA，△OHB，△OHC は，すべて ∠H＝90°の直角三角形であり，斜辺の長さはすべて等しく，また OH は共通であるから，合同である．よって，HA＝HB＝HC

（2）（1）より H は直角三角形 ABC の外心であるから，斜辺 BC の中点である（右図）．ここで，BC
$= \sqrt{11^2 + (5\sqrt{3})^2}$
$= 14$

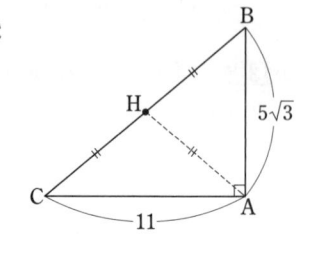

であるから，HA＝HB＝BC÷2＝**7**

また，OH $= \sqrt{OA^2 - HA^2} = \sqrt{25^2 - 7^2} = \mathbf{24}$

▶**注** 直角三角形の外心は斜辺の中点であることについては，☞p.29．

（3）回転してできる立体は，OH を軸とする円錐で，底面の円の半径は HA（＝HB＝HC），高さは OH であるから，その体積は，

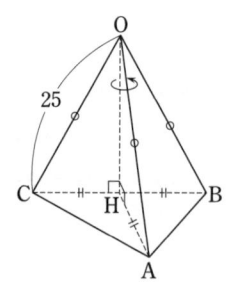

$\dfrac{1}{3} \times HA^2 \pi \times OH$
$= \dfrac{1}{3} \times 7^2 \pi \times 24 = \mathbf{392}\boldsymbol{\pi}$

第7章 動く図形

- 要点のまとめ ……………………… p.162～163
- 例題・問題と解答／演習題・問題 … p.164～177
  - 類題の解答(2) ……………………… p.177
- 演習題・解答 ……………………… p.178～183

　これまでの第1～6章でも，"動く図形"の問題は何題か扱っているが，この最後の章で，"動く図形"を集中的に演習することにする．一口に"動く図形"といっても，動点などがある図形を形作る「軌跡」の問題，図形量の「最大・最小」問題，それに「作図」の問題と，幅広い．これらを通じて，中学の図形問題の総まとめを図ってほしい．

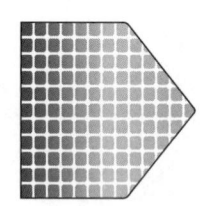

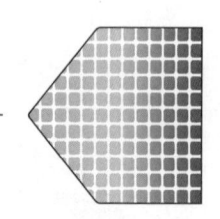

第7章 動く図形
要点のまとめ

1. 動点の軌跡

1・1 「軌跡」とは？
動点Pが描く図形を，点Pの軌跡という．
中学の範囲で出てくる軌跡の図形は，**直線または円**のいずれかである．

1・2 軌跡が直線になる場合
① **角度**一定；定半直線ABに対して，
$$\angle PAB = 一定$$
を満たす点Pの軌跡は，右図の太破線のような直線になる．

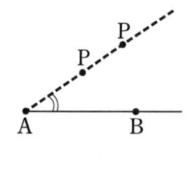

② **距離**一定；
 ⓐ 定直線からの距離一定
 ⓑ 2定点から等距離
 ⓒ 2直線から等距離
などを満たす点Pの軌跡は，それぞれ下図の太破線のような直線になる．

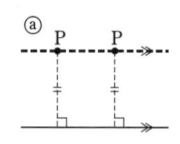

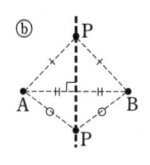

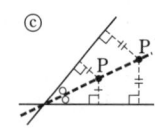

1・3 軌跡が円になる場合
① **距離**一定；定点Oからの距離が一定である点Pの軌跡は，Oを中心とする円になる．

② **共円点**；これについては，☞p.56の**1・3**．

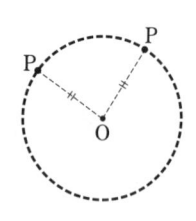

2. 最大・最小

2・1 線分の長さの和の最小
線分の長さの和の最小問題…① には様々なタイプがあるが，最も基本となるのは，次のことである．

右図で，A，Bを定点，Pを直線 l 上の動点とすると，線分の長さの和
$$AP + PB \cdots\cdots ②$$
が最小になるのは，$P = P_0$ の場合である（図で，A′は l に関するAの対称点で，P_0 は直線A′Bと l との交点）．

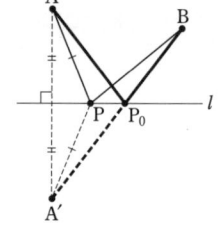

理由；②＝$A'P + PB \geq A'B$
ここで等号が成り立つのは，$P = P_0$ の場合．

* *

このように，①でのポイントは，
　　対称点をとって，
　　折れ線を一直線に帰着させる
ことである（最小の場合は，光の反射の経路になる）．

2・2 定点と円上の動点との距離の最大・最小

定点 A と円 O の周上の動点 P との距離が最小になるのは，P＝P_1 の場合，最大になるのは，P＝P_2 の場合である（P_1, P_2 は，直線 AO と円との交点）．…（＊）

理由；［最小について］
$$AP+PO \geqq AO$$
より，AP＋PO≧AP_1＋P_1O
ここで，PO＝P_1O（＝円 O の半径）であるから，
$$AP \geqq AP_1$$
ここで等号が成り立つのは，P＝P_1 の場合．

［最大について］
$$AP_2 = AO + OP_2 = AO+OP \geqq AP$$
ここで等号が成り立つのは，P＝P_2 の場合．

➡注　2・1，2・2 の ▬▬ は，「三角形の 2 辺の和は他の 1 辺より長い」（'三角不等式' と呼ばれる）ということです．

なお，上の（＊）の結論は，定点 A が円 O の内部にあっても，同様に成り立ちます．

2・3 定線分と円上の動点との距離の最大

円 O の定弦 AB と $\overset{\frown}{AB}$ （右図の太線）上の動点 P に対して，△ABP の面積が最大になるのは，P＝P_0 の場合である（図で，P_0H_0 は弦 AB の垂直 2 等分線で，P_0 での円の接線を l とすると，l ∥ AB）．

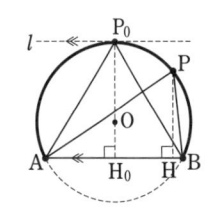

理由；P から弦 AB までの距離を PH とすると，P≠P_0 のとき，P は l よりも下にあるから，P_0H_0＞PH．よって，P＝P_0 のとき，△ABP の面積（＝AB×PH÷2）は最大になる．

➡注　ここでのポイントは，▬▬部です．これは，円が '凸図形' だから言えることで，すると同じ '凸図形' である放物線などでも，同様のことが成り立ちます（☞『1 対 1 の数式演習』p.150）．

3. 作図

3・1 作図のルール

- 「作図」には，定規とコンパスだけを使う．
- 定規の役割は，線を引くこと．
- コンパスの役割は，円を書くことと，決められた長さを測り取ること．

（作図の問題では，作図に用いた点や線は，消さずに残しておくのが原則．）

1 中線定理の利用

（1） 図1のような△ABCにおいて，辺BCの中点をMとする．このとき，
$$AB^2+AC^2=2(AM^2+BM^2)$$
が成り立つことを，BM=a, CA=b, AB=c, AM=m とおき，説明しなさい．

（2） 図2のような線分XYと線分BCがあり，線分XY上を動く点をPとする．このとき，PB^2+PC^2 が最小になるように点Pを，（1）の結果を利用して定規とコンパスを用いて作図しなさい．ただし，作図に用いた線は，消さないようにすること．

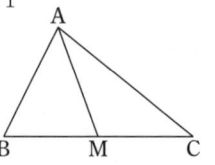

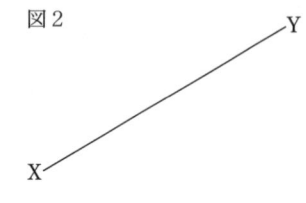

（08　函館ラ・サール）

（1） 垂線を下ろして，三平方を用います．
（2）「（1）の結果を利用して」とあるので，やるべきことは見えるでしょう．

解　（1） 右図のようにHをとり，x, h を定める．
$$AB^2+AC^2=c^2+b^2=\{(a-x)^2+h^2\}+\{(a+x)^2+h^2\}$$
$$=2\{(x^2+h^2)+a^2\}=2(m^2+a^2)=2(AM^2+BM^2)$$

（2） BCの中点をMとすると，（1）の結果より，
$$PB^2+PC^2=2(PM^2+BM^2) \cdots ①$$
ここで，BM^2 は定数であるから，PM^2 を最小にすればよく，よって求める点Pの位置は，**MからXYへ下ろした垂線の足 P_0** である．

[作図]　1°　BCの中点Mをとる．
2°　Mを通ってXYに垂直な直線を引き，それとXYとの交点 P_0 が求める点Pの位置である．

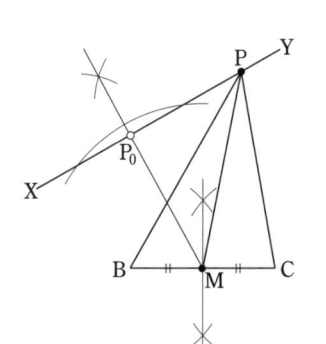

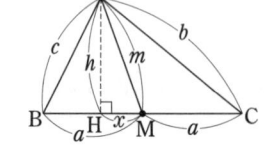

⇦（1）で示した式を，"中線定理" という (☞ p.29)．

◀①の右辺において'変化するもの'をとらえる．

⇦1°も2°も基本的な作図なので，問題ないだろう．

1★ 演習題（解答は，☞ p.178）

（1）△ABCにおいて辺BCの中点をMとするとき　$AB^2+AC^2=2(AM^2+BM^2)$ …………①
である．これを中線定理という．∠Cが鈍角の場合について①を証明しなさい．

（2）∠A=90°の△ABCにおいて，PをAC上の点とする．Pを通りABと平行な直線と辺BCとの交点をQとする．また，Rは辺AB上の点とする．このとき，次の問いに答えなさい．ただし，中線定理を用いてよい．

（ⅰ）Pを固定する．Rが辺AB上を動くとき，PR^2+QR^2 が最小となるRの位置はどこか．

（ⅱ）ABの中点をNとする．PがAC上を動き，Rが辺AB上を動くとき，PR^2+QR^2 が最小となるQ, Rについて，QR⊥CNであることを証明しなさい．

（07　灘）

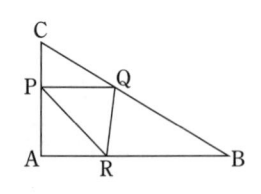

2 線分の通過範囲の面積

図のように，AB＝2，AD＝$2\sqrt{3}$ の長方形 ABCD があります．辺 AB 上に点 P を，辺 CD 上に点 R を，AP＝CR となるようにとります．さらに，辺 BC 上に点 Q を，辺 AD 上に点 S を，四角形 PQRS がひし形になるようにとります．

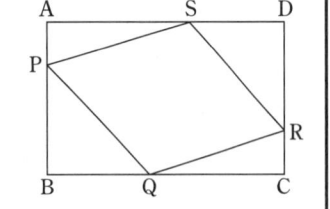

(1) P が B に一致するとき，線分 PS の長さを求めなさい．

(2) AP＝$\dfrac{1}{2}$ のとき，線分 QS の長さを求めなさい．

(3) P が辺 AB 上を A から B まで動くとき，線分 QS が通過してできる部分の面積を求めなさい．

(04 筑波大付駒場)

「AP＝CR」の条件から，ひし形 PQRS の**対角線の交点 M は不動**で，図形全体はこの点に関して，点対称です．

◁ (もちろん) 長方形 ABCD の対角線の交点と一致する．

解 (1) △ABD は 30°定規形であるから，右図で，○＝30°
PQRS はひし形であるから，×＝○＝30°
よって，△PSM も 30°定規形であるから，

$$PS = PM \times \dfrac{2}{\sqrt{3}} = 2 \times \dfrac{2}{\sqrt{3}} = \dfrac{4\sqrt{3}}{3}$$

◁ AB：AD＝1：$\sqrt{3}$
 (AP＝CR より，R＝D)

◁ ひし形の対角線は直交する．

◁ 図に現れている 6 つの直角三角形は，すべて合同な 30°定規形．

(2) 右図のように H，I をとると，
　　△SQI ∽ △RPH ……①
ここで，PH：HR＝1：$2\sqrt{3}$ より，①の 3 辺比は，1：$2\sqrt{3}$：$\sqrt{13}$ であるから，

$$QS = SI \times \dfrac{\sqrt{13}}{2\sqrt{3}} = 2 \times \dfrac{\sqrt{13}}{2\sqrt{3}} = \dfrac{\sqrt{39}}{3}$$

◁ 網目の三角形に着目すると，● 同士の角が等しいことが分かる．

◁ PH＝$2-\dfrac{1}{2}\times 2 = 1$

(3) (1)の Q，S を Q_1，S_1 とすると，線分 QS が通過してできる部分は，右図の網目部分である．

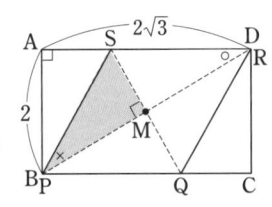

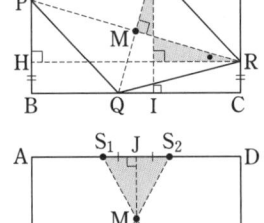

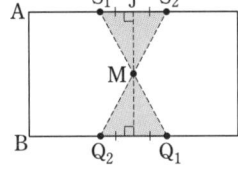

△MS_1S_2，△MQ_1Q_2 は合同な正三角形であり，その一辺の長さは $\dfrac{2}{\sqrt{3}}$ であるから，求める面積は，

$$\left\{\dfrac{\sqrt{3}}{4}\times\left(\dfrac{2}{\sqrt{3}}\right)^2\right\}\times 2 = \dfrac{2\sqrt{3}}{3}$$

◁ Q_2，S_2 は，P＝A (R＝C) のときの Q，S．

◁ (1)の図で，∠DSM＝60° (他の角も同様)．

◁ MJ×$2/\sqrt{3}$＝1×$2/\sqrt{3}$＝$2/\sqrt{3}$

2★ 演習題 (p.178)

図のように，1 辺が 6 の正方形 ABCD があり，辺 BC を 3 等分する点を P，Q とし，辺 AD を 3 等分する点を R，S とする．線分 PR 上に点 X を，線分 QS 上に点 Y をとり，図形 AXYCB の面積が 23 となるようにする．

(1) PX＝3 のとき，QY の長さを求めなさい．

(2) X，Y，C が一直線上にあるとき，PX の長さを求めなさい．

(3) 点 X の動きうる範囲の長さを求めなさい．

(4) 線分 XY の動きうる範囲の面積を求めなさい．

(08 洛南)

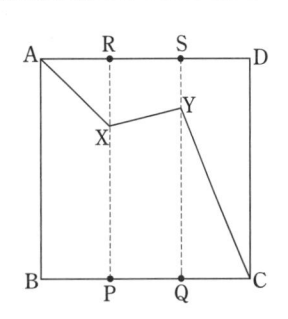

3 線分の回転

四角形 ABCD は長方形で，AB=12，AD=13 である．点 P，Q はそれぞれ辺 BC，AB 上にあり，PD=13，∠QPD=90° のとき，
(1) PQ の長さ x を求めなさい．
(2) 点 A から PD に垂線をひき，その交点を H とする．AH の長さ h を求めなさい．
(3) 長方形 ABCD をふくむ平面上で，点 A を中心に線分 PD を 1 回転させたときにできる図形の面積 S を求めなさい．

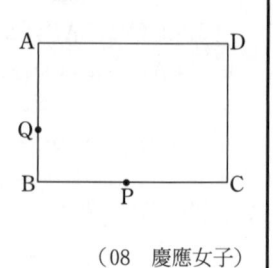

(08 慶應女子)

(1)，(2) 相似(合同)に着目しましょう．
(3) 類題の経験の有無が明暗を分けそうです． ⇦注の事実を知っているかどうか…．

解 (1) 右図で，
 ×+○=90°，●+○=90°
であるから，×=●．
よって，△BPQ∽△CDP ……① ⇦二角相等．
PC=$\sqrt{13^2-12^2}$=5 であるから， ⇦①の3辺比は，5:12:13．
x=BP×$\frac{13}{12}$=(13−5)×$\frac{13}{12}$=$\frac{26}{3}$

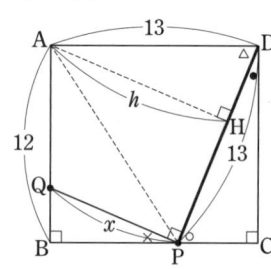

(2) 図で，△=○，これと AD=DP より， ⇦平行線の錯角．
 △HAD≡△CDP ∴ h=CD=**12** ⇦斜辺・一鋭角相等．

(3) DH=5，PH=8 より，線分 PD 上の点で A から最も遠いのは P である．よって，
$$S=\pi \times AP^2 - \pi h^2 = \pi \times (AP^2 - h^2)$$
$$= \pi \times PH^2 = \pi \times 8^2 = \mathbf{64\pi}$$

⇦'ドーナツ'の外周の半径が AP で，内周の半径が h．

➡**注** 一般に，平面上で，点 O の周りに線分 AB を回転させてできる図形は，右図の網目部のような'ドーナツ形'で，その面積は，
$\pi \times OA^2 - \pi \times OH^2 = \pi \times (OA^2 - OH^2)$
$= \pi \times AH^2$ となります．

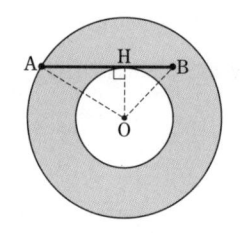

⇦□のように，この'ドーナツ'の面積が**回転の中心から線分までの距離**（h や OH）**によらない**(*)ことにも注意しておこう（そこで，左の類題へ）．

【類題⑧】 同じ点を中心とする右図のような2つの円がある．AB は外側の円の弦で，内側の円に接している．AB=10 のとき，右図の斜線部分の面積を求めなさい． (10 慶應)

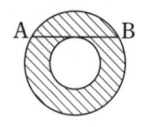

⇦解答は，☞p.177．

3 演習題（p.178）

図のように，線分 AB が半径 2 の円 O 上の点 P で接している．AP=2，BP=4 である．点 P が円周上を矢印の方向に 120° だけ回転し，それにともなって線分 AB も円 O に接したまま動く．
(1) 線分 OA，OB の長さをそれぞれ求めなさい．
(2) 線分 BP が通った部分の面積を求めなさい．
(3) 線分 AB が通った部分の面積を求めなさい．

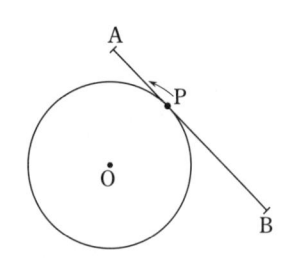

(08 城北埼玉)

4 通過領域の面積

長さが 2 の線分を，直線 l に平行な状態を保ったまま平面上を(1)，(2)のように動かしたとき，それぞれの場合について，線分の通った部分の面積を求めなさい．
(1) 線分の中点が底辺 5, 高さ 4 の三角形の底辺以外の 2 辺を通ったとき．ただし，底辺は直線 l に平行である．
(2) 線分の中点が半径 2 の円周上を一周したとき． 　　(10 白陵)

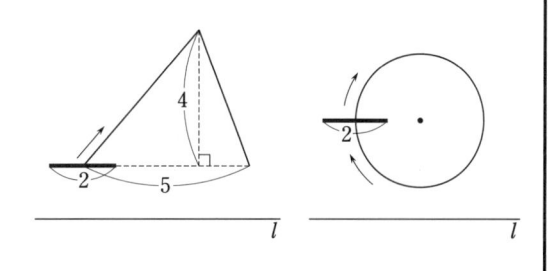

(1)，(2)とも，'線分の通過領域' は '三角形(の 2 辺)，円を l に平行に 2 だけ平行移動したときの通過領域' と同じ形になります．

解 (1) 線分の通過領域は，右図の網目部分のようになる．
その面積は，□ABB_1A_1 + □$A_1A_2B_2B_1$ − △A_1CB_1 ……①
ここで，△A_1CB_1 ∽ △A_2CB で，相似比は，$A_1B_1 : A_2B = 2 : 3$
であるから，△$A_1CB_1 = \dfrac{1}{2} \times 2 \times \left(4 \times \dfrac{2}{2+3}\right) = \dfrac{8}{5}$ ……②

∴ ① $= (2 \times 4) \times 2 - ② = 16 - \dfrac{8}{5} = \boldsymbol{\dfrac{72}{5}}$ ……③

(2) 線分の通過領域は，右図の網目部分のようになる．その面積は，

　　左の半円 + □$P_1P_2Q_2Q_1$
　　+ 右の半円 − 図形 QSTR ……④

ここで，図形 QSTR = 図形 QTR × 2
= (扇形 QTR × 2 − 正三角形 QTR) × 2
$= \left\{\left(2^2\pi \times \dfrac{60}{360}\right) \times 2 - \dfrac{\sqrt{3}}{4} \times 2^2\right\} \times 2 = \dfrac{8}{3}\pi - 2\sqrt{3}$ ……⑤

∴ ④ $= \dfrac{2^2\pi}{2} + 2 \times 4 + \dfrac{2^2\pi}{2} - ⑤ = \boldsymbol{\dfrac{4}{3}\pi + 8 + 2\sqrt{3}}$

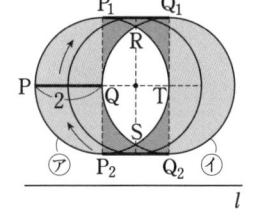

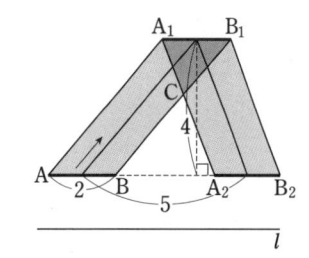

⇦線分の中点が動く三角形の形状は決まらないが，答えは③に決まる．

◀**中が抜ける**ことに注意しよう．(円㋐は，中点が動く円を左に 1 だけ，円㋑は右に 1 だけ，それぞれ l に平行移動したもの．)

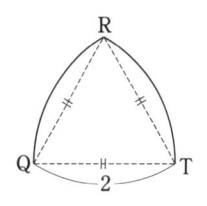

4★ 演習題 (p.179)

線分 AB を直径とし，点 O を中心とする円がある．図のように，線分 AB 上に点 P，円周上に点 Q をとる．AB = 12 とする．
(1) 線分 PQ の中点を M, 線分 OP の中点を N とする．線分 MN の長さを求めなさい．
(2) 点 Q が円周上を動き，点 P が線分 AB 上で止まっているとき，線分 PQ の中点 M が描く図形の周の長さを求めなさい．
(3) 点 Q が円周上を動き，点 P も線分 AB 上を動くとき，線分 PQ の中点 M が描く図形の面積を求めなさい． 　　(10 城北埼玉)

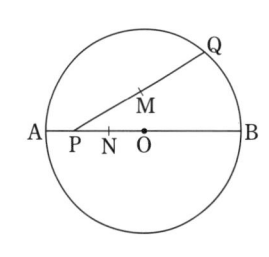

5 円周上を動く

半径 1 の円に内接する正方形 ABCD がある．点 P が対角線 AC 上にあり，BP の延長線と円との交点を Q とするとき，
(1) $AP:PC=1:\sqrt{3}$ のとき，
　(i) ∠BQC の大きさを求めなさい．
　(ii) AQ の長さを求めなさい．
(2) AQ の延長線上に点 R を AQ:QR=AP:PC となるようにとる．(1)のときの点 P を P_1，$AP:PC=\sqrt{3}:1$ のときの P を P_2 とする．点 P が AC 上を点 P_1 から P_2 まで動くとき，点 R がえがく図形の長さを求めなさい．
　　　　　　　　　　　　　　　　　　　　　　　　　　(08 徳島文理)

(2) 点 R は，円周上を動きます．まずこのことをしっかりおさえましょう．

解 (1)(i) ∠BQC＝∠BAC＝**45°**
(ii) 右図の ○ の角はすべて 45° であるから，PQ は∠AQC の 2 等分線であり，
　　AQ:CQ＝AP:PC＝1:$\sqrt{3}$ …①
よって，△ACQ は 30°定規形であるから，AQ＝AC÷2＝2÷2＝**1**

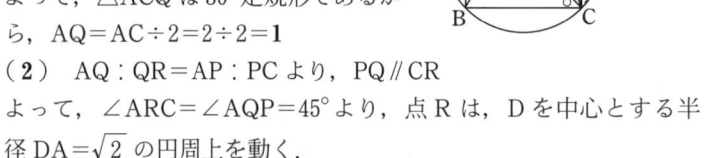

　　　　　　　　　　　　　　　◁角の 2 等分線の定理(☞ p.7)．
　　　　　　　　　　　　　　　◁∠AQC＝90° (＝45°×2) と①より言える．
　　　　　　　　　　　　　　　◁AC は円の直径だから，AC＝2．

(2) AQ:QR＝AP:PC より，PQ∥CR
よって，∠ARC＝∠AQP＝45° より，点 R は，D を中心とする半径 DA＝$\sqrt{2}$ の円周上を動く．

ところで，円周角の定理により，右図の ● 同士，× 同士の角はそれぞれ等しく，(1)より，●＝30° である．また対称性より，∠CBQ_2＝∠ABQ_1，すなわち，×＝●＝30° であるから，
　　∠R_1DR_2＝∠R_1AR_2×2
　　＝(60°−30°)×2＝60°
よって，求める長さは，
　　$\overset{\frown}{R_1R_2}=2\pi\times\sqrt{2}\times\dfrac{60}{360}=2\sqrt{2}\pi\times\dfrac{1}{6}=\dfrac{\sqrt{2}}{3}\pi$

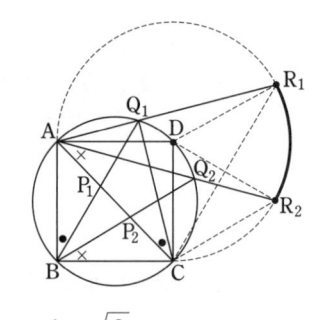

　◀**定線分を見込む角が一定**の点は，定線分を弦とする円周上を動く．
　▷D は線分 AC の垂直 2 等分線上にあって，
　　∠ADC＝90° (＝45°×2)
　だから，R が動く円の中心．
　◁AP_1:P_1C＝CP_2:P_2A＝1:$\sqrt{3}$
　◁$\overset{\frown}{R_1R_2}$ の半径は分かっているから，目標は中心角 (∠R_1DR_2)．
　◁R は，P_1 に対応する R_1 から，P_2 に対応する R_2 まで動く．

● 5★ 演習題 (p.179)

AB を直径とする円 O がある．点 P は図のように弧 AB 上を動く点であり，また∠APB の二等分線と AB の交点を C，円 O との交点を D とする．直径 AB の長さが 10 のとき，
(1) BP の長さが 6 のとき，
　(i) CB の長さを求めなさい．
　(ii) △ACP:△PDB の面積比を求めなさい．
(2) AP の垂直二等分線と PD との交点を Q とする．点 P が弧 AB 上を動くとき，点 Q はある円周上を動く．この円の直径を求めなさい．
　　　　　　　　　　　　　　　　　　　　　　　　(05 専修大付)

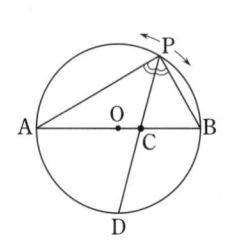

6★ 円上の動点と最大・最小

右の図のように，中心が O，半径が 2 の円があり，弦 AB の長さは $2\sqrt{3}$ である．点 P は弧 AB 上を時計回りに点 A から点 B まで動く．点 Q を四角形 ABQP が平行四辺形になるようにとり，対角線 AQ と BP の交点を M とする．

（1） ∠APB と∠OMB の大きさを求めなさい．

（2） 線分 OB の中点を C とするとき，線分 CM の長さを求めなさい．

（3） 対角線 AQ の長さの最大値と最小値を求めなさい．

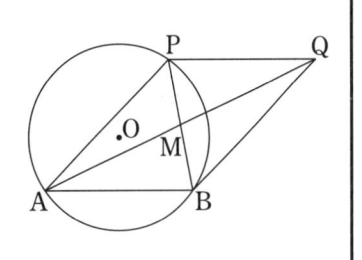

（08 大阪星光学院）

（3） AM の最大・最小を考えることになりますが，M の軌跡を正確にとらえましょう．

解 （1） 右図のようになって，
∠AOB＝120°…① であるから，
∠APB＝①÷2＝**60°**
また，M は円 O の弦 BP の中点であるから，∠OMB＝**90°**

⇦△OAB が'頂角 120°の二等辺三角形'であることについては，☞ p.28．

（2） C は，直角三角形 OBM の斜辺の中点であるから，CM＝CO（＝CB）＝**1**

⇦平行四辺形の対角線は，互いの中点で交わる．

☞ p.29．

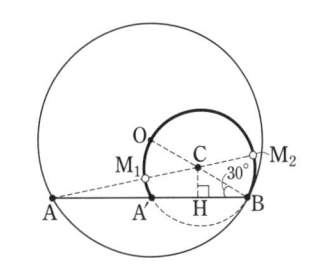

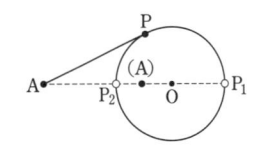

（3） AQ＝2AM であるから，AM の最大・最小を考える．

（2）より，M は定点 C との距離が 1 であるから，C を中心とする半径 1 の円周上にある．これと，P＝A のとき M＝A′，P＝B のとき M＝B であることから，M は右図の太線上を動く．

ところで，図において，

$CH = \dfrac{BC}{2} = \dfrac{1}{2}$ …②，$AH = AB - BH = 2\sqrt{3} - \dfrac{\sqrt{3}}{2} = \dfrac{3\sqrt{3}}{2}$ …③

∴ $AC = \sqrt{②^2 + ③^2} = \sqrt{7}$

よって，AM の最大値・最小値はそれぞれ，
$AM_2 = \sqrt{7} + 1$, $AM_1 = \sqrt{7} - 1$

したがって答えは，最大値…$2(\sqrt{7}+1)$，最小値…$2(\sqrt{7}-1)$

➡注 一般に，定点 A と，O を中心とする円周上の動点 P について，AP の最大値は右図の AP_1，最小値は AP_2 になります（☞p.163）．

6★ 演習題 (p.180)

図のように，円 O の周上に 4 点 A，B，C，D がある．BD は円 O の直径であり，点 E は AC と BD の交点である．また，点 F は点 C から BD に引いた垂線と BD との交点である．AB＝BE＝6，ED＝4 である．

（1） CF，AE の長さを求めなさい．

（2） 弧 AD（2 点 B，C を含まない方）上に点 P を，三角形 PAE の面積が最大になるようにとる．このとき三角形 PAE の面積を求めなさい．

（08 芝浦工大柏）

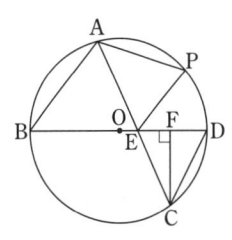

7 2円の交点を通る直線

図で，円Oと円Pは異なる2点A，Bで交わっている．また，点Qは円Oの円周上に，点Rは円Pの円周上にあり，3点Q，A，RがQ，A，Rの順に一直線上にあるとき，
(1) ∠BQA＝∠BOP であることを証明しなさい．
(2) OB＝5，AB＝6で，直線BPが円Oに接している場合を考える．2点Q，Rを動かして，線分QRの長さがもっとも長くなるときの線分QRの長さを求めなさい．

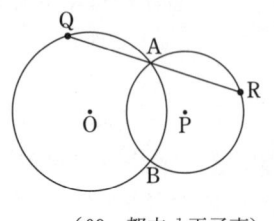

（09 都立八王子東）

本問のように，2円の交点Aを通る直線を引くとき，以下の解答中の網目部分が一般に成り立つことは，覚えておくと便利です．

◁入試でよく登場する，頻出の構図．

解 (1) 2円は中心線OPに関して対称であるから，右図の○同士の角は等しい．このとき，∠BQA＝$\dfrac{\angle BOA}{2}$＝∠BOP

(2) (1)と同様に，∠BRA＝∠BPO であるから，二角相等で，
△BRQ∽△BPO ……………………①

よって，△BRQの形状は一定であるから，QRが最大になるのは，BQが最大のとき，すなわち，BQが円Oの直径のときである．

このとき，①の相似比は，BQ：BO＝2：1 であるから，
QR＝2OP ……………………②

ここで，BPが円Oに接していることから，∠OBP＝90°
よって，△OBPは△OHBと相似で，その3辺比は3：4：5であるから， ②＝$2\left(OB\times\dfrac{5}{4}\right)=2\left(5\times\dfrac{5}{4}\right)=\dfrac{25}{2}$

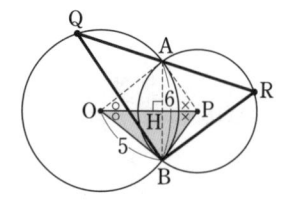

◁△BRQは，大きさは変化するが，すべて△BPOと相似形．
◁円の弦で最大なのは，直径．

◁BH＝AB÷2＝3

➡**注** BQが円Oの直径のとき，BRも円Pの直径になります（なぜなら，①より，∠QBR＝∠OBP）．

7★ 演習題 （p.180）

図1のように，点Oを中心とする半径2の円Oと，点O′を中心とする半径$2\sqrt{3}$の円O′があり，OO′＝4です．また，2円の交点をA，Bとし，Bを通る直線と円O，円O′との交点をそれぞれP，Qとします．ただし，Pは円Oの，Qは円O′の長い方の弧AB上にあります．Bを通る直線を変化させて線分PQを動かします．

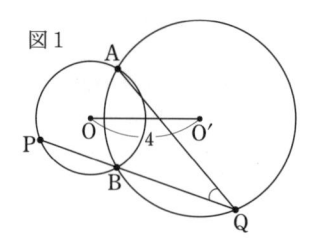

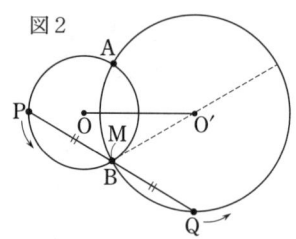

(1) ∠AQPの大きさを求めなさい．
(2) 線分PQの中点をMとします．図2のように，線分PQを，MがBと重なったところから，MがO′に重なるまで動かします．
　(ⅰ) △APMの面積の最大値を求めなさい．
　(ⅱ) Mが動いてできる線の長さを求めなさい．

（09 筑波大付駒場）

8 円周上を回る2点

図のように，半径の比が2：1である円Oと円Cが点Aで接している．2点P，Qは点Aを同時に出発し，30秒間で，点Pは円Oの周上を反時計回りに1周し，点Qは円Cの周上を時計回りに半周する．出発後の秒数を x とする．$0 < x < 30$ のとき，次の問いに答えなさい．

（1） $\angle ACQ$ を x で表しなさい．
（2） 直線PQが点Aを通るときの x の値を求めなさい．
（3） 直線PQが点Oを通るときの x の値をすべて求めなさい．

（07　久留米大付）

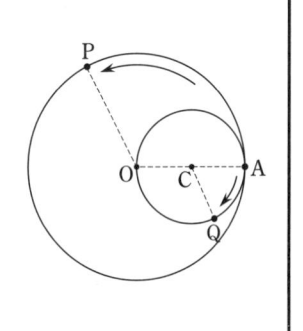

Pは1周，Qは半周しかしないのですから，混乱することはないでしょう．ただ，（3）で2つの場合があることに注意しましょう．

⇦ 各小問とも，1つ1つ図を書いて考えよう．

解 （1） 与えられた条件より，1秒間に回る角度は，

$$P \cdots \frac{360°}{30} = 12°,\quad Q \cdots \frac{180°}{30} = 6°$$

であるから，出発して x 秒後の回転角を右図のように $p°$，$q°$ とすると，

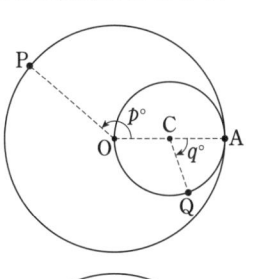

$$p° = 12x°,\quad q° = 6x° \quad \cdots\cdots ①$$

◀ 円周上を回る問題では，単位時間当たりに回る '**角度**' が主役になる．

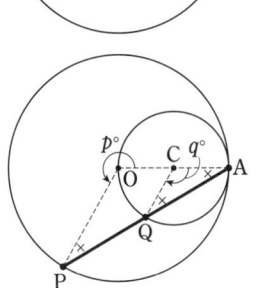

（2） P，Q，Aが一直線上になるとき，右図のようになって，CQ∥OP，すなわち，$p° + q° = 360°$

∴ $12x° + 6x° = 18x° = 360°$　∴ $x = 20$

⇦ 「$0 < x < 30$」だから，
$0° < ① < 180°$　……②

⇦ ②より，一直線上になるのは，$15 < x < 30$ において．
▷ △CQA と △OPA は，相似な二等辺三角形．

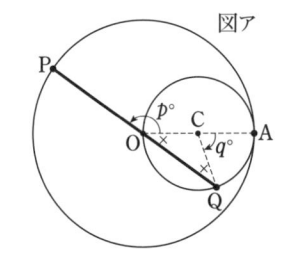

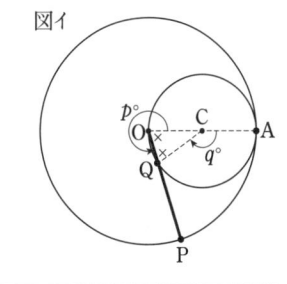

（3） $0 < x < 15$ のときは，図アのようになって，$p° + × = p° + \dfrac{q°}{2} = 180°$

∴ $12x° + \dfrac{6x°}{2} = 15x° = 180°$　∴ $x = 12$

$15 < x < 30$ のときは，図イのようになって，$p° + × = p° + \dfrac{q°}{2} = 360°$

∴ $15x° = 360°$　∴ $x = 24$

図ア　図イ

● 8★ 演習題 （p.181）

半径4の円Oの周上に定点Aがある．2点P，QはAを同時に出発し，円Oの周上を反対向きにそれぞれ一定の速さで動く．△APQは，P，QがAを出発してから60秒後にはじめて直角三角形になり，その15秒後にはじめて二等辺三角形になった．

（1） P，Qのうち，速く動く方の点が円Oを一周するのにかかる時間を求めなさい．
（2） P，QがAを出発してからはじめて同時にAに到着するまでの間に，△APQが直角三角形になることは何回あるか．また，これらの直角三角形のうちで，面積が最も大きくなるものの面積を求めなさい．

（09　筑波大付）

9 図形に沿って円が動く

図1のような，円が移動して通った網目部分を「円の跡」とよぶことにする．

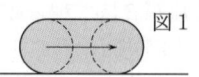

図2において，半径 $\sqrt{3}$ の円が，1辺の長さ10の正三角形 ABC の内側を各辺に接しながら，時計と反対回りに，円 P の位置から円 Q の位置へ移動する．その後，円 R の位置に移動し，もとの円 P の位置へ戻る．次の面積を求めなさい．

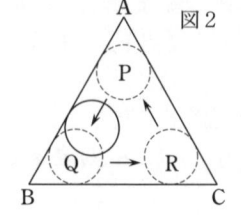

(1) 円 P の位置から円 Q の位置へ移動したときの「円の跡」の面積．
(2) 円 P の位置から1周して，円 P の位置へ戻ったときの「円の跡」の面積． (09 樟蔭)

(2) '重なり'の他，'抜ける部分がないか？'にも気を配りましょう．

解 (1) 「円の跡」は，図3の網目部分のようになる．

ここで，△AHP は（△BIQ も）30°定規形であるから，
$$AH(=BI)=PH\times\sqrt{3}=3 \cdots\cdots\cdots ①$$
∴ HI＝AB－①×2＝10－6＝4

よって，求める面積は，$\pi\times(\sqrt{3})^2+4\times 2\sqrt{3}=\mathbf{3\pi+8\sqrt{3}}$

(2) 図3のように，直線 AP，BQ の交点を G とすると，
$$GJ=AJ\times\frac{1}{\sqrt{3}}=5\times\frac{1}{\sqrt{3}}=\frac{5\sqrt{3}}{3}<2\sqrt{3}\ (\text{円の直径}) \cdots ②$$

よって，「円の跡」は，図4の太線部分のようになる．

ここで，網目部分の面積は，
$$\frac{\sqrt{3}\times ①}{2}\times 2-\pi\times(\sqrt{3})^2\times\frac{120}{360}$$
$$=3\sqrt{3}-\pi \cdots\cdots\cdots ③$$

したがって，求める面積は，
$$\frac{\sqrt{3}}{4}\times 10^2-③\times 3=\mathbf{16\sqrt{3}+3\pi}$$

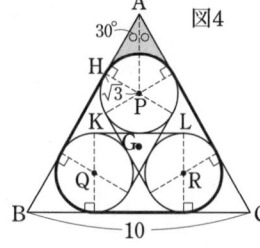

➡**注** ②において，GJ は△ABC の内接円の半径ですから，結局，「円の直径＜内接円の半径」のとき'抜け'ができることになります．

⇦円の半径が小さいと，真ん中に'抜ける部分'ができる．

⇦円が平行に動くのだから，「円の跡」は'半円（2つ）'と'長方形'に分割される．

⇦まず，'抜け'の有無をチェック．
⇦G は，正三角形 ABC の中心（J は AB の中点）．

⇦本問ではたまたま，円 P が KL に接している（円 Q，円 R も同様）．

⇦(1)と違って，「円の跡」には'重なり'があるので，直接求めるのではなく，周り（網目部分×3）を引く．

9 演習題（p.181）

図のように，半径6，中心角120°のおうぎ形がある．また，おうぎ形の外側に円 A，内側に円 B があり，ともに半径は2である．

(1) 円 A が，おうぎ形と接しながら外側を一周するとき，
　(i) 円の中心 A が移動した距離を求めなさい．
　(ii) 円 A が通った部分の面積を求めなさい．
(2) 円 B が，おうぎ形と接しながら内側を一周するとき，円の中心 B が移動した距離を求めなさい． (07 京都成章)

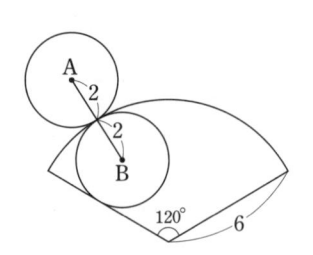

10　点が動く道のり

右図のように，全ての辺の長さが2である正四角錐OABCDがある．辺AB上に，または辺BC上に点Pをとり，線分OP上の点で，点Bとの距離がもっとも短くなる点をQとする．このとき，

（1）正四角錐OABCDの体積を求めなさい．

（2）点Pが辺AB，辺BC上を点Aから点Bを通り点Cまで動いたとき，点Qが動いた道のりの長さを求めなさい．　　　（07　東海）

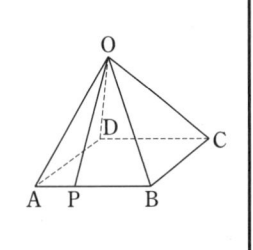

（2）対称性から，Pが辺AB上を動く場合を考えれば足ります．なお，そこで，場合分けが起こることに注意しましょう．

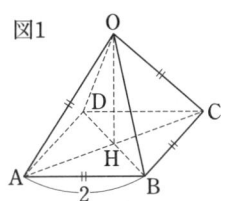

◁Qは，線分OP上しか動けない．

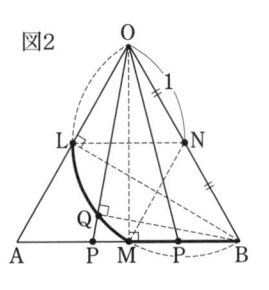

解　（1）△OAC≡△BAC（三辺相等）より，図1で，$OH=BH=\dfrac{AB}{\sqrt{2}}=\sqrt{2}$　…①

◁合同な直角二等辺三角形．

よって，正四角錐の体積は，
$$\dfrac{1}{3}\times 2^2\times ① = \dfrac{4\sqrt{2}}{3}$$

（2）辺OA，AB，BOの中点をそれぞれL，M，Nとする．

Pが，線分AM上にあるとき，Qは，BからOPに下ろした垂線の足であるから，
$$\angle OQB = 90°\quad\cdots\cdots ②$$

よってこのとき，Qは，Nを中心とする半径1の円周上を，LからMまで動く．

Pが，線分MB上にあるときは，Q=Pであるから，Qは線分MB上を（M→Bと）動く．

P，Qの動きは，OBに関して対称であるから，求める道のりの長さは，
$$\left(2\pi\times 1\times \dfrac{60}{360}+1\right)\times 2 = \dfrac{2}{3}\pi + 2$$

◁このとき，∠OPB≦90°だから，Qは線分OP上にある．

◁Qから定線分OBを見込む角が一定（☞p.56，**1・3**）．

◁P=Aのとき，Q=L；P=Mのとき，Q=M．

◁このとき，∠OPB≧90°だから，Q=Pとなる．

◁図2の太線の2倍．

◁△LMNは（1辺1の）正三角形だから，∠LNM=60°．

10★ 演習題（p.182）

図のように，1辺の長さが$\sqrt{3}$の立方体ABCD-EFGHがある．面CDHGの対角線DG上に点Pをとり，点Pから辺CDに垂線PIをおろし，三角錐A-DPIを作る．この三角錐の体積が$\dfrac{\sqrt{3}}{6}$であるとして，

（1）線分APの長さを求めなさい．

（2）立方体の内部において，辺ABの周りに線分APを回転すると，点Pは面EFGH上の点Qの位置にくるものとする．このとき，弧PQの長さを求めなさい．　　（06　東邦大付東邦）

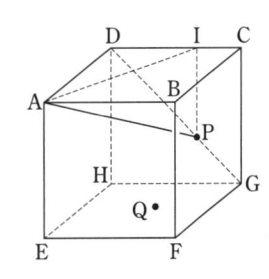

11★ '高さ' の最大

右の図のように，底面の半径が 2，高さが 4 の円柱があり，2 つの底面の中心を，それぞれ O，O′ とする．底面 O′ の円周上に ∠AO′B=120° となる点 A，B をとる．また，点 P は，底面 O の円周上を，矢印の向きに一周する点である．

（1）線分 AB の長さを求めなさい．
（2）3 点 P，A，B を結んでできる△PAB の面積が最も大きくなるとき，その面積を求めなさい．
　　　　　　　　　　　　　　　　　　　　　　　　　（09　新潟県）

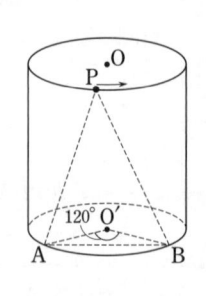

（2）当然，定線分 AB を '底辺' と見て，P からの '高さ' が最大となる場合を考えます．

解　（1）下底面の円 O′ は図 1 のようになるから，
$$AB=\sqrt{3}\times O'A=2\sqrt{3} \quad \cdots\cdots ①$$

（2）P から底面に下ろした垂線の足を P′，P′ から AB に下ろした垂線の足を H とすると，△PAB の底辺を AB と見たときの高さは PH である（☞ 注）．よって，

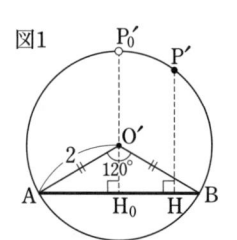

$$\triangle PAB=\frac{AB\times PH}{2}=\frac{①\times\sqrt{PP'^2+P'H^2}}{2}=\sqrt{3}\times\sqrt{16+P'H^2}\cdots②$$

ここで，P′H が最大となるのは，図 1 の P_0' の場合であり，このとき，$P_0'H_0=P_0'O'+O'H_0=2+1=3$

これと②より，求める最大値は，
$$\sqrt{3}\times\sqrt{16+3^2}=\mathbf{5\sqrt{3}}$$

⇨**注**　H は，PP′ を含んで AB に垂直な平面（右図の網目部）と AB の交点ですから，AB⊥PH …③ です（AB は，網目の平面上のすべての直線と垂直）．

なお，△PAB の面積が最小となるのは，②より，P′H=0 のときで，最小値は，
$$\sqrt{3}\times\sqrt{16+0^2}=4\sqrt{3}$$

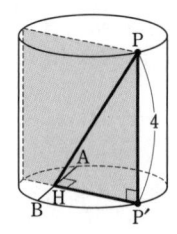

⇦△O′AB は '頂角が 120° の二等辺三角形'（☞ p.28）．

⇦P′ は，図 1 の円 O′ 上を動く．

⇦PP′²=4²=16

⇦P_0'-O′-H_0 は一直線上にある．
⇦△O′AH_0 は '30°定規形' だから，
$$O'H_0=\frac{O'A}{2}=\frac{2}{2}=1$$

⇦③は "三垂線の定理"（☞ p.108）からも分かる．

⇦P は，A または B の真上の点．

11★ 演習題（p.182）

右図のように，底面の半径が 4，高さが $8\sqrt{2}$，母線の長さが 12 の円すいがある．BC は底面の直径であり，M，N はそれぞれ AB，AC の中点である．
いま，点 P が底面の円周上を動くとき，
（1）MP の長さの最大値を求めなさい．
（2）△MPN の面積の最大値を求めなさい．

（05　修道）

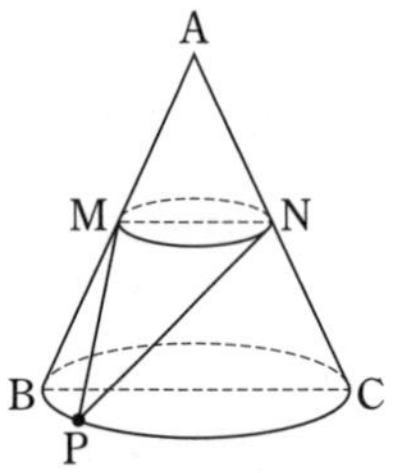

12 三角形の通過範囲の体積

図のように，平面上に長方形 ABCD がある．AB＝4，AD＝2 であり，辺 AB 上に点 P をとる．線分 PQ，DE は長方形 ABCD に垂直で，それぞれ長さ 2，4 であり，直線 EQ と直線 DP との交点を R とする．点 P が辺 AB 上を A から B まで移動する．△PQR において∠PRQ＝30°になるときの点 P，Q，R をそれぞれ点 F，G，H とし，△PQR の面積が最大になるときの点 P，Q，R をそれぞれ点 F′，G′，H′ とする．

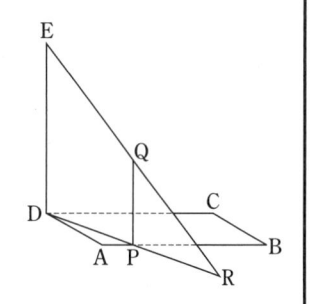

（1） 線分 AF の長さを求めなさい．
（2） △F′G′H′ の面積を求めなさい．
（3） 三角錐 EDHH′ の体積を求めなさい．

（04 群馬県）

（3） 三角錐 EDHH′ は，P が F→F′ と動くときの△DER の通過範囲です．

解　（1） △PQR∽△DER であるから，
　　　PR : DR ＝ PQ : DE ＝ 1 : 2 ……………①
　∠PRQ＝30°のとき，PR＝$2\sqrt{3}$
これと①より，DP＝$2\sqrt{3}$ ………………②
　　　AF（＝AP）＝$\sqrt{②^2-2^2}=\boldsymbol{2\sqrt{2}}$

（2） ①より，R は，図の点 R_1 から R_2 まで，AB に平行に動く．

一方，△PQR＝$\dfrac{PQ\times PR}{2}=\dfrac{2\times PR}{2}$＝PR（＝DP）　……③

であるから，③が最大になるのは，P＝B のときで，このとき，　③＝DB＝$\sqrt{2^2+4^2}=\boldsymbol{2\sqrt{5}}$

（3） 右図で，HH′＝2FF′＝$2(4-2\sqrt{2})$，DR_1＝2DA＝4 であるから，求める体積は，

$\dfrac{1}{3}\times△DHH'\times DE=\dfrac{1}{3}\times\dfrac{2(4-2\sqrt{2})\times 4}{2}\times 4=\boldsymbol{\dfrac{32(2-\sqrt{2})}{3}}$

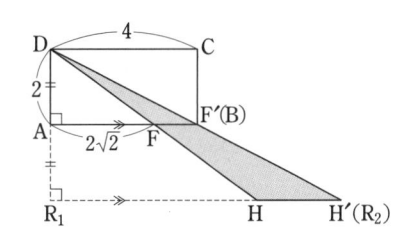

12★ 演習題（p.183）

1 辺の長さが 2 の立方体に，底辺の長さ 4，高さ 2 の直角三角形 ABC のシールがはられている（図 1）．
このシールの点 A を常に接着面に対して垂直に引いてはがしていく（図 2）．図の DE まではがしたら△ADE を DE を軸として 90°回転させ，さらに真横にまっすぐ引いて BC まではがす（図 3）．

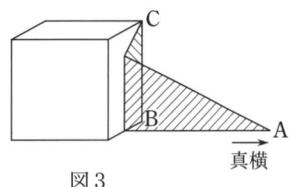

（1） シールをはがし終わるまでに，点 A が通過した部分の長さを求めなさい．
（2） シールをはがし終わるまでに，シールが通過した部分の体積を求めなさい．

（06 青雲）

13★ 空間での回転

次の各問いに答えなさい．

(1) 平面上に AB=1，BC=$\sqrt{3}$，∠B=90°の直角三角形 ABC がある．頂点 B から辺 AC に引いた垂線と AC との交点を P とする．

　(ⅰ) BP の長さを求めなさい．

　(ⅱ) この直角三角形 ABC を，直線 AC を軸として 1 回転させたときにできる立体の体積を求めなさい．

(2) 図 1 の立体は，AB=1，BC=$\sqrt{3}$，BF=$\sqrt{3}$ の直方体 ABCD-EFGH である．この直方体の底面と側面にある三角形 ABC と三角形 ABF を取り出したものが図 2 である．図 2 で，頂点 B から AC に引いた垂線と AC との交点を P とする．この 2 つの三角形 ABC と ABF を，直線 AC を軸として同時に 1 回転させたときにできる立体の体積を求めなさい．ただし，∠FPA=90°である．

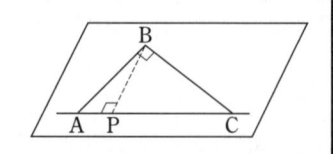

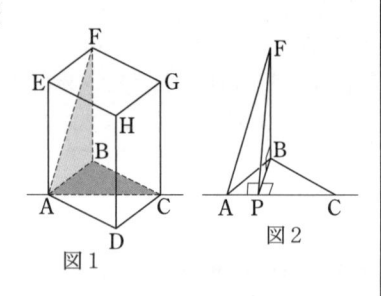

(07　東京学芸大付)

(2) △ABF の回転体が問題．辺 AF は円錐の側面を作りますが，さて，辺 BF の描く図形は…？(☞注)

解 (1)(ⅰ) △ABC，△APB はともに 30°定規の形であるから，

$$BP = 1 \times \frac{\sqrt{3}}{2} = \frac{\sqrt{3}}{2} \quad \cdots\cdots\cdots ①$$

(ⅱ) 求める体積は，

$$\frac{1}{3} \times ①^2 \pi \times AC = \frac{1}{3} \times \frac{3}{4}\pi \times 2 = \frac{\pi}{2} \quad \cdots ②$$

(2) △ABC の回転体は(1)と同じであり，一方，△ABF の回転体は，図 3 の網目部のような円錐から円錐をくり抜いた図形…(＊) である．

ここで，PR²=PF²=①²+($\sqrt{3}$)²=$\frac{15}{4}$

であるから，求める体積は，

$$\frac{1}{3} \times \frac{15}{4}\pi \times AP + \frac{1}{3} \times ①^2 \pi \times PC$$

$$= \frac{5}{8}\pi + \frac{3}{8}\pi = \pi$$

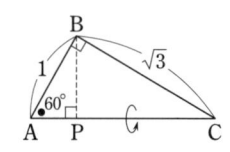

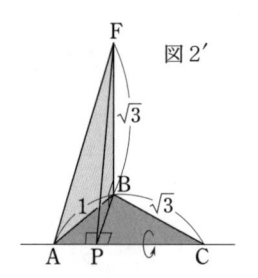

⇦回転体は，円錐を 2 つくっつけた形(☞図 3)．

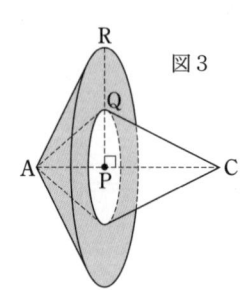

⇦AP=$\frac{1}{2}$，PC=$\frac{3}{2}$

⇦☞p.108．

➡注　辺 BF は，図形(＊)の底面(ドーナツ形)を描きます．なお，問題文のただし書き「∠FPA=90°」は，"三垂線の定理"から言えます．

13★ 演習題 （p.183）

図1のように，1辺の長さが $2\sqrt{3}$ の正四面体 ABCD と，底面の半径が6の円錐がある．図2のように，正四面体を CD⊥OB となるように円錐の底面上に置き，点 B を F に重ねたところ，辺 AB と母線 EF がちょうど重なった．

（1）円錐の高さを求めなさい．
（2）図3のように，CD⊥OB を保ちながら，正四面体の頂点 B が円 O の周上を1周するとき，
　（ⅰ）△BCD が通った部分の面積を求めなさい．
　（ⅱ）正四面体 ABCD が通った部分の体積を求めなさい．
　　　　　　　　　　　　　　（09　早稲田実業）

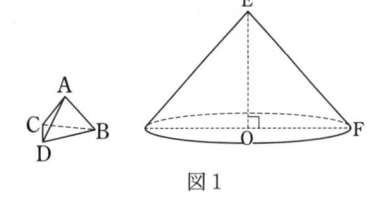

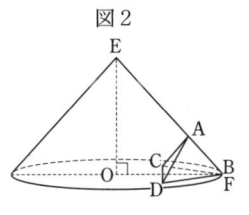

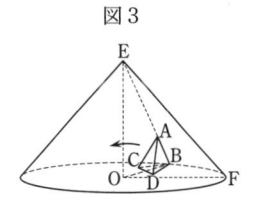

図1
図2
図3

◆ 類題の解答（2）

6 （問題は，☞p.71）

例題と同様，上手く面積の足し引きに持ち込みましょう．

解 右図の網目部分の面積を T とすると，
$S = T + (半円 O') - (半円 O)$
$= T = \triangle AOB + (扇形 OCB)$
$= r \times \dfrac{r}{\sqrt{2}} \times \dfrac{1}{2} + \pi r^2 \times \dfrac{45}{360}$
$= \left(\dfrac{\sqrt{2}}{4} + \dfrac{\pi}{8}\right) \times \{2\sqrt{2}(\sqrt{2}-1)\}^2$
$= \boldsymbol{(2\sqrt{2} + \pi)(3 - 2\sqrt{2})}$

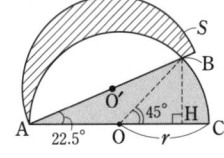

➡注　$\triangle AOB = OA \times BH \div 2 = \underset{\sim\sim\sim}{}$ です．

7 （問題は，☞p.101）

有名問題ですが，"接弦定理" を使うので，定理に慣れていない人にとっては難問？

解 2円の共通接線 l を引くと，接弦定理により，
大円で，$a = b$，
小円で，$a = d$
∴ $b = d$
また，BC は小円の接線であるから，同様に，
$c = e$

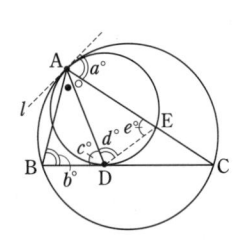

すると，△ABD，△ADE の内角の和を考えて，
● ＝ ○

8 （問題は，☞p.166）

円の半径によらず面積が一定値になる，という有名問題です．

解 円の中心を O，弦 AB の中点を M，大円，小円の半径をそれぞれ R，r とする（右図）．
△AOM において，
$R^2 - r^2 = 5^2 = 25$
このとき，網目部分の面積は，
$\pi R^2 - \pi r^2 = \pi(R^2 - r^2) = \boldsymbol{25\pi}$

➡注　前書きのように「円の半径によらない」のは，例題の解説中の（*）から分かります．

9 （問題は，☞p.180）

例題は線分の長さ，演習題は面積の最大（最小）でしたが，本問では角度の最大です．

解 辺 BC を固定し，A が右図の太線の半円周上を動くとしてよい．
このとき，∠ACB の大きさが最大になるのは，CA が半円に接する（A＝A_0）場合である．
よって，求める x の値は，
$CA_0 = \sqrt{BC^2 - BA_0^2} = \sqrt{7^2 - 5^2} = \boldsymbol{2\sqrt{6}}$

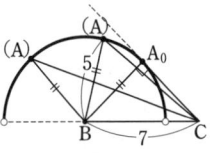

動く図形 演習題の解答

1 （1）例題の（1）と同様です．

（2）(ii) 難問です．動く2点のうち，(i)でまずPを固定してくれているので少しは楽になっていますが，それでもまだまだいくつかのハードルが控えています．

解 （1）∠Cが鈍角の場合，右図のように $a \sim c$ を定めると，
$$AB^2 = (2a+b)^2 + c^2$$
$$AC^2 = b^2 + c^2$$
$$\therefore \ AB^2 + AC^2 = 2(2a^2 + 2ab + b^2 + c^2) \cdots ②$$
一方，$AM^2 = (a+b)^2 + c^2$，$BM^2 = a^2$
$$\therefore \ AM^2 + BM^2 = 2a^2 + 2ab + b^2 + c^2 \cdots ③$$
②$= 2 \times ③$ であるから，中線定理①が成り立つ．

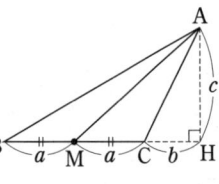

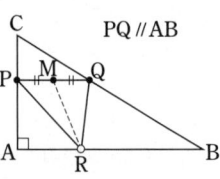

（2）(i) PQの中点をMとすると，①より，
$$PR^2 + QR^2 = 2(RM^2 + PM^2) \cdots ④$$
ここで，PM^2 は一定値であるから，④が最小となるのは，RM^2 が最小のとき，すなわち，**RM⊥PQ のとき**である．

(ii) (i)より，右図の場合について考えればよく，このとき，
④$= 2PR^2 = 2AM^2$
（ARMP は長方形）
ところで，P が CA 上を動くとき，M は CN 上を動くから，AM^2 が最小となるとき，AM⊥CN ……⑤

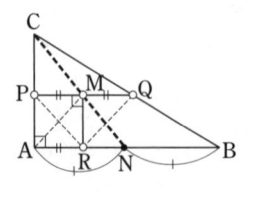

MQ≰AR より，▱ARQM は平行四辺形であるから，QR // AM
これと⑤より，QR⊥CN

2 最初に'公式'を作ってしまいます．
（4）では，例題と同様に，**線分 XY の中点が不動**であることが鍵になります．

解 $PX = x$，$QY = y$ とすると，図形 AXYCB の面積について，
$$\frac{(x+6) \times 2}{2} + \frac{(y+x) \times 2}{2} + \frac{y \times 2}{2}$$
$$= 2(x+y) + 6 = 23$$
$$\therefore \ x + y = \frac{17}{2} \cdots ①$$

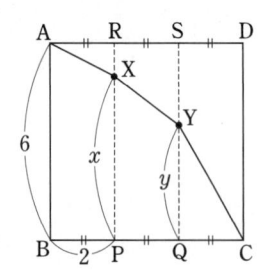

（1）$x = 3$ のとき，①より，$y = \dfrac{11}{2}$

（2）X, Y, C が一直線上にあるとき，
$x : y = PC : QC = 2 : 1$ $\therefore \ x = 2y$
これと①より，$\dfrac{3}{2}x = \dfrac{17}{2}$ $\therefore \ x = \dfrac{17}{3}$

（3）①より，x の最小値は，$y = 6$ のときの，
$x = \dfrac{17}{2} - 6 = \dfrac{5}{2}$ $\therefore \ \dfrac{5}{2} \leqq x \leqq 6$
よって，求める長さは，$6 - \dfrac{5}{2} = \dfrac{7}{2}$ ……②

（4）PQ の中点を N，XY の中点を M とすると，①より，$MN = \dfrac{x+y}{2} = \dfrac{17}{4}$（一定）
であるから，M は定点である．これと（3）より，線分 XY の動きうる範囲は右図の網目部分となり，その面積は，
$$\frac{② \times 1}{2} \times 2 = \frac{7}{2}$$

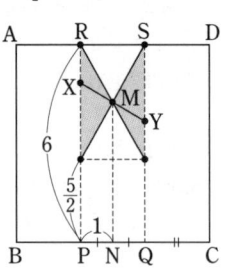

3 「120°回転」なので，考えにくい．うまく，面積の足し引きに持ち込みましょう．

解 （1）$OA = \sqrt{2^2 + 2^2} = 2\sqrt{2}$ ………①
$OB = \sqrt{2^2 + 4^2} = 2\sqrt{5}$ ………②

（2）線分 BP が通った部分は，右図の網目部分である．その面積は，

扇形 OBB′
＋△OB′P′
－△OBP
－扇形 OPP′
＝扇形 OBB′－扇形 OPP′
$= \pi \times ⑤^2 \times \dfrac{120}{360} - \pi \times 2^2 \times \dfrac{120}{360}$
$= \dfrac{20}{3}\pi - \dfrac{4}{3}\pi = \dfrac{16}{3}\pi$ ……③

➡注 △OB′P′≡△OBP なので，～～＝0 となります．なお，点 B(&点 A)も，点 P と連動して 120°回転します．

（3）△OP′A′は（△OPA と合同な）直角二等辺三角形であり，これと OC＝OA′より，△OCA′も直角二等辺三角形である．よって，図の斜線の弓形の面積は，

扇形 OCA′－△OCA′
$= \pi \times ①^2 \times \dfrac{90}{360} - \dfrac{①^2}{2} = 2\pi - 4$ ………④

したがって，求める面積は，

③＋④＝$\dfrac{22}{3}\pi - 4$

4 動点が 2 つあるので，厄介です．このようなときは，（2）のように，**まず一方を止めて考える**ようにしましょう．

解（1）△POQ で，中点連結定理により，

$MN = \dfrac{OQ}{2} = \dfrac{6}{2} = 3$

（2）P が定点のとき，N も定点であるから，（1）より，M は N を中心とする半径 3 の円周上にあり，Q が円 O の周上を 1 周するとき，M も円 N の周上を 1 周する．

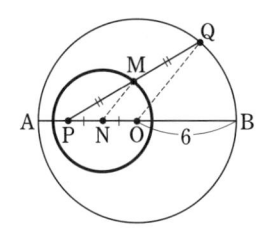

よって答えは，$2\pi \times 3 = \mathbf{6\pi}$

（3）P が A→B と動くとき，N は右図の N₁→N₂ と動き，（2）の円 N もア→イと動くから，M は図の網目部分全体を動くことになる．

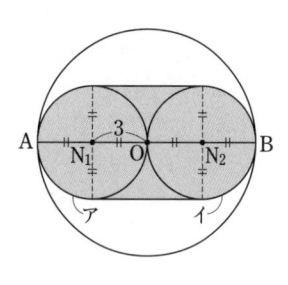

その面積は，

半円＋正方形＋半円＝$3^2\pi + 6^2 = \mathbf{9\pi + 36}$

5（2）本問では，Q の軌跡が'円'であることは与えられています．しかし，その中心や半径に迫るのは，なかなか難しいでしょう．

解（1）（ⅰ）BP＝6 のとき，図のようになって，角の 2 等分線の定理により，

AC：CB
＝PA：PB＝4：3
∴ CB
$= AB \times \dfrac{3}{4+3}$
$= 10 \times \dfrac{3}{7} = \dfrac{30}{7}$ …①

（ⅱ）$AC = 10 - ① = \dfrac{40}{7}$ ……………②

また，△ODB は直角二等辺三角形であるから，

$DB = OD \times \sqrt{2} = 5\sqrt{2}$ ……………③

二角相等により，△ACP∽△DBP であり，相似比は，②：③＝$4\sqrt{2}$：7 であるから，面積比は，$(4\sqrt{2})^2 : 7^2 = \mathbf{32 : 49}$

（2）Q は AP の垂直 2 等分線上にあるから，右図で，

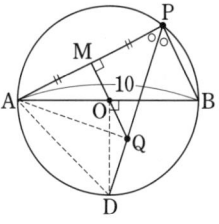

△AMQ≡△PMQ
……④

ここで，○＝45°より，④はともに直角二等辺三角形である．

∴ ∠AQD＝180°－45°×2＝90°

よって，Q は AD を直径とする円周上を動くので，答えは，AD＝$\mathbf{5\sqrt{2}}$

6 （1）'△ABE が二等辺三角形' であることと，'BD が直径' であることを組み合わせます．

（2）定線分 AE を底辺と見て，高さが最大となる P の位置を探ります．

解 （1）AB＝BE などから，右図の○の角はすべて等しく，△CDE は（△BEA と相似な）二等辺三角形であるから，F は DE の中点であり，EF（＝FD）＝2 ……①

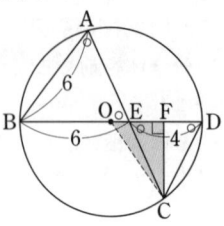

円 O の半径は，（6＋4）÷2＝5 であるから，
$$OC=5,\ OF=5-①=3$$
$$\therefore\ CF=\sqrt{5^2-3^2}=4\ \cdots\cdots ②$$
このとき，$CE=\sqrt{①^2+②^2}=2\sqrt{5}$ ……③
$$\therefore\ AE=ED\times\frac{BA}{③}=4\times\frac{6}{2\sqrt{5}}=\frac{12\sqrt{5}}{5}\cdots④$$

（2）△PAE の底辺を AE と見ると，高さが最大になるのは，右図の P_0（P_0 での円の接線∥AC）の場合である（＊）．

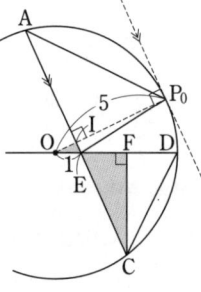

ここで，△OIE∽△CFE より，
$$OI=OE\times\frac{CF}{CE}=1\times\frac{②}{③}=\frac{2\sqrt{5}}{5}\cdots\cdots⑤$$
$$\therefore\ \triangle P_0AE=\frac{AE\times P_0I}{2}=\frac{④\times(5-⑤)}{2}$$
$$=6\sqrt{5}-\frac{12}{5}$$

➡**注** （＊）については，☞p.163．

＊　　　＊

【類題⑨】三角形 ABC において 3 辺 AB，BC，CA の長さは，それぞれ 5，7，x である．x が変化したとき，それに応じて三角形 ABC の∠ACB の大きさが変化する．∠ACB の大きさが最大になるときの x の値を求めなさい．

（09 市川，解答は☞p.177）

7 （2）M は，定線分 AB を見込む角（∠AMB）が一定なので，AB を弦とする円周上を動きます（☞p.56，**1・3**）．

解 （1）$\angle AQP=\dfrac{\angle AO'B}{2}=\angle AO'O\cdots①$

ところで，与えられた長さの条件から，△AOO' は 30°定規形 ……② であるから，
　①＝**30°**

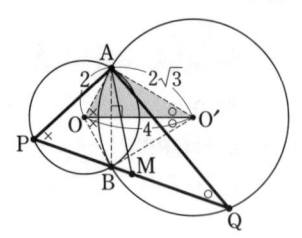

➡**注** ②より，∠OAO'（＝∠OBO'）＝90°ですから，例題の（2）と同様，OA（OB）は円 O' の接線になっています．

（2）（ⅰ）（1）と同様に，
$$\angle APQ=\angle AOO'=60°\cdots\cdots③$$
であるから，△APQ も②である．このとき，△APM は正三角形…④ であるから，その面積が最大になるのは，AP が最大のとき，すなわち，AP が円 O の直径のときである．

このとき，$\triangle APM=\dfrac{\sqrt{3}}{4}\times 4^2=\mathbf{4\sqrt{3}}$

➡**注** M は，直角三角形 APQ の斜辺の中点ですから，MA＝MP で，これと③より，④が言えます．

（ⅱ）④より，
$$\angle AMB=60°$$
であるから，M は正三角形 O'AB の外接円アの周上を B→O'（右図の太線）と動く．

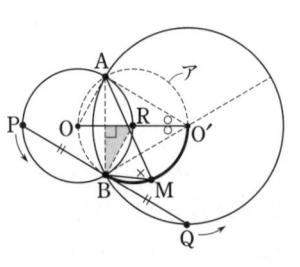

円アの半径は 2，また，その中心を R とすると，∠BRO'＝120°であるから，太線の長さは，
$$2\pi\times 2\times\frac{120}{360}=\mathbf{\frac{4}{3}\pi}$$

➡**注** △O'AB は一辺の長さが $2\sqrt{3}$ の正三角形で，図の網目の三角形は '30°定規形' ですから，
　円アの半径＝$BR=\sqrt{3}\times\dfrac{2}{\sqrt{3}}=2$　です．

なお，R は円 O の周上にあります（円アは点 O を通る）．

8 （1） P，Qの動き方を自分で定めて，「はじめて」の場合の位置をとらえましょう．

（2） どの辺が直径になるかで場合を分けます．頂点が重なる（三角形にならない）場合があるので注意しましょう．

解 （1） Pは1秒間に∠AOPが$p°$増える速さで左回りに，Qは1秒間に∠AOQが$q°$増える速さで右回りに動くとし，$p>q$とする．

すると，与えられた条件より右図のようになって，
$$60p+60q=180$$
∴ $p+q=3$ ……①
また，AP＝PQのとき，
∠POQ＝∠POA
であるから，
$$75p\times2+75q=360$$
∴ $2p+q=4.8$…②
①，②を解いて，
$p=1.8$，$q=1.2$
よって，答えは，
$360÷1.8=$**200**（秒）

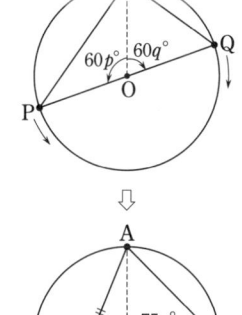

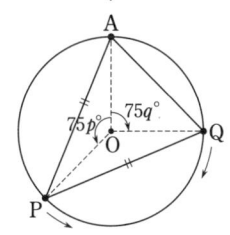

（2） Qの一周は，$360÷1.2=300$（秒）
よって，P，Qが初めて同時にAに到着するのは，出発してから600秒後である．

1° APが直径の場合；100，300，500秒後であるが，300秒後にはQ＝Aとなり不適．

2° AQが直径の場合；150，450秒後．

3° PQが直径の場合；60，180，300，420，540秒後であるが，300秒後は不適．

1°～3°により，直角三角形になるのは，**8回**．

このうち，2°の場合，右図のようになって，
△AP₁Q
（＝△AP₂Q）
$=\dfrac{8\times4}{2}=$**16**
（このときが最大）

➡**注** 1°は，Pが一周に要する200秒ごと（2°も同様），3°は，PとQが合わせて一周する120秒ごと，にそれぞれ起こります．

なお，P，Qの動きをグラフ化すると図のようになります（▲は1°，○は2°，●は3°の場合）．

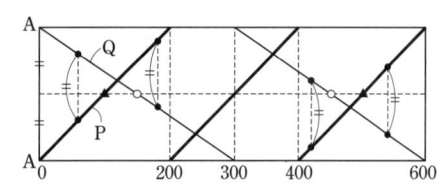

9 （1） コーナーを回るときの動きを，しっかりとらえましょう．

（2） 円Bが扇形の円弧部分に接しながら動くとき，中心Bはやはり円弧を描きます．

解 （1）（ⅰ） 円の中心Aは，下図の太線を描き，aは半径が8（＝6＋2）の円弧，b，d，fは半径が2の円弧，c，eは線分であるから，太線の長さは，
$$2\pi\times8\times\dfrac{120}{360}+2\pi\times2\times\dfrac{90+60+90}{360}$$
$$+6\times2$$
$$=\dfrac{16}{3}\pi+\dfrac{8}{3}\pi+12=\mathbf{8\pi+12}\quad\cdots\cdots\cdots①$$

➡**注** l，mは白い扇形の接線ですから，b，fの中心角は90°になります（図の●は60°）．

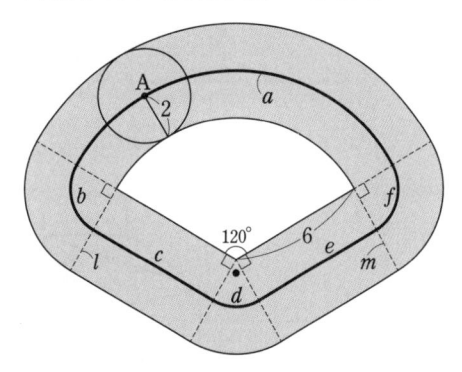

（ⅱ） 円Aが通った部分は，上図の網目部分であるから，その面積は，
$$(10^2\pi-6^2\pi)\times\dfrac{120}{360}+4^2\pi\times\dfrac{90+60+90}{360}$$
$$+(6\times4)\times2$$
$$=\dfrac{64}{3}\pi+\dfrac{32}{3}\pi+48=\mathbf{32\pi+48}\quad\cdots\cdots\cdots②$$

➡**注** ②＝①×4（＝円Aの直径）となります．

(2) 円の中心 B は，右図の太線を描き，$\overparen{B_1B_2}$ は半径が $4(=6-2)$ の円弧，B_1B_3，B_2B_3 は線分である．

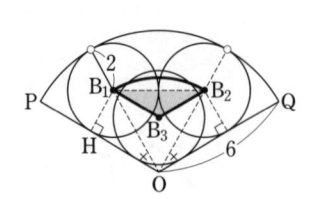

ここで，$OB_1 : B_1H = 4 : 2 = 2 : 1$ より，$\triangle OB_1H$ は $30°$定規形($\times = 30°$)である．

∴ $\angle B_1OB_2 = 120° - 30° \times 2 = 60°$

これと，$OB_1 = OB_2 (=4)$ より，$\triangle OB_1B_2$ は正三角形であるから，$B_1B_2 = 4$ ……③

また，$B_1B_3 \parallel PO$，$B_2B_3 \parallel QO$ より，

$\angle B_1B_3B_2 = \angle POQ = 120°$ ……④

以上により，太線の長さは，

$$2\pi \times 4 \times \frac{60}{360} + \frac{③}{\sqrt{3}} \times 2 = \frac{4}{3}\pi + \frac{8\sqrt{3}}{3}$$

➡注 図形全体は，直線 OB_3 に関して対称ですから，これと④より，図の網目部分は'頂角が $120°$ の二等辺三角形'(☞p.28)です．
なお，③より，2円 B_1，B_2 は接しています．

10 (2) P から AB に下ろした垂線の足を J とすると，P は J を中心とする半径 JP の円周上を動きます．

解 (1) $DI(=IP) = x$ とおくと，体積の条件から，

$$\frac{1}{3} \times \frac{x^2}{2} \times \sqrt{3} = \frac{\sqrt{3}}{6}$$

∴ $x^2 = 1$

∴ $x = 1$

このとき，

AP
$= \sqrt{AD^2 + DI^2 + IP^2}$
$= \sqrt{(\sqrt{3})^2 + 1^2 + 1^2} = \sqrt{5}$

➡注 ＿＿＿ については，☞p.108，2・1．

(2) P を通って AB に垂直な平面(上図の網目部)と各辺との(I以外の)交点を J，K，L とすると，題意のとき，P は J を中心とする半径 JP の円周上を動く．

よって，Q は右図の位置にあり，ここで，$\triangle JIP$ は($\triangle JKQ$ も) $30°$ 定規形であるから，

$\angle PJQ$
$= 90° - 30° \times 2 = 30°$

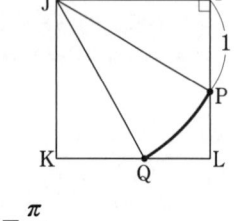

∴ $\overparen{PQ} = 2\pi \times 2 \times \frac{30}{360} = \frac{\pi}{3}$

11 (2)があるので，(1)でも，P の方から M，N の乗っている平面に垂線を下ろしてみます．

解 (1) M，N を通り，底面に平行な平面を q とする．A，B，C，P から q に下ろした垂線の足を A'，B'，C'，P' とすると，図1のようになる．

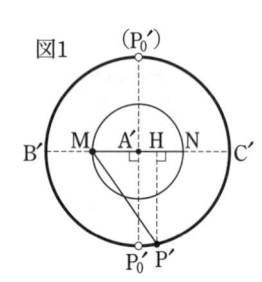

ここで，

$MP = \sqrt{PP'^2 + P'M^2}$
$= \sqrt{(4\sqrt{2})^2 + P'M^2}$
 ……①

$P'M$ が最大となるのは，$P' = C'$ の場合であるから，①の最大値は，

$\sqrt{32 + C'M^2}$
$= \sqrt{32 + (4+2)^2}$
$= 2\sqrt{17}$

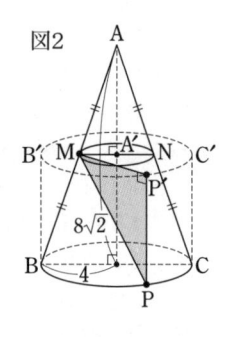

(2) 図1のように，P' から MN に下ろした垂線の足を H とすると，$\triangle MPN$ の底辺を MN と見たときの高さは PH である．よって，

$$\triangle MPN = \frac{MN \times PH}{2} = \frac{4 \times \sqrt{PP'^2 + P'H^2}}{2}$$

$$= 2 \times \sqrt{32 + P'H^2} \quad \text{……②}$$

ここで，$P'H$ が最大となるのは，図1の P_0' の場合であるから，②の最大値は，

$2 \times \sqrt{32 + P_0'A'^2} = 2 \times \sqrt{32 + 4^2} = 8\sqrt{3}$

12 （1） 真上から見た図で，Aの動きをとらえましょう．

（2） スタートからDEまで，はがされたシール（直角三角形）は相似拡大し続けます．

解 （1） 真上から見た右図で，網目部は直角二等辺三角形であるから，Aはスタート時のA_1からA_2までは直線を描き，
次にEを中心にA_3まで90°回転し，そこからA_4までまた直線を描く．

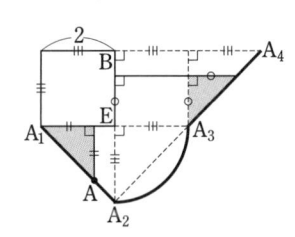

よって，Aが通過した部分（上図の太線）の長さは，$2\sqrt{2}+2\pi\times 2\times\dfrac{1}{4}+2\sqrt{2}=\boldsymbol{4\sqrt{2}+\pi}$

（2） Aが$A_1\to A_2$と動く間，はがされたシール（右図の斜線部）は，A_1を中心に$\triangle DA_2E$まで相似拡大していくから，この間，シールが通過する部分は，三角錐D-A_1A_2E …① である．

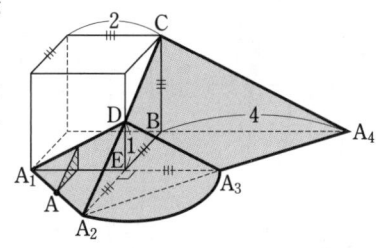

その後，図のように，円錐（の4分の1），三角錐台を描き，ここで，三角錐D-A_2A_3Eは①と合同であるから，網目部分の体積は，
円錐（の4分の1）＋三角錐C-A_2A_4B
$=\dfrac{1}{3}\times 2^2\pi\times\dfrac{1}{4}\times 1+\dfrac{1}{3}\times\dfrac{4^2}{2}\times 2=\boldsymbol{\dfrac{\pi+16}{3}}$

13 （2）（ⅰ），（ⅱ）とも，求積すべき図形を的確にとらえましょう．
（ⅰ）は'（円－円の）ドーナツ形'，
（ⅱ）は'円錐台－円錐台'という形 です．

解 （1） 図2において，平面EOFを取り出すと，右図のようになる（MはCDの中点，Hは$\triangle BCD$の中心）．ここで，
$$BH=2\sqrt{3}\times\dfrac{1}{\sqrt{3}}=2$$
であるから，$\triangle AHB$の3辺比は$1:\sqrt{2}:\sqrt{3}$．$\triangle EOF$もこれと相似であるから，
$$EO=OF\times\sqrt{2}=\boldsymbol{6\sqrt{2}}$$

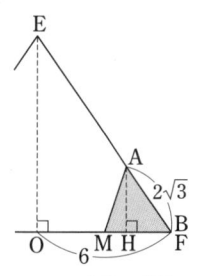

（2）（ⅰ） $\triangle BCD$が通る部分は，右図の網目部分のようになり，ここで，
$$OM=MF=3$$
であるから，求める面積は，
$$6^2\pi-3^2\pi=\boldsymbol{27\pi}$$

（ⅱ） 図の$\triangle OBAG$，$OMAG$をOEのまわりに回転してできる円錐台をそれぞれP，Qとすると，正四面体が通る部分は，PからQを除いた図形である．

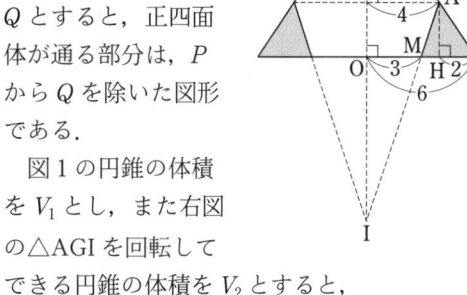

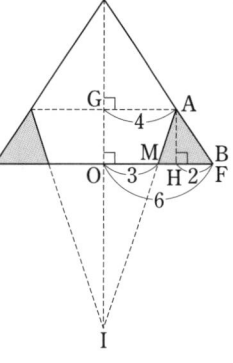

図1の円錐の体積をV_1とし，また右図の$\triangle AGI$を回転してできる円錐の体積をV_2とすると，
$$P=V_1\times\left\{1-\left(\dfrac{2}{3}\right)^3\right\}=\dfrac{6^2\pi\times 6\sqrt{2}}{3}\times\dfrac{19}{27}$$
$$=\dfrac{152\sqrt{2}}{3}\pi$$
$$Q=V_2\times\left\{1-\left(\dfrac{3}{4}\right)^3\right\}=\dfrac{4^2\pi\times 8\sqrt{2}}{3}\times\dfrac{37}{64}$$
$$=\dfrac{74\sqrt{2}}{3}\pi$$
よって，求める体積は，
$$\dfrac{152\sqrt{2}}{3}\pi-\dfrac{74\sqrt{2}}{3}\pi=\dfrac{78\sqrt{2}}{3}\pi=\boldsymbol{26\sqrt{2}\,\pi}$$

高校入試 1対1の図形演習

平成23年 7月 1日	第1刷発行
平成30年11月30日	第5刷発行

編 者　東京出版編集部
発行者　黒木美左雄
発行所　株式会社　東京出版
　　　　〒150-0012　東京都渋谷区広尾 3-12-7
　　　　電話 03-3407-3387　振替 00160-7-5286
　　　　http://www.tokyo-s.jp/

整 版 所　錦美堂整版
印刷・製本　技秀堂

　落丁・乱丁の場合は，ご連絡ください．
　送料弊社負担にてお取り替えいたします．

©Tokyo shuppan 2011 Printed in Japan
ISBN 978-4-88742-169-1（定価はカバーに表示してあります）